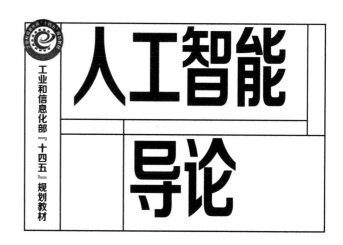

工业和信息化部「十四五」规划教材

# 人工智能导论

黄河燕　毛先领　李侃

陆建峰　秦勇　刘正阳　钟晓时

编著

U0173369

中国教育出版传媒集团

高等教育出版社·北京

## 内容提要

本书是工业和信息化部"十四五"规划教材。本书全面系统地阐述了人工智能的基本原理，论述了人工智能理论和技术体系的基本框架，内容涵盖人工智能各个分支领域的基本知识和主要内容，体现了人工智能的最新进展。本书内容全面、基础、新颖、实用，为读者进一步学习和研究奠定了基础，指引了方向。本书可帮助读者掌握人工智能脉络体系，从算法和模型方面了解人工智能具能、使能和赋能的原理。全书共11章，第1章绪论；第2章知识表示；第3章搜索技术；第4章推理技术；第5章博弈论与多智能体系统；第6章机器学习；第7章神经网络与深度学习；第8章计算机视觉；第9章语音信息处理；第10章自然语言处理；第11章智能机器人。

本书结构条理清晰，语言精练，图文并茂，理例结合，深入浅出，易读易懂，易教易学。本书可作为人工智能专业和计算机类相关专业的本科生学习人工智能的教材，亦可供其他专业的师生和相关工程技术人员自学或参考。

**图书在版编目（ＣＩＰ）数据**

人工智能导论 ／ 黄河燕等编著 . -- 北京：高等教育出版社，2024.6

ISBN 978-7-04-061091-8

Ⅰ．①人…　Ⅱ．①黄…　Ⅲ．①人工智能－教材　Ⅳ．① TP18

中国国家版本馆 CIP 数据核字（2023）第 165436 号

Rengong Zhineng Daolun

| 策划编辑　时　阳 | 责任编辑　时　阳 | 封面设计　张申申 | 版式设计　杨　树 |
| --- | --- | --- | --- |
| 责任绘图　于　博 | 责任校对　窦丽娜 | 责任印制　存　怡 | |

| 出版发行 | 高等教育出版社 | 网　　址 | http://www.hep.edu.cn |
| --- | --- | --- | --- |
| 社　　址 | 北京市西城区德外大街 4 号 | | http://www.hep.com.cn |
| 邮政编码 | 100120 | 网上订购 | http://www.hepmall.com.cn |
| 印　　刷 | 保定市中画美凯印刷有限公司 | | http://www.hepmall.com |
| 开　　本 | 787mm×1092mm　1/16 | | http://www.hepmall.cn |
| 印　　张 | 21.25 | | |
| 字　　数 | 390 千字 | 版　　次 | 2024 年 6 月第 1 版 |
| 购书热线 | 010-58581118 | 印　　次 | 2024 年 6 月第 1 次印刷 |
| 咨询电话 | 400-810-0598 | 定　　价 | 44.60 元 |

本书如有缺页、倒页、脱页等质量问题，请到所购图书销售部门联系调换

近年来，人工智能飞速发展，已经渗透到各行各业，在国民经济发展与国家间战略竞争中起到越来越重要的作用。在此时代大背景下，本书作者多年来为大学本科一年级学生开设"人工智能导论"课程，该课程的目的是使刚入学的学生对人工智能有一个概要性的了解，使学生掌握人工智能的主要知识框架，使其未来可以用人工智能的思想、方法和技术解决相关难题。在讲授课程的过程中，随着资料的积累，作者深感为这门课程编写一本配套教材十分必要，教材既能反映人工智能发展的整体知识架构，又能将最新的科研成果融入其中。

在编写过程中，我们遵循如下原则：

（1）不求全，即重点不是把人工智能领域所有的知识都进行介绍，因为已经有很多书籍是这样编写的，本书面向的对象是大一新生或初学者，"求全"不符合我们编写本书的初衷。

（2）重视思想传承，即选取能够体现人工智能领域核心思考模式和思想的内容进行讲解，因为方法会过时，但是思想不会。

基于这两条原则，我们把人工智能领域条分缕析，选取了最有代表性的内容进行讲解，同时重点突出方法背后体现的思想。这样即使学生忘记了具体的公式，但是因为掌握了思想，也能用这样的思想进行思考和解决实际问题。

如前所述，本书主要面向大一新生或人工智能初学者；因本书着重强调人工智能领域的思维模式和思想，因此也对人工智能相关从业者有所帮助。

鉴于作者能力和水平有限，同时面对的资料实在太多，本书难免存在疏漏与不足之处，敬请读者指正和帮助，以便后续进一步提升质量。

编　者

2023 年 9 月

**目录**

# 第1章 绪论

## 1.1 人工智能的基本概念

人工智能作为一门前沿交叉学科，其定义一直存有不同的观点。《人工智能——一种现代方法》中将已有的一些人工智能定义分为四类：像人一样思考的系统、像人一样行动的系统、理性地思考的系统、理性地行动的系统。维基百科定义"人工智能就是机器展现出的智能"，即只要是某种机器，具有某种或某些"智能"的特征或表现，都应该算作"人工智能"。大英百科全书则限定人工智能是数字计算机或者数字计算机控制的机器人在执行智能生物体才有的一些任务上的能力。百度百科定义人工智能是"研究、开发用于模拟、延伸和扩展人的智能的理论、方法、技术及应用系统的一门新的技术科学"，将其视为计算机科学的一个分支，指出其研究包括机器人、语言识别、图像识别、自然语言处理和专家系统等。

《人工智能白皮书（2018版）》将人工智能定义为"人工智能是利用数字计算机或者数字计算机控制的机器模拟、延伸和扩展人的智能，感知环境、获取知识并使用知识获得最佳结果的理论、方法、技术及应用系统"。这对人工智能这门学科的基本概念和主要内容进行了明确的阐述，即围绕智能这一概念，人工构造相应的系统。人工智能是类人的知识工程，是计算机或机器模拟人类思考的过程完成一定行为和决策的流程。根据人工智能能否真正思考和解决问题，可以将人工智能分为弱人工智能和强人工智能。

弱人工智能是指不能真正实现推理和解决问题的智能机器，这些机器表面上看是智能的，但是并不真正拥有智能，也不会有自主意识。迄今为止的人工智能都还是实现特定功能的专用智能，而不像人类智能那样能够不断适应复杂的新环境并不断涌现出新的功能，因此都还是弱人工智能。目前人工智能的主流研究仍然集中于弱人工智能，并取得了显著进步，如在语音识别、图像处理和物体分割、机器翻译等方面取得了重大突破，甚至接近或超越人类水平。

强人工智能是指真正能思维的智能机器，这样的机器被认为是有知觉和自我意识的，这类机器可分为类人（机器的思考和推理类似人的思维）与非类人（机器产生了与人完全不一样的知觉和意识，使用和人完全不一样的推理方式）两大类。从一般意义来说，达到人类水平、能够自适应地应对外界环境挑战、具有自我意识的人工智能称为"通用人工智能"、"强人工智能"或"类人智能"。强人工智能不仅在哲学上存在巨大争论（涉及思维与意识等根本问题的讨论），在技术上的研究也具有极大的挑战性。强人工智能当前鲜有进展，学术界比较支持的观点是，强人工智能至少在未来几十年内难以实现。

靠符号主义、连接主义、行为主义和统计主义这四个流派的经典路线能设计制造出强人工智能吗？一种主流看法是：即使有更高性能的计算平台和更大规模的大数据助力，也还只是量变，不是质变，人类对自身智能的认识还处在初级阶段，在人类真正理解智能机理之前，不可能制造出强人工智能。理解大脑产生智能的机理是脑科学的终极问题，绝大多数脑科学家都认为这是一个数百年乃至数千年甚至永远都解决不了的问题。

通向强人工智能还有一条"新"路线，称为"仿真主义"。这条新路线通过制造先进的大脑探测工具从结构上解析大脑，再利用工程技术手段构造出模仿大脑神经网络基元及结构的仿脑装置，最后通过环境刺激和交互训练仿真大脑实现类人智能。简言之，"先结构，后功能"。虽然这项工程也十分困难，但却是有可能在数十年内解决的工程技术问题，而不像"理解大脑"这个科学问题那样遥不可及。

仿真主义可以说是符号主义、连接主义、行为主义和统计主义之后的第五个流派，它和前四个流派有着千丝万缕的联系，也是前四个流派通向强人工智能的关键一环。经典计算机是靠数理逻辑的开关电路实现的，采用冯·诺依曼体系结构，可以作为逻辑推理等专用智能的实现载体。但靠经典计算机不可能实现强人工智能。要按仿真主义的路线"仿脑"，就必须设计制造全新的软硬件系统，这就是"类脑计算机"，或者更准确地称为"仿脑机"。"仿脑机"是"仿真工程"的标志性成果，也是"仿脑工程"通向强人工智能之路的重要里程碑。

## 1.2  人工智能的发展历史和现状

人工智能的概念诞生于1956年。在60多年的发展历程中，由于受到智能算法、计算速度、存储水平等多方面因素的影响，人工智能技术和应用发展经历了多次高潮和低谷。2006年以来，以深度学习为代表的机器学习算法在机器视觉和语音识别等领域取得了极大的成功，识别准确性大幅提升，使人工智能再次受到学术界和产业界的广泛关注。云计算、大数据等技术在提升运算速度、降低计算成本的同时，也为人工智能发展提供了丰富的数据资源，协助训练出更加智能化的算法模型。人工智能的发展模式也从过去追求"用计算机模拟人工智能"，逐步转向以机器与人结合而成的增强型混合智能系统，用机器、人、网络结合而成新的群智系统，以及用机器、人、网络和物结合而成的更加复杂的智能系统。人工智能的发展阶段如图1-1所示。

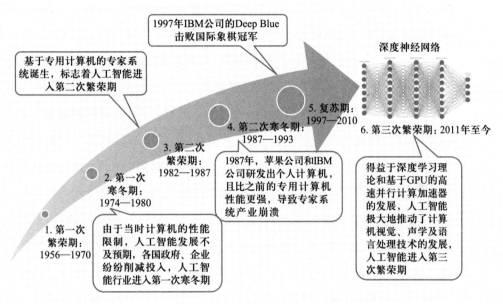

图1-1 人工智能的发展阶段

人工智能始于20世纪20年代，在1956年的达特茅斯会议上，"人工智能"这一概念首次被提出，标志着人工智能的诞生，确立了人工智能的概念和发展目标，人工智能开始进入第一次繁荣发展期（20世纪50—80年代），这一阶段人工智能刚诞生，基于抽象数学推理的可编程数字计算机已经出现，符号主义（symbolism）快速发展。1959年，阿瑟·塞缪尔（Arthur Samuel）提出了机器学习。1957年，罗森布拉特发明感知机（perceptron）。1970年，受限于硬件性能，人工智能进入第一个寒冬。1976年，机器翻译等项目的失败以及一些学术报告的负面影响，使人工智能的研发经费普遍减少，人工智能项目逐渐遭受质疑与批评，其劣势包括运算能力不足、计算复杂度较高、尝试与推理实现难度较大等，尤其是专家系统的问题逐渐暴露，人工智能的研究进入了长达6年的萧条期。

20世纪80年代中期，随着美国、日本等立项支持人工智能的研究，机器学习方法、知识工程、可视化效果很强的决策树模型，以及突破了早期简单感知机局限的多层神经网络不断发展，人工智能进入了第二个阶段（20世纪80—90年代）。在这一阶段内，计算机硬件的性能依然是限制人工智能研究的一个关键瓶颈，复杂度更高、规模更大的神经网络难以被模拟和训练。1987年，LISP机器硬件销售市场崩塌，技术领域再次陷入瓶颈，抽象推理不再被继续关注，基于符号处理的模型遭到反对，人工智能的研究再一次进入萧瑟期。

1997年，IBM公司的深蓝计算机（Deep Blue）战胜国际象棋世界冠军加里·卡斯帕罗夫（Garry Kasparov）。这是一次具有里程碑意义的成功，它代表了基于规则的人工智能的胜利。2006年，在杰弗里·欣顿（Geoffrey Hinton）和他的学生的推动下，深度学习开始备受关注，这给后来人工智能的发展带来了重大影响。从2010年开始，人工智能进入爆发式发展阶段，其最主要的驱动力是大数据时代的到来，计算机的运算能力及机器学习算法得到提高。人工智能快速发展，产业界也开始不断涌现出新的研发成果：2011年，IBM公司的沃森（Waston）计算系统在综艺节目《危险边缘》中战胜了最高奖金得主和连胜纪录保持者；2012年，谷歌大脑通过模仿人类大脑，在没有人类指导的情况下，利用非监督深度学习方法从大量视频中成功学习到识别出一只猫的能力；2014年，微软公司推出了一款实时口译系统，可以模仿说话者的声音并保留其口音，并发布全球第一款个人智能助理微软小娜；2014年，亚马逊公司发布智能音箱产品Echo和个人助手Alexa；2016年，谷歌公司的AlphaGo机器人在围棋比赛中击败了世界冠军李世石；2017年，苹果公司在原有个人助理Siri的基础上推出了智能私人助理Siri和智能音箱HomePod。

人工智能经过一系列跌宕起伏的发展，在计算能力、数据量及算法三方面取得了重要突破，但仍然存在诸多瓶颈。从专用智能到通用智能，从弱人工智能到强人工智能，既是下一代人工智能发展的必然趋势，也是人工智能研究与应用领域的重大挑战。

## 1.3 人工智能的主要研究领域

现代人工智能的理论基础是基于特征工程的机器学习模型，在了解机器学习模型前，需要先对以下基本概念进行初步的了解。

特征用于表征物体或对象的一系列重要的方面。在人工智能领域中，特征往往是由一系列数值构成的张量。如同生活中利用身高、性别、面部特征、发型、穿着来粗略地区分不同人一样，特征是用来衡量、判断不同类型数据或者对象的依据。通过将特征输入智能算法，可以达到对指定问题进行判断、回答的目的。

机器学习理论主要是设计和分析一些让计算机可以自动"学习"的算法。机器学习算法是一类从数据中自动分析获得规律，并利用规律对未知数据进行预测的算法。因为机器学习算法中涉及大量的统计学理论，所以机器学习与推断统计学的联系尤为密切，也被称为统计学习理论。算法设计方面，机器学习理论关注可以实现的、行之有效的学习算法。很多推论问题属于无程序可循难度，所以部分机器学习研究的是开发容易处理的近似算法。机器学习算法根据数据的组织方式可分为有监督学习和无监督学习。

深度学习是机器学习的分支，是一种以人工神经网络为架构，对资料进行表征学习的算法。观测值（例如一幅图像）可以使用多种方式来表示，如每个像素强度值的向量，或者更抽象地表示成一系列边、特定形状的区域等。而使用某些特定的表示方法更容易从实例中完成学习任务（例如，人脸识别或面部表情识别）。深度学习的好处是用非监督式或半监督式的特征学习和高效的分层特征提取算法来替代手工获取特征。

有监督学习利用数据标签指导模型训练，主要包含分类与回归两种模式，用于描述智能算法输出的是预测的离散类别（分类）或连续的预测值（回归）。这两种类型主要决定机器学习算法最后一层或者最后一个模块的输出类型，对于分类问题，往往是一个$k$个类别的分布；而回归往往是一个或者多个预测值。

无监督学习利用数据和问题本身的信息来指导模型训练，其主要方法为聚类，即把相似的对象通过静态分类的方法分成不同的组别或者更多的子集，使同一个子集中的成员对象都有相似的一些属性，常见的包括坐标系中更短的空间距离等。有监督学习和无监督学习的主要区别在于是否需要对训练数据进行人工标注。

随着计算机硬件性能和大数据的发展，大部分人工智能模型都采用数据驱动模型。数据驱动是通过移动互联网或者以其他的相关软件为手段采集海量的数据，对数据进行组织，形成信息，之后对相关的信息进行整合和提炼，在数据的基础上经过训练和拟合形成自动化的决策模型。数据驱动的人工智能应用研究流程如下：

（1）训练数据：用于训练人工智能的主要素材。获取需要的数据后，往往需要对数据进行一系列处理工作，包括数据清洗、缺失值填充、数据分类标注等，以提高数据的信噪比，从而提升模型性能。数据处理的好坏对于模型最后的效果具有重要意义。

（2）问题建模：对目标问题进行数学建模，即将抽象的业务问题（数据特征）建模成数学问题（根据输入数据的特征，如何输出问题解的空间）。

（3）模型选择：根据输入数据的特征，选择合适的模型。

（4）模型输出：对应业务的解。例如，对于图像分类，输出就是 $k$ 维的一个分布。对于回归问题，例如根据年月日预测温度，则输出是温度值。

## 1.4 人工智能应用

人工智能主要通过机器学习与深度学习等方法指导在计算机视觉、自然语言处理、社会计算、知识图谱等方面的应用。

自然语言处理是计算机科学与人工智能领域中的一个重要研究方向，主要研究实现人与计算机之间使用自然语言进行有效通信的各种理论和方法等，其涉及的领域较为复杂，包括信息检索、机器翻译、智能问答等。

人机交互主要研究人和计算机之间的信息交换，包括人到计算机和计算机到人之间的两部分信息交换。人机交互是人工智能领域重要的外围技术。该领域的许多研究都试图通过提高计算机接口的可用性来改善人机交互，并使其与社会和文化价值相关联。传统的人机交互方法包括鼠标、键盘、显示器、打印机等功能硬件，除此之外，随着人工智能的发展，交互方法也扩展到语音交互、体感交互及脑机交互等方面。

计算机视觉使用计算机模拟人类视觉系统，通过摄影机和计算机代替人眼对目标进行图像采集，获取对应的图片或者视频并对其进行后续的处理、理解与分析。计算机视觉较为基础和热门的研究方向包括物体识别和检测、语义分割、运动和跟踪、三维重建、视觉问答、动作识别等。

生物特征识别是指计算机利用人体所固有的生理特征或者行为特征进行个人身份鉴定的技术。信息化时代，如何鉴定一个人的身份以保护信息安全，已经成为一个必须要解决的关键问题。生物特征识别的主要方法包括指纹识别、虹膜识别、人脸识别、步态识别等。

虚拟现实（VR）/增强现实（AR）是以计算机为核心的新型视听技术。通过结合相关技术，VR/AR可以在一定范围内生成与真实环境在视觉、听觉、触感等方面高度近似的数字化环境，用户借助必要的装备与数字化环境中的对象进行交互，相互影响，获得近似真实环境的感受和体验。VR/AR通过显示设备、跟踪定位设备、触/力觉交互设备、数据获取设备、专用芯片等实现。

社会计算也称为社交网络分析技术，是指在互联网环境下，以现代信息技术为手段，以社会科学理论为指导，通过分析社交网络中的数据，进而分析社会用户关系、挖掘社会知识、研究社会规律、破解社会难题的技术。

大数据的广泛使用大大提升了人们在线上和线下生活中的便利程度，但同时也导致个人信息泄露的情况频繁发生。人工智能可基于采集到的无数个看似不相关的数据片段，通过深度挖掘和分析，得到更多与用户隐私相关的信息，识别出个人行为特征甚至性格特征，从而使个人隐私变得更易被挖掘和暴露。个人隐私保护、个人敏感信息识别保护的重要性在人工智能时代日益凸显。为了保护数据主体的权益，各国政府、跨国组织等一直在积极寻找应对策略。最近几年，在制定相关法律法规、树立相关伦理价值观或标准、建立相关伦理委员会等方面已经取得了长足的进步。

## 1.5 本书结构

本书共11章。

第1章为绪论，简单介绍人工智能的基本概念、发展历史、研究领域与应用。

第2章为知识表示，重点介绍语言模型、知识表示等基于统计和深度学习的自然语言处理的基础。

第3章为搜索技术，主要介绍图搜索策略，深度优先、广度优先搜索策略，以及启发式搜索和博弈搜索等搜索技术。

第4章为推理技术，主要介绍前项推理、逆向推理、推理方法、推理树等推理技术。

第5章为博弈论与多智能体系统，主要介绍正规形式博弈、纳什均衡和智能体与多智能体系统。

第6章为机器学习，主要介绍$k$均值聚类（$k$-means）、谱聚类等无监督学习方法，支持向量机、概率图模型等监督学习方法，以及马尔可夫决策过程等强化学习方法。

第7章为神经网络与深度学习，从基础的感知机神经网络开始，逐步介绍卷积神经网络、注意力机制及Transformer网络结构。

第8章为计算机视觉，介绍目标检测、目标识别、目标跟踪等计算机视觉算法，并讲述传统的特征表示方法和引入深度学习后的特征表示方法。

第9章为语音信息处理，通过对EM算法、HMM模型、GMM模型的介绍，引出语音合成和语音识别的基本原理和处理架构。

第10章为自然语言处理，介绍语言学的基本知识、数据驱动的语言处理模型，以及包括机器翻译、问答系统等在内的自然语言处理应用。

第11章为智能机器人，介绍慎思式体系结构、反应式体系结构、混合式体系结构、新型体系结构等智能机器人的体系结构，以及环境感知与路径规划、机器人控制与协同等主要应用。

## 1.6 小结

作为新一轮产业变革的核心驱动力，人工智能在催生新技术、新产品的同时，对传统行业也具有较强的赋能作用，能够引发经济结构的重大变革，实现社会生产力的整体跃升。人工智能将人们从枯燥的劳动中解放出来，完成了越来越多的简单性、重复性、危险性任务，在减少人力投入、提高工作效率的同时，还能够比人类做得更快、更准确；人工智能还在教育、医疗、养老、环境保护、城市运行、司法服务等领域得到广泛应用，能够极大提高公共服务的精准化水平，全面提升人们的生活品质；同时，人工智能可帮助人类准确感知、预测、预警基础设施和社会安全运行的重大态势，及时把握群体认知及心理变化，主动做出决策反应，显著提高社会治理能力和水平，同时保障公共安全。需要指出的是，智能系统的出现并不意味着对应行业或职业的消亡，而仅仅意味着职业模式的部分改变（如减少教师教授书本知识的时间），即由以往只能由人类完成，变为人机协同完成。

### 练习题

1. 什么是人类智能？它有哪些特点？
2. 智能有哪些特点？
3. 什么是人工智能？它的发展过程经历了哪些阶段？
4. 人工智能有哪些主要的研究领域？
5. 举例说明人工智能的多个研究领域中有哪些相关的应用。
6. 智能和智力有什么区别？
7. 强人工智能和弱人工智能有哪些区别？

# 第 2 章  知识表示

## 2.1  引言

在当今互联网快速发展的时代，信息量急剧膨胀，如何快速、精准地从互联网中获取需要的信息，已经成为一个具有重要研究意义和实用价值的问题。同时，伴随着人工智能技术和计算机算力的进步，数据获取更加需要精准度与可靠度。知识图谱这种结构化的表示方式能够有效地为搜索及问答等应用提供支持，在问答系统、精准营销、个性化推荐等应用中占有越来越重要的地位，是人工智能领域中非常热门的研究课题之一。

互联网中的知识大都以非结构化或者半结构化的形式存在于文本、表格和图片中，这使得对知识的抽取及应用较为困难。搜索引擎应该能够准确理解用户的意图并且正确返回用户所期望的信息，应该更加类似于人的记忆，即偏重于关联类似的信息，搜索结果中也体现着关联，以"链接"为中心的系统在开放的互联网环境中更容易生长和扩展。传统的语义网连接的是文档，实际上网络中有多种类型的事物，事物之间有多种类型的连接。把文档作为链接的语义网得到的搜索结果仅仅是文档的链接，而不是用户需要的比文档更细粒度的准确答案，以关键词匹配和文档排序为基本特点的搜索引擎急需一场革命。在这种背景下，为了改善搜索引擎的效果，谷歌公司于 2012 年提出"知识图谱"的概念：把互联网文本内容组织成为以实体为基本语义单元（节点）的图结构，其中图的边表示实体之间的语义关系。相对于传统的知识表示，知识图谱把数据对象而不是文档作为链接，包含丰富且完整的语义信息，具有结构精良、接近自然语言的表达等优点。知识图谱的这些优点使得机器能够理解、搜索关键字，从而实现由搜索直接通往答案，利用大数据做到精准分析，未来也才可能实现机器智脑。

谷歌搜索引擎会根据查询中提及的人名、地名、机构名等实体信息进行基于知识的检索，同时向用户展示这些实体的相关信息。如图 2-1 所示，当用户输入"姚明"时，谷歌搜索引擎不仅返回相关网页，还会直接展示姚明的生日、配偶、子女等信息。此外，通过使用知识图谱进行逻辑推理，谷歌搜索引擎还能够直接回答用户提出的一些简单问题，如"姚明的子女是谁？"等，显著提升搜索引擎的用户使用体验。与此同时，人工智能技术与家居、医疗、教育、金融、法律等垂直领域的深度结合，点燃了人们对大规模知识图谱，以及在此基础之上的智能问答和推理等应用的旺盛需求，知识智能已经成为目前人工智能领域最热门的方向之一。

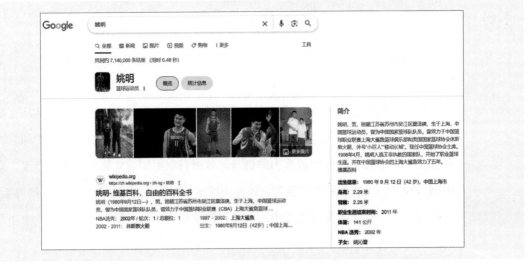

图2-1  谷歌知识图谱示例

知识图谱作为人工智能的核心技术和认知智能的基石得到快速长足的发展。当前的知识图谱不仅有从开放领域协同知识发展而来的大规模知识库，还有各行各业的智能需求催生出的垂直领域知识图谱。在众多知识图谱被构建和使用的同时，诸如知识获取、知识管理、知识推理与计算、知识融合等知识图谱的关键技术也在不断发展和进步。在此过程中，知识图谱分布式表示技术是帮助知识图谱发展完善的基础。不仅如此，知识图谱分布式表示技术也是将知识图谱应用到下游各智能领域的有效手段。因此，知识图谱分布式表示性能的好坏不仅会影响知识图谱自身的各个功能，而且会影响其下游智能应用的效果。

近年来，通过研究人员的深入探索和不懈努力，知识图谱分布式表示学习方法百花齐放、发展迅速，形成了不同类型的技术阵营。本章将从五个方面介绍知识表示，分别是本体表示、框架表示、语义网络表示和知识图谱。

## 2.2  本体表示

本体是用于描述或表达某一领域知识的一组概念或术语，它可以用来组织知识库较高层次的知识抽象，也可以用来描述特定领域的知识。在本体表示中，常用三元组表示两实体间的关系。本体表示可用于对特定领域中的概念及其相互关系进行形式化、规范化的描述，具有明确性、共享性、形式化、重用性等特点，有利于知识推理、提高异构系统互操作性等。本体按照使用方法通常分为领域本体和事件本体。本节从这两个方面展开讲述。

### 2.2.1 领域本体

领域本体（domain ontology）是对具体专业领域内知识的概括与集合，它不仅定义领域内的基本概念，还覆盖各个概念之间的关系，提供该领域内的重要术语及理论、实例和相关领域活动等。基于领域本体的知识表示与组织保证知识理解的唯一性，同时能够适应知识领域多样性及语义关系复杂性的特点。领域本体的构建方法一直是当前本体研究的热点，传统的人工构建方法需要领域专家的介入，成本较高且难以复用。随着人工智能的发展，越来越多基于深度学习的自动化构建方法受到学者们的广泛关注。下面以金融和医药领域为例，介绍本体知识表示。

#### 1. 金融领域

在数据库领域，数据立方体是数据仓库和联机分析处理研究领域的一种核心数据模型，它可以多维度表征数据特征。金融领域的研究借鉴了这一思路，融合多维度信息可以从不同角度展示本体知识的隐含特征，因此可以利用数据立方体的结构形式进一步丰富其语义表达的多维性和灵活性。依托数据立方体的概念，将能够多维表征关联知识实例的本体模型定义为"本体立方体"。具体定义如下：本体立方体（ontology cube）是指由维度构建出来的多维知识表示和存储空间，是一种为了满足用户从多角度、多层次进行知识查询和分析的需要而建立起来的基于事实和维度的本体实例模型，它包含所有要检索、分析的领域知识实例和关系，所有的关联知识的操作都在立方体上进行。数据立方体与本体立方体的对比如表2-1所示。

表2-1 数据立方体与本体立方体的对比

| 比较项 | | 数据立方体 | 本体立方体 |
|---|---|---|---|
| 概念 | 维度 | 捕获数据的维度，一般使用时间、产品、地区三个维度表示 | 刻画领域知识的一种视角，一般使用行业、企业、内部环境三个方面进行维度刻画 |
| | 维度成员 | 维度坐标轴的坐标值，如北京、上海等属于地区维度的维度成员 | 各维度坐标轴对应的基础概念属性，如行业主体、企业指标、行业风险等 |
| | 度量 | 有限的维度成员组合所确定的点，理论上仅有有限多个数据点能够用立方体表示 | 有限的维度成员与无限的语义特征共同确定的点 |
| 存储对象 | | 多维度数据 | 关联知识 |
| 解决的问题 | | 表征数据的多维性，丰富数据的集成性 | 表征知识的多义性，丰富知识的关联性 |
| 应用场景 | | 复杂数据查询 | 关联知识检索、路径穿透式查询等 |

　　金融行业是对信息高度敏感的行业，也是信息源高度异构、知识体系最为庞杂的代表行业之一，因此需要建立一种能够多层次、多维度刻画领域知识的本体结构，以便能够实现对复杂知识体系规范而明确的描述，从而增强概念间的语义关联。金融领域本体知识表示的构建思想如下：

　　（1）面向不同层次的知识体系并遵循自顶向下的本体构建原则，构建由基础层、概念层和实例层构成的三层领域本体模型。其中，位于基础层的顶层本体提供领域特征的普遍联系，揭示领域知识在更高语义层次上的关系，为概念层本体提供底层抽象；概念层的概念本体作为衔接抽象概念与应用实例的中间层次，能够描述领域基本特征的明确化概念并针对领域核心知识类别进行规范化和明确化的表示；而应用本体作为实例层，可以实现领域内的具体实例的集成表示。

　　（2）将实例层的各金融实体划分为行业、企业和内部环境三个维度，形成本体立方体结构。三者从不同的范围和方向搭建了领域知识框架，其本身也作为类与类的关系（行业－企业关系、行业－内部环境关系、企业－内部环境关系）包含在本体之中。

　　（3）行业（industry）。"行业"维度也称为"市场"维度，从宏观层面描述金融证券相关实体、属性及其关系。金融证券行业/市场的主要属性包括名称、行业经营状态、行业政策、行业能力（市场容量、输出值和业内的公司数量）、行业财务指标、行业生命周期（初创期、成长期、成熟期和衰退期）及行业系统性风险等。

　　（4）企业（company）。"企业"维度从中观层面描述领域知识。其主要属性包括公司/机构名称和数量，公司/机构治理结构的股权结构、管理结构、贸易联盟结构，企业/机构竞争合作，企业财务指标，公司的生命周期，企业外部风险等。其中，企业财务指标是一个比较宽泛的概念，具有比较明显的数值属性。财务指标及其对应的财务实体通常用来反映财务实体的状态、变化和关系，其属性包括更新频率、时间、数据源等。

　　2. 医药领域

　　以下介绍在医药领域使用本体的思想和方法构建符合中国应用场景的化学药物信息的知识表示模型，通过引入药物不良反应发生的频率、药物间的相互作用和配伍禁忌的详细关系，对患者群体进行划分等，较为细致地揭示了语义关系，用以支持药物数据的管理和整合。本例主要借鉴了斯坦福大学医学院开发的七步法，并利用 protégé 工具构建化学药物本体。

　　（1）数据来源。本例的数据主要来源于《中华人民共和国药典》（简称《中国药典》）和《中华人民共和国药典临床用药须知》（简称《中国药典临床用药须知》)。《中国药典》通常以药物化学成分为基本单元描述其相关信息,包括药物的中文名称、英文名称、名称拼音、别名、性状、规格、储藏方式、化学成分及组成等;《中国药典临床用药须知》记录了合理用药及药物相互作用、使用禁忌等方面的内容。除此以外,还利用药品说明书、抗菌药物临床应用相关指南、不同人群的用药指南、相关文献、百科知识等进行补充,并通过咨询专家对药物本体进行完善。

(2)语义类型。语义类型通常包括化学药物的适应证/禁忌证、不良反应的相关信息、药物的用法用量、药物与群体的适用关系。从以往的研究中可以看出,对药物知识表示的语义类型通常涉及药物、疾病、用法用量、特殊群体,因此,在这个基础上抽取5个相关概念作为一级语义类型,分别为药物、化学成分、用法用量、疾病与临床表现、群体。

(3)本体属性。在明确药物本体语义类型后,需要定义类的属性关系,即本体类的对象属性(object property)和数值属性(datatype property)。对象属性常用于描述类之间的关系,而数值属性是对概念的固有属性的一种描述。

### 2.2.2　事件本体

事件是指在特定时间和位置发生的一件事情,涉及多个参与者,并显示了某些动作特征,具体包含动作、参与主体、事件客体、时间、地点等要素。事件本体模型是应用于所发生事件的认知表示的知识架构,事件本体基于该框架实现事件类知识的形式化说明和共享,围绕事件主题,能够进行知识表示、语义化和推理。目前,针对事件本体的研究主要集中在通过本体建模提取和分享领域知识(事件本体的应用)、本体的建模与构建策略(事件本体的开发)两个方面。

事件本体模型是事件的知识框架,能够刻画事件及其要素之间的关系,是事件本体的基本框架。下面以西班牙型流行性感冒事件为例,介绍事件本体模型的构建方法。本例采用词性分析、命名实体识别和语义角色标注提取西班牙型流行性感冒事件的关键要素,围绕该疫情事件要素展开事件本体模型的设计与本体构建,并在此基础上进行本体的拓展。

1. 疫情事件要素分析

疫情事件本体的构建基于事件本体模型和动态、客观的疫情事件信息,其中包括疫情的暴发时间、地点、医院收治情况、救治情况、药品储备情况、死亡率、扩散速度、民间反应、政府的决策等。可以使用中文自然语言处理的代表性工具LTP来处理疫情信息文本,规范疫情情报语料库,设计事件要素列表构建算法,将语义角色标注与文本块一一对应。语义角色标注以文本的谓词为核心，通过识别其他成分与谓词的关系，进而实现关键信息的提取，将其作为确定疫情要素的依据。语义角色标注识别了疫情的基本要素，为疫情本体模型和事件本体的自动构建提供依据。表2-2展示了提取疫情事件要素的过程。

表2-2　疫情事件要素提取过程示例

| 文本分析 | 处理结果 |
| --- | --- |
| 文本读取 | 西班牙型流行性感冒（有时简称西班牙流感）是人类历史上最致命的传染病，在1918—1919年曾经造成全世界约10亿人感染，2 500万到4 000万人死亡，其全球平均致死率约为2.5%，和一般流感的0.1%比较起来可谓极为恐怖。其名字的由来并不是因为此流感从西班牙暴发；而是因为当时西班牙有约800万人感染了此病，甚至连西班牙国王也感染了此病，所以被称为西班牙型流行性感冒。这次流感呈现出了一个相当奇怪的特征。以往的流感总是容易造成年老体衰的人和儿童死亡，这次的死亡曲线却呈现出一种"W"形——20到40岁的青壮年这次也成为了死神追逐的对象。 |
| 文本分词（SEG） | '西班牙', '型', '流行性', '感冒', '（', '有时', '简称', '西班牙', '流感', '）', '是', '人类', '历史', '上', '最致', '命', '的', '传染病', '，', '在', '1918', '—', '1919', '年', '曾经', '造成', '全世界', '约', '10', '亿', '人', '感染', '，', '2 500', '万', '到', '4 000', '万', '人', '死亡', '，', '其', '全球', '平均', '致死率', '约为', '2.5%', '，', '和', '一般', '流感', '的', '0.1%', '比较', '起来', '可谓', '极为', '恐怖', '。'], ['其', '名字', '的', '由来', '并', '不是', '因为', '此', '流感', '从', '西班牙', '暴发', '；', '而是', '因为', '当时', '西班牙', '有', '约', '800', '万', '人', '感染', '了', '此病', '，', '甚至', '连', '西班牙', '国王', '也', '感染', '了', '此', '病', '，', '所以', '被', '称为', '西班牙', '型', '流行性', '感冒', '。'], ['这次', '流感', '呈现', '出', '了', '一个', '相当', '奇怪', '的', '特征', '。', '以往', '的', '流感', '总是', '容易', '造成', '年老', '体衰', '的', '人', '和', '儿童', '死亡', '，', '这次', '的', '死亡', '曲线', '却', '呈现', '出', '一种', '"', 'W', '"', '形', '——', '20', '到', '40', '岁', '的', '青壮年', '人', '这次', '也', '成为', '了', '死神', '追逐', '的', '对象', '。' |
| 命名实体识别（NER） | '西班牙型流行性感冒', '西班牙流感', '1918—1919年', '10亿人', '2 500万到4 000万人', '2.5%', '0.1%', '西班牙', '800万人', '西班牙国王'… |
| 词性分析（Pos） | [('西班牙型流行性感冒', 'n'), ('（', 'w'), ('有时', 'd'), ('简称', 'v'), ('西班牙流感', 'n'), ('）', 'w'), ('是', 'v'), ('人类', 'n'), ('历史', 'n'), ('上', 'f'), ('最', 'd'), ('致命', 'a'), ('的', 'u'), ('传染病', 'n'), ('，', 'w'), ('在', 'p'), ('1918—1919年', 't'), ('曾经', 'd'), ('造成', 'v'), ('全世界', 's'), ('约', 'd'), ('10亿人', 'm'), ('感染', 'v'), ('，', 'w'), ('2 500万到4 000万人', 'm'), ('死亡', 'v'), ('，', 'w'), ('其', 'r'), ('全球', 'n'), ('平均', 'a'), ('致死率', 'n'), ('约为', 'v'), ('2.5%', 'm'), ('，', 'w'), ('和', 'c'), ('一般', 'a'), ('流感', 'n'), ('的', 'u'), ('0.1%', 'm') … |
| 自动摘要 | 西班牙型流行性感冒，1918—1919年间席卷全球，感染10亿人，造成2.5%的全球致死率。不同于一般流感，这次流感形成"W"形死亡曲线，青壮年人成为死神追逐的对象。命名源自当时西班牙暴发，约800万人感染，甚至西班牙国王也受影响。这场流感成为人类历史上最致命的传染病，呈现出极为恐怖的特征。 |

Ns是通过LTP命名实体识别提取的命名实体集，一般包括人物、地名等，由于本例主要研究疫情事件，疫情被作为事件的主体。

Pos是通过对分词文本进行词性分析得到的初始事件要素集，作为事件要素列表的参照。初始事件要素主要是根据主谓宾三元组结构和词性中的动名词形式对分词块进行重新组合，提取的事件关键信息。自动摘要是使用计算机抽取文本的主要内容，简化文本表示。

2. 疫情事件本体模型

基于确定的事件要素，构建疫情的本体模型，以刻画事件本体的基本结构，并为疫情事件知识的丰富与扩充奠定基础。疫情本体模型由疫情的主体、疫情的对象等概念，以及刻画概念间关系和实例状态的一系列属性组成，是事件知识表示的基本框架。基于疫情事件的特征，结合疫情事件关键要素和疫情事件本体应用的需要，按照知识组织、丰富与更新、应用的思路，将疫情事件本体模型划分为概念和关系层、实例层和应用层3个层次，为疫情事件本体的构建和自动更新奠定基础。

3. 疫情事件的知识库构建

通过网络爬虫和文本分析技术采集并提取事件要素，构建事件要素列表，结合疫情事件特征设计事件本体自动构建与填充算法，将事件要素列表自动充实到事件本体中，并根据应用需求，不断融合开放知识图谱和领域本体，形成疫情知识库，为辅助决策提供支撑。

## 2.3　框架表示法

框架表示法是明斯基（M. Minsky）于1975年提出的用于描述人们的感官信息，诸如视觉图像信息、自然语言的文本信息等行为信息的结构特性的方法，该方法作为一种描述知识信息的基础，后来被广泛用于复杂对象的知识表示。明斯基基于人的认知过程，以一种框架模型来模拟人类在学习过程中知识的存储方式。人类对于事物的分类判断，基于对记忆中存储的各种框架模型的结构进行一一比对，从中找出最适合的模型，并基于这个模型中的具体属性进行进一步推理分析。认识新事物的过程可看作对框架模型属性值的填充，这些具体的框架模型称为实例框架。把一组有关的框架组合起来，组成一个相关框架的集合，这个集合称为这些框架的一个框架系统。

在框架系统中，框架之间的联系实际上是通过在槽中填入相应的框架名来实现的，至于框架之间究竟为何种关系，则由槽名来指定。为了提供一些常用且可公用的槽名，框架系统通常会定义一些标准槽名，这些槽名称为系统预定义槽名。常用的预定义槽名有以下几种：ISA槽，用来指出一个具体事物与其抽象概念间的类属关系；AKO槽，用来指出事物间的抽象概念上的类属关系；subclass槽，用来指出子类和类之间的类属关系；instance槽，用来建立AKO逆关系。框架是一种数据结构，主要用于叙述性知识的表示，用来描述事物中不会动态变化的若干方面。这种表示方法有着明显的层次结构，可以将研究对象和事物序列进行关联，形成一种结构或组织。下面以用户对商品的认知为例来介绍框架表示法。

框架表示法可以模拟用户对事物认知信息的多分支、多节点的存储结构，展现用户思维过程。借用类似该事物的认知框架，按需求对某些细节进行修改，或者使用类似的框架结构对事物进行表示，可以帮助用户感知新知识。框架表示法对于用户认知需求的表示与更新具有直观自然、易于接受和理解的特点。如图2-2所示，用户认知框架的商品知识融合模型分为4个环节，分别是用户认知框架知识表示、商品信息采集与数据预处理、商品信息元数据与用户认知框架映射和进行冲突型与互补型商品知识融合。

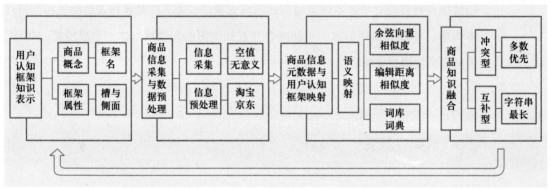

图2-2 用户认知框架的商品知识融合模型

### 1. 用户认知框架

用户对商品特征的大量评论表示用户共同关注的商品特征，对特征进行汇总，构成用户认知框架，可直观反映用户选择商品的主要因素。框架的基本结构包括框架名、关系、槽、槽值及其约束条件（表示为侧面值）。每个商品都有专属的框架名，由若干槽和侧面组成，槽用来描述商品对象的某个属性，侧面用来表达商品某属性所包含的特性值。槽和侧面对应的属性值分别为槽值和侧面值，一个槽包含唯一的槽值，一个侧面有多个侧面值。以京东网的索尼（SONY）DSC-RX100M7黑卡数码相机商品为例，其槽名为"规格与包装"，槽值为存储参数、拍摄性能等；其侧面值为存储介质、机身内存、自拍等；其约束条件的属性值默认为SD卡、SDHC卡、SDXC卡等。

### 2. 商品信息采集

商品信息采集是利用网络爬虫采集电子商务（简称"电商"）平台的商品信息，根据需求制定自动化抓取规则，并存储为专门格式的可读文件。这些数据量大且多为无序状态，需要进行商品微观属性信息的概括、精炼和抽象。采取抽取主题概念，以细粒度的方式聚合的方法，完成对电商网站商品信息元数据的重组，构建元数据实例，即将商品概念、属性、实例数据进行关联。其中，概念指的是对象的类型或者种类，一般用类来定义；属性是指概念的属性、参数和特征，一般用类属性来定义；实例一般用概念类的实体对象来定义，便于对商品知识进行快速组织。对于采集的商品信息中存在的大量空值和无意义的数据，需要在预处理阶段将这些"干扰值"删除，保证数据质量。

### 3. 商品信息元数据链接的语义映射

用户观点和评论作为用户认知需求的来源数据，表示用户对某些商品特征的集中程度，将评论共同关注的特征汇总成为用户认知语义表达，能直观、清晰地反映用户购买行为的影响因素。由于在线商品元数据标准体系的异构，在用户认知需求与商品元数据体系的映射中会出现一词多义或多词一义的情况。例如，实例中"存储"这一概念会对应存储卡类型、存储介质、机身内存三种不同的侧面名。商品信息的元数据表征商品各属性的知识并揭示知识单元之间的联系，通过知识链接，可以把具有关联关系的商品属性知识链接成框架的知识系统。

### 4. 冲突型与互补型商品知识融合

商品知识融合需要进行知识关联和重构，形成具体领域问题的知识库，同时需要考虑多源异构商品数据源商品信息冗余度高、完整性差和相互矛盾等问题。多来源商品信息描述同一个对象的不同或者相同槽和侧面的知识，同一对象的多源知识间具有明显的相关关系，这些关系集中表现为一致型、冲突型和互补型的关系。一致型关系帮助用户识别正确、精准的知识，冲突型和互补型知识供给有可能使得商品的同一个性能指标获得不同情感程度和方式方法的表达，从而导致用户需要从其他渠道进行多方验证，并不断更新对相关事物的认知，增加了用户的认知负担，降低了用户在线购物的决策效率。具体来说，知识融合是一种聚类函数，根据函数变量求出结果，采用单结果融合规则完成知识融合。

## 2.4　语义网络

语义网络是知识表示领域最著名的模型之一。语义网络是一种基于图的数据结构，可以通过自定义节点和关系类型方便地表达和存储自然语言，在人类可理解性和存储与推理的效率之间取得平衡。

目前，语义网络的研究已经取得了一些进展，然而国内图书情报学领域尚缺乏对这些研究进行系统的分析和总结，导致语义网络的理论和方法还未得到有效利用。因此，有必要对语义网络的研究进行综合整理，深入理解和探索语义网络的概念、内涵、特征、方法、优势等。本节基于语义网络在信息科学领域的现有研究成果，对语义网络的相关研究进行回顾，从而展示语义网络的基础理论和发展动态，为其在信息科学及图书情报学领域的应用提供参考，具体包括：语义网络的定义和特征，语义网络的分类，语义网络的方法，语义网络的优势，语义网络应用面临的挑战和困难。

### 2.4.1 语义网络的发展历史

语义网络的根本理念是抽象化的关系图结构可以帮助理解和推论。最早的抽象图结构出现在19世纪的高等数学领域。英格兰的数学家认为，某些相互关联的方程可以用抽象的结构来解决。他们采用树形结构建立代数关系网，证明无论关系的意义如何，只需分析结构本身就可以解决核心问题。这一激动人心的发现与"图论"的早期发展同时发生。1886年，Kempe在《数学形式理论回忆录》中描述了他的图表系统：节点作为概念单元，连线用来区分"混淆的概念单元"。Peirce从1882年开始记录图形逻辑的表达式，几十年来一直致力于开发自己的图系统，并称其为存在图（existential graph），该系统包括一阶谓词的二维图形并具有一些扩展逻辑。1976年，Sowa在存在图的基础上提出了概念图（conceptual graph），用来表示数据库系统中的概念模式。1956年，剑桥语言研究部的Richens创建了计算机领域的第一个语义网络系统NUDE，并将其用于自然语言机器翻译。

20世纪60年代，人工智能相关研究出现，语义网络迅速成为研究热点，并成为人工智能领域研究的主流，代表性人物有Quillian和Simmons。1968年，Quillian在研究人类长期记忆模型时，描述了人类长期记忆的一般结构模型，认为记忆由概念之间的联系实现并存储在复杂的网络中，基于此，他提出了语义网络的概念。20世纪70年代，学者们开始研究语义网络和一阶谓词逻辑之间的关系。Simmons认为语义网络是一种以网格格式表达人类知识构造的方法，他使用相互连接的点和边表示知识，节点表示对象和概念，边表示节点之间的关系，并提供了将语义网络转化为谓词演算形式的算法。Schubert解决了语义网络表示中逻辑连词、量词、描述和构造问题，并进一步强化了语义网络的知识表示能力。20世纪80—90年代，语义网络的研究重点由知识表示转向具有严格逻辑的语义推理，包括术语逻辑（term logic）、描述逻辑（description logic）等。Brachman等人经过长期研究，开发了KL-ONE系统。KL-ONE是语义网络和框架系统结合的知识表示系统，该系统试图克服语义网络在知识表示中语义模糊的缺陷，将概念信息明确地表示为结构化继承网络。Brachman等人在后续研究中又提出了CLASSIC语言，将语义网络从纯逻辑转向实用工具。Horrocks实现的FaCT推理机，为如今的本体语言OWL DL的推理服务提供了支持。

### 2.4.2 语义网络的定义

目前，学界尚未对语义网络概念形成一般性定义，语义网络极易与语义网、概念网络等概念混淆。很多学者从不同角度对语义网络的概念进行了定义，具体如表2-3所示。研究者们设计并实现了若干版本的语义网络，尽管不同版本之间的定义名称和符号差异很大，但具有以下共同特征。

表2-3 语义网络的定义

| 序号 | 定义 |
| --- | --- |
| 1 | 语义网络是计算机所需的结构和处理操作的计算语言学理论 |
| 2 | 语义网络是意义的结构图形 |
| 3 | 语义网络是一种通过使用图形符号来表示概念的知识或底层结构的方法 |
| 4 | 语义网络是用节点和线的互连模式表示知识的图结构 |

（1）网络中的节点表示实体、属性、事件和状态等概念。网络中的连线通常称为概念关系，表示概念节点之间的关系，连线上的标签表示关系类型。关系可表示实例，例如实施者、接受者或工具等，也可表示空间关系、时间关系、因果关系和逻辑连词等。

（2）概念节点可以按照层次进行组织。层次结构通常称为类型层次结构或分类层次结构，也称为包含层次结构。其典型代表是UMLS语义网络，UMLS语义网络中的127种语义类型和54种语义关系即是按照概念层次结构进行组织的。在后续研究中，这些语义类型和语义关系不断得到修改和完善，还被用于构建医学领域的种子本体和检索模型，提供临床决策支持。

（3）特定类型的概念属性由子类型通过层次结构继承。继承是语义网络实现推理的重要特性，被广泛应用于自动问答分级、语义检索和知识发现。语义网络常用的推理算法包括激活扩散、带点积的向量空间等。

（4）语义网络的拓扑结构具有小世界网络特征。

### 2.4.3 语义网络分类

早期的语义网络理论中混合了多种不同类型的关系链接，这些关系链接被不加选择地应用于语义网络系统，因此被学者们批评为语义网络的设计缺陷。之后，语义网络理论结合逻辑论、集合论和模型论对语义表示进行了严格的形式化，尤其是整理了不同链接类型的含义。为了分离和分析语义网络中涉及的不同概念，Branchman提出了五种不同层次的节点和链接，这些节点和链接包含从低级的数据位置和指针到高级的语言词汇和描述，如表2-4所示。语义网络描述可以同时存在于所有层次，每个层次的对象和关系使用较低层次的结构来实现。例如，最低的实施层次是数据结构之间的简单链接，一个节点原子可以包含指向另一个节点原子的直接指针，即指向机器存储器或存储器中的实际/虚拟地址。

表2-4 Branchman关于节点和链接的五个层次

| 层次 | 构成要素 | 结构 |
| --- | --- | --- |
| 语言 | 自定义概念，词，表达 | 句子，描述 |
| 概念 | 语义或概念关系，基元对象和行动 | 概念依赖，深层语义网络 |
| 认知 | 概念类型，概念子类型，继承和机构类型 | 关联关系，instance-of关系，IS-A链接系统 |
| 逻辑 | 命题，谓词，逻辑运算符 | 布尔逻辑节点，隔断，否定情景 |
| 实施 | 原子，指针 | 数据结构，框架 |

语义网络是陈述式的图形表达，经过定义和规范链接关系，语义网络的逻辑系统高度形式化。Sowa根据语义逻辑关系对语义网络进行分类，归纳了六种基本类型：定义网络、断言网络、蕴含网络、执行网络、学习网络和混合网络。

### 2.4.4 语义网络构建方法

目前，语义网络常用的构建方法是半自动或自动方法，主要包括概念抽取和关系抽取两个步骤。统计数据分析是概念抽取的典型方法，其假设是，如果两个概念在文档中频繁共同出现，则这两个概念密切相关。如果它们共同出现的文档数量较多，则强度成比例地增加，并且相应生成的图形变为共现图。在统计语义网络中，概念之间的关系强度是统计推导出来的。绝对频率、相对频率、共现、字距等被广泛用于创建语义网络，经典算法包括术语频率、反向文档频率（TF-IDF）、潜在语义分析（LSA）、BM25技术等。字距是文档中两个概念之间的字数，两个概念越接近，它们之间的关系就越强。统计生成的语义网络使用节点表示概念，统计权重表示关系，但它们之间的关系没有被明确定义。还有部分文献使用命名实体识别技术提取概念，该方法的特点是在抽取概念时就已知概念的语义类型，例如人名、组织名、地名等，其基本思想是构建一个实体类型词表，词表可以手工定义，也可以根据一些种子数据自动生成。

关系抽取的常用方法是模式匹配，通常是自定义语义模式，用于发现特定的语义关系。例如，An通过收集两个概念之间的介词，定义了包含（利用）、目标、效果、过程和相似五种语义关系，用于构建专利文献语义网络。无监督模式聚类算法也被用于抽取相似语义关系。Pantel和Pennacchiotti构建算法（Espresso）自动从语料库中进行搜索，得到相关联名词的小种子集，并成功发现了名词之间的IS-A

（子类）和meronymic（部分）关系，用于化学领域的化学反应和产生关系。

自动构建语义网络的工具包括CATPAC、Naetica、Concept Space等。其中，CATPAC软件通过设置参数（例如频率、字距、聚类系数等），自动识别文本中最常见的单词，并根据共现确定相似性模式，其输出的语义网络常被用于分析组织文化、辩论等。

### 2.4.5 语义网络的优势

语义网络作为一种强大的知识表示方法，融合了计算机科学、语言学、认知科学、人类学和工业研究中关系语义学等多个学科的理论发展和应用。一些实证研究表明，语义网络表达知识具有的潜在优势可以归纳为概念化、可视化、语境化和推理化。

（1）概念化。Chein等人认为，语义网络最重要的功能是生成一个认知概念的地图，赋予概念意义，并通过关联最终理解每个概念。概念是一个信息单元，可以用单词或短语表示，其含义体现在与其他概念的关系中。关系是描述概念之间联系的一类特殊概念。一个实例（有时称为命题）是由两个概念及其关系组成的单元。由于每个概念都可以与若干个其他概念相关联，因此语义网络具有复杂性和多维性。

（2）可视化。可视化能力是语义网络的强大优势之一。大型语义网络可能很复杂，但直观的可视化用户界面可以显著降低用户的认知负荷。可视化使语义网络成为知识表示与信息管理之间的一座桥梁，既可以增强用户对大型信息空间结构的感知，又可以提供导航设施。根据Gershon的观点，可视化还使人们能够使用自然的观察和处理工具，即眼睛和大脑，更有效地提取知识并形成见解。

（3）语境化。相比线性文本的知识表示而言，语义网络的图结构可以更好地表示自然语言的情境，从而更好地提取自然语言的语义。基于所呈现信息的背景和领域，语义网络提供了一个解释框架，即语义网络通过将信息有意义地连接为与人类信息处理更兼容的网络结构，而不是采用顺序表示的方式。使用语义网络进行知识表示，可以通过信息和概念的关联提供更丰富的上下文情景。Khalifa使用主观和客观指标比较了线性知识表示与语义网络知识表示两种模式的优劣，结果表明，语义网络的知识表示方式促进了更高水平的情境感知和更好的相互理解。

（4）推理化。网络结构为语义知识和推理建模提供了直观且高效的表示。Len认为语义网络的逻辑语法和推理机制从根本上是类似的，因此语义网络有助于展示知识的潜在逻辑结构。Lokendra持类似的观点，认为语义网络不仅仅是其他语言或逻辑的符号变体，其表达机制可以决定推理的有效性。他认为，语义网络的结构有助于判定某些推理的有效性及执行计算的最佳方法。当语义网络被实现为大规模并行网络时，可以提供一个适当的框架来建模反身推理，这样可以快速、轻松地进行推理，且无须有意识的努力。

## 2.5 知识图谱

随着互联网的蓬勃发展，数据爆炸式增长，人们对快速、准确地获取高质量信息的诉求越来越强烈，越来越多需要知识赋予智能的应用需求也推动了知识图谱的诞生和发展。特别是在谷歌搜索引擎使用知识图谱进行智能搜索大获成功以后，知识图谱技术无论是在学术界还是在工业界都备受关注，国内外众多互联网公司开始构建自己的知识图谱。例如，微软公司构建知识图谱Satori用于各种智能服务（如新闻推荐），IBM公司构建知识图谱用于智能问答，Facebook公司构建社交知识图谱支撑智能搜索好友的服务，百度公司的"知心"用来提高搜索结果的准确性，搜狗公司的"知立方"用于支撑智能搜索服务，等等。知识图谱技术发展至今，其内容已经远远超出语义网和知识工程的范围，在实际应用中被赋予了越来越丰富的内涵。在大数据时代，知识图谱作为一种技术体系，包括知识图谱构建、知识表示、知识推理与补全、实时监测和自动问答等相关技术。这些关键技术在发展过程中仍存在大大小小的问题，而知识图谱表示技术是帮助它们不断发展完善的基础。不仅如此，知识图谱表示技术也是将知识图谱应用到下游智能任务的有效手段。

### 2.5.1 知识图谱的发展

知识图谱中的知识为问答系统提供了多种选择知识的来源。目前已有的大规模知识库，如DBPedia、FreeBase等，多以"实体—关系—实体"的图结构表示知识。2014年以来，知识图谱的出现将人们对问答系统的研究提升到了一个新的水平。当用户通过搜索引擎提出问题时，搜索引擎会反馈给用户想要的精确而简短的正确答案，而不是所问问题包含的答案链接。基于知识图谱的问答系统包含以下三个方面：① 问句解析，主要是识别问句中包含的实体、对问句进行分词、词性标注等；② 实体链接，是自然语言问句中的实体到知识图谱的映射；③ 知识推理（knowledge inference，KI），负责得到答案。Berant提出了基于语法逻辑的方法重新构建自然语言问句，将整个自然语言问句转换为逻辑表达形式，然后通过查询语句直接在知识图谱中查询答案，但是这种方法对语义理解要求非常高，一旦出现歧义的情况，准确度会大大降低。Yao采用第三方工具进行信息抽取，获取问题中的命名实体并链接到知识图谱中，然后以该实体为中心构建子图，并进行候选答案的筛选与排序。Borde等人在自然语言问句上的处理与Yao等相似，但他们将知识图谱转化为低维分布式嵌入，然后在分布式向量空间中进行知识推理以获取答案，他们将这种知识图谱表示学习模型称为TransE模型。这三篇论文奠定了目前主流的知识图谱问答系统的三种路线。随着深度学习的火爆发展，采用的技术不断变革，其中也出现了不少令人耳目一新的方法，例如Dong等人提出采用卷积神经网络对分布式嵌入进行增强，Zhang等人提出VRN变分推理模型，通过概率模型识别自然语言问句中的实体，避免语义解析可能带来的误差。同时，Zhang等人还在ARC问答数据集上采用知识图谱的方式取得了最优结果，证明了知识图谱问答系统的高效性。Yu等人改进了传统的基于RNN进行训练和推理的方式，而采用他们提出的自注意力网络层加卷积网络层进行训练和推理，取得相当不错的结果。

### 2.5.2 知识图谱的表示方法

#### 1. 基于距离的知识表示方法

基于距离的知识表示方法中比较有代表性的是结构表示（structured embedding，SE）。SE设定实体是$d$维实数向量，对于一个事实三元组（$h,r,t$），SE通过与关系相关的不同映射矩阵$\boldsymbol{M}_{r,1}$，$\boldsymbol{M}_{r,2} \in \mathbb{R}^{d \times d}$，将头实体和尾实体投影到同一个向量空间$\mathbb{R}^d$并要求它们距离相近，于是可以得到如下的评分函数：

$$f(h,r,t)=-\|\boldsymbol{M}_{r,1}h-\boldsymbol{M}_{r,2}t\|_{L_1} \tag{2-1}$$

评分函数计算的距离反映了在关系$r$下头实体和尾实体的语义相关性，距离值越小，表明它们越相近，越有可能具有这种关系。把所有事实的评分函数值求和，可以得到需要优化的目标函数，通过最大化这个目标函数，可以学习出最优的实体的向量参数和关系的矩阵参数。

#### 2. 基于翻译的知识表示方法

基于翻译的方法将事实三元组中的关系看作头实体和尾实体在向量空间中的翻译操作。该类方法的提出受到了词嵌入方法word2vec的启发。在使用word2vec时，Mikolov等人发现词向量在向量空间中的平移不变现象，例如$v_{man}-v_{woman} \approx v_{king}-v_{queen}$，即$v_{man} \approx v_{king}-v_{queen}+v_{woman}$，这表明单词king和queen词向量之间的语义关系可以作为一个平移操作，将单词woman变成man，这个平移操作可以看作woman词向量到man词向量的翻译。

Bordes等人受到该现象的启发，提出了TransE方法。TransE将实体和关系表示成向量空间$\mathbb{R}^d$的向量。给定一个事实（$h,r,t$），$h,r,t$分别是实体$h,t$和关系$r$的向量表示，它们应该满足$h+r\approx t$。也就是说，通过关系向量$r$翻译后的头实体向量$h+r$应该和尾实体向量$t$距离相近，如图2-3（a）所示。基于此，TransE定义评分函数如下：

$$f(h,r,t)=-\|h+r-t\|_{\frac{L_1}{L_2}} \tag{2-2}$$

其中，$L_1$和$L_2$分别表示1-范数和2-范数。TransE使用如下损失函数作为目标函数，使得正负样本尽可能分开，即

$$\sum_{(h,t,r)\in \mathcal{T}}\sum_{(h',t,r')\in \mathcal{T}'}\max\{0,\gamma-f(h,r,t)+f(h',t,r')\} \tag{2-3}$$

$$\mathcal{T}'=\{(h',r,t)|h'\in\varepsilon\wedge h'\neq h\wedge(h,r,t)\in\mathcal{T}\}\cup\{(h,r,t')|t'\in\varepsilon\wedge t'\neq t\wedge(h,r,t)\in\mathcal{T}\} \tag{2-4}$$

其中，$\mathcal{T}'$是采样出来的负样本集合，$r>0$是区分正样本和负样本的间隔值，知识图谱集合$\mathcal{T}$的事实被看作正样本，负样本是通过从实体集合$\varepsilon$随机采样一个实体替换头实体或者尾实体得到的。TransE方法虽然简单高效，但是它无法支持一对多、多对一或者多对多类型的关系，而这些关系在现实生活中是十分常见的。例如，张艺谋既是电影《红高粱》的导演又是《活着》的导演。

为了解决TransE的问题，TransH引入了特定关系的超平面。如图2-3（b）所示，对于不同的关系，头实体和尾实体投影到不同的超平面上，然后像TransE那样进行翻译操作。给定一个事实三元组（$h,r,t$），TransH将每个关系$r$对应的超平面使用法向量$w_r$表示，头/尾实体投影到$r$的超平面后得到新的向量：

$$\begin{aligned}h_\perp&=h-w_r^{\mathrm{T}}hw_r\\ t_\perp&=t-w_r^{\mathrm{T}}tw_r\end{aligned} \tag{2-5}$$

在超平面上，新的头/尾实体向量进行翻译操作，即$h_\perp+r\approx t_\perp$。于是，得到TransH的评分函数如下：

$$f(h,r,t)=-\|h_\perp+r-t_\perp\|_{L_1/L_2} \tag{2-6}$$

TransR为了解决TransE的问题，引入关系的向量空间，它将实体和关系定义在不同的向量空间中，通过空间变换操作把头/尾实体映射到关系的向量空间中再进行翻译操作，如图2-3（c）所示。假设实体和关系的向量空间分别为$\mathbb{R}^d$和$\mathbb{R}^k$，给定一个事实三元组（$h,r,t$），TransH将头/尾实体经过$M_r\in\mathbb{R}^{k\times d}$矩阵变换投影到关系向量空间后，得到新的向量，有

$$\begin{aligned}h_\perp&=M_rh\\ t_\perp&=M_rt\end{aligned} \tag{2-7}$$

TransR的评分函数同样定义成式（2-6）。由于TransR的变换矩阵参数较多，

时空复杂度高，因此TransD方法通过将矩阵分解成两个向量的方式减少TransR的复杂度。具体来说，对于一个事实（$h,r,t$），TransD设计了映射向量$w_h$，$w_t \in \mathbb{R}^d$和$w_r \in \mathbb{R}^d$，由于可以得到头/尾实体的投影矩阵$M_r^1$和$M_r^2$如下：

$$M_r^1 = w_r w_h^T + I$$
$$M_r^2 = w_r w_t^T + I' \tag{2-8}$$

经过上面的投影矩阵变换后，头/尾实体的向量表示为

$$h_\perp = M_r^1 h$$
$$t_\perp = M_r^2 t \tag{2-9}$$

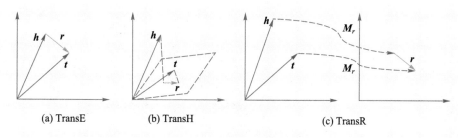

$$(a)\ TransE \qquad (b)\ TransH \qquad (c)\ TransR$$

图2-3　TransE、TransH和TransR方法的示意

### 3. 基于双线性的知识表示方法

双线性方法将实体表示为向量，关系表示为矩阵，对于一个事实三元组，头实体或尾实体向量通过关系进行线性变换后，在向量空间与尾实体或头实体向量重合。RESCAL是首个双线性方法，给定事实（$h,r,t$），它定义实体$h,t \in \mathbb{R}^d$，关系$r$对应的线性变换矩阵$M_r \in \mathbb{R}^{d \times d}$，如图2-3（a）所示，评分函数定义为

$$f(h,r,t) = h^T M_r t \tag{2-10}$$

接着，RESCAL使用如下logistics损失函数作为目标函数，实体和关系的分布式表示为

$$\sum_{(h,t,r) \in \mathcal{T} \cup \mathcal{T}'} \log(1 + \exp(-y_{hrt} f(h,r,t))) \tag{2-11}$$

其中，$y_{hrt} = \pm 1$表示（$h,r,t$）是正样本或者负样本，$\mathcal{T}'$定义如式（2-4）所示。

为了简化RESCAL方法的时空复杂度，DistMult提出使用对角矩阵替换矩阵$M_r$，即为每个关系$r$定义一个向量$r \in \mathbb{R}^d$，通过该向量可以得到线性变换矩阵$M_r = \mathrm{diag}(r)$，（diag函数将向量转换成对角化矩阵），如图2-4（b）所示。于是得到DistMult的评分函数如下：

$$f(h,r,t) = h^T \mathrm{diag}(r) t \tag{2-12}$$

HolE方法使用循环互相关操作（circular correlation operation）解决DistMult只

支持对称关系的问题。同样地，它将实体和向量使用实数向量表示，即$h,r,t\in\mathbb{R}^d$。给定一个事实（$h,r,t$），首先通过循环互相关操作将头/尾实体组合成一个新的向量$h*t\in\mathbb{R}^d$，然后衡量该向量与关系向量的相似度，将其作为事实的得分，如图2-4（c）所示。HolE的评分函数为

$$f(\boldsymbol{h},\boldsymbol{r},\boldsymbol{t})=\boldsymbol{r}^{\mathrm{T}}(\boldsymbol{h}*\boldsymbol{t})=\sum_{i=0}^{d-1}[\boldsymbol{r}]_i\sum_{k=0}^{d-1}[\boldsymbol{h}]_k[\boldsymbol{t}]_{k+i\,\mathrm{mode}\,d} \qquad (2-13)$$

由于循环互相关操作是不可交换的，因此HolE方法可以建模非对称关系。

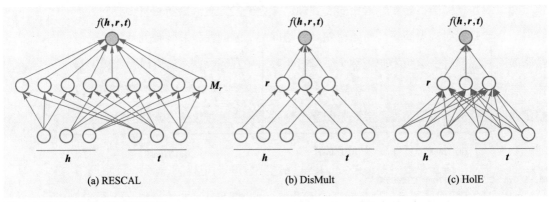

图2-4 RESCAL、DistMult和HolE方法示意

#### 4. 基于神经网络的知识表示方法

基于神经网络的方法将实体和关系表示为向量，并利用多层神经网络强大的自适应学习能力和支持非线性映射等优点，建模知识图谱中实体和关系之间存在的语义关联。SME（semantic matching energy，语义匹配能量）方法使用线性神经网络架构对实体和关系进行语义匹配。给定一个事实（$h,r,t$），SME将实体和关系的向量作为神经网络的输入层，并定义两种评分函数，分别为线性和双线性形式，如下所示：

$$f(\boldsymbol{h},\boldsymbol{r},\boldsymbol{t})=(M_u^1\boldsymbol{h}+M_u^2\boldsymbol{r}+\boldsymbol{b}_u)^{\mathrm{T}}(M_v^1\boldsymbol{t}+M_v^2\boldsymbol{r}+\boldsymbol{b}_v) \qquad (2-14)$$

$$f(\boldsymbol{h},\boldsymbol{r},\boldsymbol{t})=(M_u^1\boldsymbol{h}\circ M_u^2\boldsymbol{r}+\boldsymbol{b}_u)^{\mathrm{T}}(M_v^1\boldsymbol{t}\diamond M_v^2\boldsymbol{r}+\boldsymbol{b}_v) \qquad (2-15)$$

其中，$M_u^1,M_u^2,M_v^1,M_v^2\in\mathbb{R}^{d\times d}$是权重矩阵，$\boldsymbol{b}_u,\boldsymbol{b}_v\in\mathbb{R}^d$是偏置向量，$\diamond$表示阿达马（Hadamard）乘积即按位相乘。接着，SME使用如下sigmoid交叉熵损失函数作为目标函数，学习实体和关系的分布式表示，即

$$\sum_{(h,r,t)\in\mathcal{T}\cup\mathcal{T}'}-(y_{hrt}\log(\sigma(f(\boldsymbol{h},\boldsymbol{r},\boldsymbol{t})))+(1-y_{hrt})\log(1-\sigma(f(\boldsymbol{h},\boldsymbol{r},\boldsymbol{t})))) \qquad (2-16)$$

其中，$y_{hrt}=\pm1$表示（$h,r,t$）是正样本或者负样本，$\mathcal{T}'$定义如式（2-4）所示。

NTN（neural tensor network）方法使用非线性神经网络架构建模实体和关系之间的语义关联。给定一个事实（$h,r,t$），NTN方法将实体的向量$h,t\in\mathbb{R}^d$作为神经网

络的输入层，然后使用关系 $r$ 相关的一个张量 $\overline{M}_r \in \mathbb{R}^{d \times d \times k}$ 将头/尾实体向量结合在一起，再输入一个非线性的隐藏层，最后通过输出层得到该事实的得分。NTN 的评分函数如下所示：

$$f(h,r,t) = r^{\mathrm{T}} \tanh(h^{\mathrm{T}} \overline{M}_r t + M_r^1 h + M_r^2 + b_r) \qquad (2\text{-}17)$$

其中，$M_r^1, M_r^2 \in \mathbb{R}^{k \times d}$ 是权重矩阵，$b_r \in \mathbb{R}^k$ 是偏置向量，tanh 是激活函数。

MLP（multi-layer perceptron）方法是比 NTN 更简单的一种基于神经网络的方法。给定一个事实（$h,r,t$），MLP 方法先将实体和关系的向量 $h,r,t$ 拼接起来作为神经网络的输入层，然后经过一层非线性隐藏层，最后接入一个线性输出层，于是可以得到 MLP 的评分函数如下所示：

$$f(h,r,t) = w^{\mathrm{T}} \tanh(M[h,r,t]) \qquad (2\text{-}18)$$

其中，$M \in \mathbb{R}^{d \times 3d}$、$w \in \mathbb{R}^d$ 分别是隐藏层的权重矩阵和输出层的权重向量，tanh 是激活函数。

NAM（neural association model）方法使用深度神经网络架构进行建模。给定一个事实（$h,r,t$），NAM 方法首先将头实体向量和关系向量拼接起来作为输入层，然后接入一个由 $L$ 层非线性隐藏层组成的深度神经网络，最后将第 $L$ 层的结果与尾实体向量一同输入线性输出层，于是可以得到 NAM 的评分函数如下所示：

$$f(h,r,t) = t^{\mathrm{T}} z^L$$
$$z^l = \mathrm{ReLU}(M^l z^{l-1} + b^l), l = 1, \cdots, L \qquad (2\text{-}19)$$
$$z^0 = [h;r] \in \mathbb{R}^{2d}$$

其中，$M^l$ 表示隐藏层第 $l$ 层的权重矩阵，$b^l$ 表示第 $l$ 层的偏置向量。

ConvE 方法则使用卷积神经网络架构进行建模。给定一个事实（$h,r,t$），ConvE 方法首先将头实体向量和关系向量进行二维重塑，然后接入一个卷积层，再接入一个全连接层，最后将其结果与尾实体向量一同输入线性输出层，于是可以得到 ConvE 的评分函数如下所示：

$$f(h,r,t) = g(\mathrm{vec}(g(\mathrm{concat}(\hat{h}, \hat{r}) * \omega)) W) t \qquad (2\text{-}20)$$

其中，$\hat{h}$ 和 $\hat{r}$ 分别表示 $h$ 和 $r$ 的二维重塑矩阵，concat($\cdot$) 函数将矩阵 $\hat{h}$ 和 $\hat{r}$ 拼接起来，$\omega$ 表示一组卷积过滤器，* 则表示执行一个卷积操作，vec($\cdot$) 函数将卷积层输出的张量转换成一个向量，g($\cdot$) 表示一个非线性函数。

### 2.5.3　知识图谱的构建

知识图谱的构建需要多方面信息处理技术的应用。知识抽取是从多种数据源中提取知识并存入知识图谱，它是构建大规模知识图谱的基础。知识融合可以解决不同知识图谱的异构问题，使不同数据源的异构知识图谱相互连通、相互操作，提高知识图谱的质量。知识计算是知识图谱的主要输出能力，其中知识推理是最重要的能力之一，知识推理是知识精细化加工及辅助决策的实现方式。本节根据知识图谱的体系架构，详细介绍知识融合、知识推理、知识补全的相关内容。

1. 知识融合

知识图谱的数据来源十分广泛，不同数据源之间的知识缺乏深入的关联，知识重复问题比较严重。知识融合就是将来自不同数据源的异构化、多样化的知识在同一个框架中进行消歧、加工、整合等，达到数据、信息及人的思想等多个角度的融合。知识融合的核心在于映射的生成。目前，知识融合的技术可以分为两个方面，分别是本体融合和数据融合。

（1）本体融合

在知识融合技术中，本体层占据着重要的部分。到目前为止，研究者们已经提出了多种解决本体异构的方法，通常分为两大类，分别为本体集成和本体映射。本体集成是将多个不同数据源的异构本体集成为一个统一的本体；本体映射则是在多个本体之间建立映射规则，使信息在不同的本体之间进行传递。

（2）数据融合

数据方面的知识融合包括实体合并、实体对齐、实体属性融合等。其中，实体对齐是多源知识融合的重要方面，用于消除实体指向的不一致性与冲突问题。知识图谱的对齐方法可分为三类，分别是成对实体对齐、局部实体对齐和全局实体对齐。

成对实体对齐方法：该方法是传统概率模型和机器学习的实体对齐方法。

局部实体对齐方法：该方法引入实体的属性并为其分配不同的权重，再进行加权求和以计算实体的相似度。

全局实体对齐法：该方法综合考虑多种匹配策略来判别实体相似度，包括基于相似性传播和概率模型的实体对齐方法。

2. 知识推理

知识推理是根据已有的实体关系信息推断新的事实结论，进一步丰富知识图谱，满足上游任务的需求。知识推理方法主要分为三种类型，分别为基于传统规则的推理、基于分布式特征表示的推理和基于深度学习的推理。

（1）基于传统规则的推理

这类方法主要是通过预定义的规则或词法－句法模式从大规模的语料库中挖掘具有上下位关系的概念对。这些语言模式要么由人工进行设计，要么通过自枚举的方式从语料中自动学习得到。Hearst模式（Hearst patterns）作为这类方法的典型代表，被广泛应用于多个大规模分类体系的构建，如Probase、WebIsA语料库等。表2-5给出了几种典型的Hearst匹配模式。但是，由于Hearst模式的高度固定性，更多的研究工作尝试从精准度、覆盖率两个方面对其进行改进。例如，Luu等人设计了多种灵活的抽取模式，保证这些模式中的部分词是可以替换的，进而通过初始输入的种子实例，在大规模语料库中自动抽取可能具有上下位关系的候选概念对。Navigli等人提出了"* 模式"（star pattern），将语言模式中频繁出现的词或短语替换为通配符，通过不断地对*模式进行聚类，可获得更多的、泛化性能更强的词法–句法模式。Nakashole等人设计了PATTY系统，该系统在与词相关的依存路径的基础上，进一步融入了词性标注（part-of-speech labeling，POS）、通配符、本体类别（ontological types）等额外的知识来提高模式的泛化性。Snow等人首次利用WordNet中的上下位词对文本中的句法路径进行采样，进而自动生成句法模式来抽取上位词。模式匹配方法的最大缺陷在于概念的共现性约束，即只有当概念对中的两个词同时出现在一个句子中时，它们之间的上下位关系才能被正确抽取。然而，对于表达灵活、语言模式不固定的语言（如中文），相关研究工作证明这类方法的效果并不理想。另外，在真实的语言场景中，仅仅依靠固定的语言模式来刻画复杂的语言现象显然是很困难的。

表2-5　典型的Hearst匹配模式

| 模式 | 示例 |
| --- | --- |
| NP such as {NP, }*{ ( or\|and ) } NP | companies such as IBM，Apple |
| NP{, } including {NP, }*{ ( or \| and ) } NP | algorithms including SVM，LR and RF |
| NP {, NP} *{, } or other NP | animals，dogs，or other cats |
| NP {, NP} *{, } and other NP | representatives in North America，Europe，Japan，China，and other countries |
| NP {, } especially {NP, }*{ ( or \| and ) } NP | developing countries，especially China and India |

在线百科网站的标签系统通常被视为蕴含上下位关系的理想数据源。现有的基于百科知识的抽取方法仍然主要遵循基于语言模式的匹配思路：首先从标签系统中筛选出高质量的概念（即概念型标签），然后通过词法–句法模式识别百科类别词条中的上下位关系，或者与WordNet等外部知识库建立联系，以识别特定标签是否与知识库的概念之间具有上下位关系。Suchanek等人发现概念标签间或者概念标签与其类别标签之间的单复数形式可作为判定它们具有上下位关系的关键依据。例如，british computer scientists和computer scientists两个标签名称中的中心词均为

scientists，并且为复数形式，则认为它们具有较大的概率满足上下位关系；Crime Comics和Crime之间则为错误的上下位关系，实际上Crime为不可数名词，常用于表达概念所属的主题，属于主题标签。Suchanek等人提出在识别出维基百科中的概念型标签后，将它们与WordNet知识库中的概念建立上下位关系，进而构建了一个包含庞大概念层级体系的知识库YAGO。不难发现，基于在线百科的方法虽然在一定程度上扩大了用于抽取、检测上下位关系的高质量语料库，但其有效适用范围主要局限在英文版的在线百科，并且与在线百科上下文的语言特征紧密相关。

（2）基于分布式特征表示的推理

基于分布式特征表示的推理包括基于翻译模型的知识推理和基于张量分解的知识推理。

在基于翻译模型的知识推理中，经典的模型有TransE、TransR等，但TransE、TransR等模型认为三元组之间是独立的。2018年，Wang等人提出TransN模型以整合三元组周围邻域的信息，采用对象嵌入和上下文嵌入表示实体与关系，提升了知识推理的性能。由于TransE、TransR等都无法完全满足所有关系的建模，2019年，Sun等人提出了Rotate模型，将关系看作头实体向量向尾实体向量的旋转角度，它可以建模和推断各种关系模式，并采用了一种较为新颖的自对抗负采样技术，使得模型效果大大提升。该模型在TransE的基础上引入了三元组邻域的信息，提出聚合邻域信息的表示模型TransE-NA，为实体选择最相关的属性作为邻域信息，有效缓解了数据稀疏问题。2021年，宋浩楠等人针对知识推理可解释性差的问题，将知识表示与强化学习相结合，提出RLPTransE，将知识推理问题转化为马尔可夫序列决策问题，增强了知识推理的可解释性。

在基于张量分解的知识推理中，一般是将知识图谱中的实体关系三元组通过张量分解方法进行表示学习，将分解得到的向量重构为张量，高于一定阈值的元素值作为候选推理结果。2011年，Nickel等人提出RESCAL，将高维关系数据分解为三阶张量，降低了数据维度的同时又保持了数据原有特征，在知识推理中取得较好的效果。由于RESCAL计算复杂，所占内存很大，文献提出了新的知识推理模型TRESCAL，引入了实体类型信息来约束并排除不满足关系的三元组，显著降低了训练时间并提高了预测性能。2017年，吴运兵等人通过对知识图谱进行路径张量分解，旨在解决知识图谱推理中忽略实体间的关系路径问题，可以高效地挖掘实体间的关系与新事实，有助于完善知识图谱。

（3）基于深度学习的推理

随着深度神经网络的迅猛发展，它已被广泛应用于自然语言处理（NLP）领域，并取得了显著的成效。神经网络可以自动捕捉特征，通过非线性变换将输入数据从原始空间映射到另一个特征空间并自动学习特征表示，适用于知识推理这种抽象的任务。2013 年，Socher 等人提出了一种新的神经张量网络模型（neural tensor network，NTN）来建模关系信息，该模型采用双线性张量层直接将两个实体向量跨多个维度联系起来，刻画实体之间复杂的语义联系，显著地提高了推理性能。Das 等人提出了一种具有单一性和高容量性的循环神经网络（RNN）模型，该模型的所有目标关系共享 RNN 的关系类型表示和组合矩阵，减少了训练参数数量，在大规模知识图谱推理中具有更高的准确性和实用性。2018 年，Guo 等人设计了知识图谱的深度序列模型（deep sequential model for KG，DSKG），分别用独立的 RNN 单元处理实体层和关系层，取得较好的效果。2020 年，Chen 等人针对实体句中的词序特征，提出了基于长短期记忆网络（LSTM）的知识图谱嵌入方法（learning knowledge graph embedding with entity descriptions based on LSTM networks，KGDL），采用 LSTM 实体描述的句子进行编码，然后联合 TransE 与 LSTM 模型将实体描述的句子嵌入和三元组进行编码融合，实现知识推理。除了 RNN 外，卷积神经网络（CNN）也被引入知识推理任务。2018 年，Dettmers 等人提出了用于知识推理的一种卷积神经网络模型 ConvE，该模型采用二维卷积的嵌入对知识图谱中的新链接进行推理，在现有的知识图谱数据集中获得了较好的结果。由于 ConvE 的交互数量有限，Vashishth 等人提出 InteractE，通过特征置换、特征重塑及圆形卷积来捕捉额外的异构特征，增加实体关系间的交互次数。李少杰等人认为 ConvE 丢失了三元组整体的结构信息，因此提出了基于 CNN 的知识表示模型（convolutional knowledge embeddings，ConvKE），将三元组的各个元素整合到一起提取整体的结构信息，通过维度变换策略增加卷积滑动窗口步数，增强知识之间的信息交互。

3. 知识补全

近年来，包括 Freebase、YAGO、DBpedia 在内的不少具有代表性的大型知识图谱已逐渐形成体系，它们作为高价值的资源被广泛地应用于诸多下游任务，并且取得了显著的性能提升。虽然这些知识图谱包含数量庞大的实体和关系事实，但就其所包含的事实知识的语义丰富度而言，仍然是远远不够完善的，尤其是其中已有的大量长尾实体，并没有多少关系事实与它们相互关联。发生这一问题的主要原因在于：这些实体、关系事实主要来源于未经标注的半结构化、非结构化文本语料，依赖于先进的机器学习与信息抽取技术将它们编织成知识并扩展到知识图谱之中。然而，在现实场景中，没有任何一种数据源能够保证拥有全部精良的数据，以充分满足信息抽取算法对数据质量的要求。同样地，也没有任何一种信息抽取技术堪称足够完美，以充分满足构建规模巨大、语义丰富、质量精良、结构良好的知识图谱的要求。因此，在知识工程及相关领域，知识图谱补全依然是一项长期存在并且在不断发展的研究课题。

（1）静态知识图谱

静态知识图谱（static knowledge graph，SKG），也称为知识图谱，是一种大规模的语义网络，表现为一种有向图结构，可被定义为 $\mathcal{G}=\{\mathcal{E},\mathcal{R}\}$，其中 $\mathcal{E}$ 和 $\mathcal{R}$ 分别表示实体和关系的集合，$\mathcal{G}$ 中的每个元素称为事实，或者是关系实例，又或者是三元组实例，其主要表现为三元组的形式（$h,r,t$），其中 $h\in\mathcal{E}$、$t\in\mathcal{E}$、$r\in\mathcal{R}$ 分别表示头实体、尾实体及它们之间的关系。

（2）时序知识图谱

时序知识图谱（temporal knowledge graph，TKG）被认为是静态知识图谱在时间维度上的自然扩展，其定义为 $\mathcal{G}=\{\mathcal{E},\mathcal{R},\mathcal{T}\}$，其中，$\mathcal{E}$ 和 $\mathcal{R}$ 分别表示实体和关系的集合，$\mathcal{T}$ 表示与事实相关的时间戳集合。$\mathcal{G}_t$ 中的每个元素表现为四元组的形式（$e_s,r,e_o,t_r$），其中 $e_s\in\mathcal{E}$、$e_o\in\mathcal{E}$、$r\in\mathcal{R}$ 分别表示两个实体及它们之间的关系，三元组实例（$e_s,r,e_o$）在时间间隔 $t_r=[t_{\text{start}}:t_{\text{end}}]\in\mathcal{T}$ 内成立。

静态知识图谱与时序知识图谱的差异如图2-5所示。图2-5（a）所示是一个关于"足球运动员"主题的知识图谱示例，其中的5个顶点表示5个实体，例如，"大卫·贝克汉姆""英国"；4条有向边上的标签表示4种关系类型，例如，"效力于""出生"。图2-5（b）所示是一个由图2-5（a）扩展而成的时序知识图谱示例，其中每条边上的关系都有一个时间戳 $[t_{\text{start}}:t_{\text{end}}]$，表示该关系连接的事实发生在 $t_{\text{start}}$，结束于 $t_{\text{end}}$，例如，事实"大卫·贝克汉姆""效力于""曼彻斯特联足球俱乐部"仅在1996—2003这个时间间隔内有效。

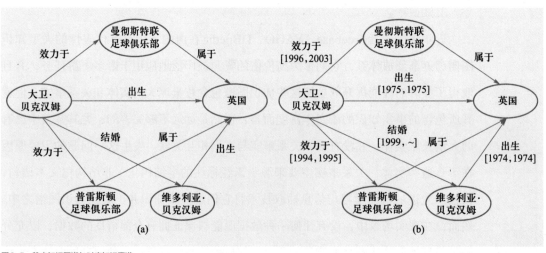

图2-5 静态知识图谱与时序知识图谱

（3）时序知识图谱补全

给定一个时序知识图谱，补全任务的目的在于向其中添加缺失的四元组实例 $(e_s, r, e_o, t_r)$。对于新增加的元素，无论是头实体 $e_s$、尾实体 $e_o$，还是它们之间的关系 $r$，都已存在于知识图谱之中。换言之，新增的事实并不会给知识图谱带来额外的节点或从未出现过的边，而是让知识图谱的图结构更加稠密。与静态知识图谱补全任务类似，上述任务可分为两个子任务：实体预测和关系预测。形式化地，在实体预测中，$(?, r, e_o, t_r)$ 表示在 $t$ 间隔内，已知关系 $r$ 与尾实体 $e_o$，预测缺失的头实体 $e_s$；$(e_s, r, ?, t_r)$ 表示在 $t$ 间隔内，已知头实体 $e_s$ 与关系 $r$，预测缺失的尾实体 $e_o$。在关系预测中，已知头实体 $e_s$ 与尾实体 $e_o$，目标是判定 $(e_s, r, e_o, t_r)$ 在 $t$ 间隔内是否为合理的事实。

## 2.6 小结

随着人工智能逐渐迈向认知智能，当今大数据时代的一种重要的数据化形式之一就是知识表示，它被广泛应用在智能搜索、问答系统及个性化推荐等领域，为它们进行知识赋能。知识表示从本体表示发展到语义网络再到知识图谱，知识的内容不断丰富，知识之间的联系不断加强。在当前数据量急速增加的情况下，传统的本体表示、产生式规则、框架表示很难被使用，即使被使用也会消耗大量的人力物力。伴随着时代的发展，知识图谱表示法被提出。知识图谱由实体和关系组成，实体表示客观世界的事物，关系表示实体之间的相互联系。传统的知识图谱将实体和关系使用唯一符号进行表示。这种符号主义无法应对大规模知识图谱的需求，不能表达实体之间潜在的语义关联，同时阻碍了知识图谱的应用。随着知识图谱技术的不断发展，知识图谱分布式表示被提出并用于解决上述问题。知识图谱分布式表示是将实体和关系分别映射到低维连续的向量空间，使用对应的向量表示它们的语义信息。知识图谱分布式表示高效、便捷的优点，使得分布式表示的学习方法和应用成为现阶段知识表示领域的热门研究课题。但是知识图谱依然存在不足：面对知识图谱普遍存在的实体数据稀疏性问题，知识图谱分布式表示学习方法仍然无法很好地应对；面对日益增长的网络数据，知识图谱存在更新迭代慢、准确率难以保证等问题。因此，未来的知识表示工作可以从以下四个方面努力。

（1）不同知识类型的知识表示学习。借鉴认知科学的结论，指导知识库中知识类型的划分与处理。未来需要结合人工智能和认知智能，开展不同复杂关系类型的知识表示学习研究。

（2）多源信息融合的知识表示学习。融合知识库中实体与关系的其他信息，融合互联网中的文本信息，融合多知识库信息，融合可信度度量。

（3）复杂推理模式的知识表示学习。一阶逻辑是对复杂推理模式的较好表示方案，未来需要探索一阶逻辑的分布式表示及其融入知识表示学习中的技术方案。

（4）大规模知识库在线快速学习。大规模知识库的稀疏性很强，特别是对低频实体和关系的效果非常差，随着知识库的规模不断扩大，需要设计高效的在线学习方案。

## 练习题

1. 在互联网高速发展的时代，网络中充斥着大量的文字信息，试回答以下两个问题：

   （1）如何从这些信息中抽取出有效的信息？如何定义有效的信息？

   （2）在万物互联的今天，这些信息之间存在怎样的联系？

2. 网络中海量的文字信息往往是和图片信息、音频信息同时出现的，能否将三者融合起来进行知识表示？

3. 互联网中充斥着大量的虚假信息，能否通过知识表示对其进行识别？

# 第3章 搜索技术

3

## 3.1 概述

解题时常常需要寻找问题的答案，这个寻找答案的过程可以看作一个搜索的过程。例如经典的传教士和野人问题：有3个传教士和3个野人来到河边准备渡河，河岸边有一条船，每次至多可供2人乘渡。为了安全起见，传教士应如何规划摆渡方案，使任何时刻在河的两岸以及船上的野人数目总是不超过传教士的数目，但允许在河的某一岸或者船上只有野人而没有传教士。解这个题目时，每次渡河后都有多种方案可供选择，哪种方案才能在满足所规定的约束条件下顺利渡河呢？这就是搜索问题。经过反复尝试，终于找到一种解题方案，但这种解题方案是否是最优解？如果不是，怎样才能找到最优的解题方案？这些问题就是本章要介绍的搜索问题，而解决这些搜索问题的技术称为搜索技术。

图3-1给出了一个搜索问题的示意。其含义是如何在一个比较大的问题空间中，只搜索比较小的范围就找到问题的解。使用不同的搜索策略，找到的解的搜索空间范围是有区别的。一般来说，对于大空间问题，搜索策略是要解决组合爆炸的问题。

要进行问题求解，首先要讨论的是对问题及其解的精确定义。下面将通过一些实例来说明如何描述一个问题及其解，接着介绍一些求解此类问题的通用搜索策略和算法。通常，搜索策略的主要任务是确定如何选取规则。有两种基本方式：一种是不考虑给定问题所具有的特定知识，系统根据事先确定好的某种固定排序，依次调用规则或随机调用规则，这实际上是盲目搜索的方法，一般统称为无信息引导的搜索策略；另一种是考虑问题领域可应用的知识，动态地确定规则的排序，优先调用较合适的规则，这就是所谓的启发式搜索策略或有信息引导的搜索策略。

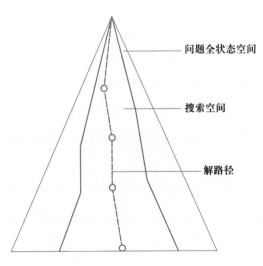

问题全状态空间

搜索空间

解路径

图3-1 搜索问题示意

## 3.2 问题求解与搜索策略

### 3.2.1 问题求解

一般来说，一个搜索问题可以用五个组成部分形式化地描述。

① 问题的初始状态。

② 可能采取的行动，给定状态 $s$，ACTION（$s$）返回在状态 $s$ 下可执行的动作集合。

③ 对每个行动的描述称为转移模型，用函数 RESULTS（$s$, $a$）描述，表示在状态 $s$ 下执行行动 $a$ 后达到的状态。也可以用后继状态来表示从一个给定状态出发，通过单步行动可以到达的状态集合。

④ 目标测试：确定给定的状态是不是目标状态。有时目标状态是一个显式集合，测试只需简单检查给定的状态是否在目标状态集合中。

⑤ 路径耗散：给每条路径赋予一个耗散值，即给边加权，反映问题求解所选择的性能度量的耗散函数。例如，假设一条路径的耗散值为该路径上的每个行动（每条边）的耗散值总和。

这五个元素定义了一个搜索问题，通常把它们组织在一起成为一个数据结构，并以此作为问题求解算法的输入。其中，前三个元素定义了问题的状态空间。状态空间中的一条路径指通过行动连接起来的一个状态序列。问题的解就是从初始状态到目标状态的一组行动序列。解的质量由路径耗散值函数度量，所有解中路径耗散值最小的解即为最优解。

### 3.2.2 问题实例

（1）真空吸尘器世界

图 3-2 所示是一个真空吸尘器世界。这个真空吸尘器世界只有两个地点：方格 A 和方格 B。一个吸尘器可以感知它处于哪个方格中以及该方格是否有灰尘。该吸尘器可以选择向左移动、向右移动、吸尘，或者什么也不做。由此可以给吸尘器赋予非常简单的动作：如果当前方格有灰尘，那么吸尘；否则移动到另一方格。这个吸尘器问题可以形式化描述如下：

状态：状态由吸尘器位置和灰尘位置确定。吸尘器的位置有两个，每个位置都可能有灰尘。因此，真空吸尘器世界的状态有 $2 \times 2^2 = 8$ 个。对于具有 $n$ 个位置的大型环境而言，状态数为 $n \times 2^2$。

初始状态：任何状态都可能被设计成初始状态。

行动：每个状态下可执行的行动只有三个——左移、右移、吸尘。

移动模型：行动会产生它们所期待的结果。

目标测试：检测所有位置是否干净。

路径消耗：假设每一步的耗散值为1，则解路径的耗散值是路径中的步数。

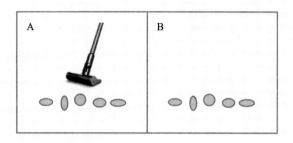

图3-2　只有两个地点的真空吸尘器世界

（2）八数码问题游戏

在3×3的九宫格棋盘上摆有8个将牌，每一个将牌都刻有1~8数码中的某一个数码。棋盘中留有一个空格，允许其周围的某一个将牌向空格移动，这样通过移动将牌就可以不断改变将牌的布局。八数码问题游戏的目标是要达到一个特定的状态，如图3-3（b）所示。八数码问题游戏可以形式化描述如下：

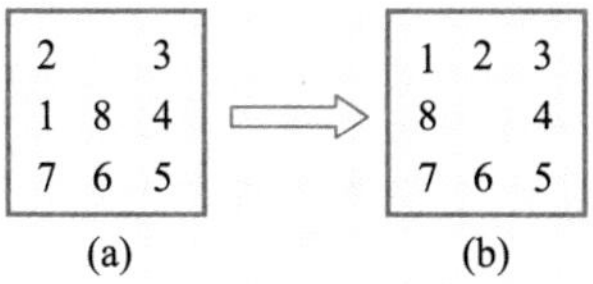

状态：状态描述指明8个将牌及空格在棋盘9个方格上的分布。

初始状态：任何状态都可能是初始状态。注意，要达到任何一个给定的目标，可能的初始状态中恰好只有一半可以作为开始。

| 2 |  | 3 |
|---|---|---|
| 1 | 8 | 4 |
| 7 | 6 | 5 |

(a)

| 1 | 2 | 3 |
|---|---|---|
| 8 |  | 4 |
| 7 | 6 | 5 |

(b)

图3-3　八数码问题游戏

后继状态：用来产生通过四个状态（把空位向左、右、上、下移动）能够达到的合法状态。

目标测试：用来检测状态是否匹配图3-3所示的目标布局（其他目标布局也是可能的）。

路径耗散：每一步的耗散值为1，因此整个路径的耗散值是路径中的步数。

（3）八皇后问题

在一个8×8的国际象棋棋盘上摆放8枚皇后棋子，摆好后要满足每行、每列和每个对角线上只允许出现一枚皇后，即棋子间不允许相互俘获（皇后可以攻击和它在同一行、同一列或者同一对角线上的任何棋子）。最经典的是八皇后问题。图3-4给出了八皇后问题的一个解。

为了求解该问题，用坐标表示一个皇后所在的位置。如上例中，1行1列有一个

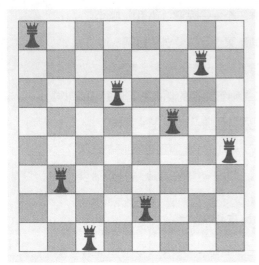

图3-4 八皇后问题

皇后，则可以表示为（1，1）。多个皇后则用所有皇后的位置组成的表表示。图3.4给出的解可以表示为（（1，1），（2，7），（3，4），（4，6），（5，8），（6，2），（7，5），（8，3））。

尽管求解八皇后问题存在一些有效的专用算法，但对于搜索算法而言，此类问题仍然是有用的测试用例。这类问题的形式化主要分为两类：一类是增量形式化，使用算符来增加状态描述，从空状态开始，对于八皇后问题，即每次行动添加一个皇后到状态中；另一类是完整状态形式化，八个皇后都在棋盘上并且不断移动。无论哪种情况，都无须考虑路径消耗，只需考虑最终状态。该问题的增量形式化描述如下：

状态：棋盘上0~8个皇后的任一摆放都是一个状态。

初始状态：棋盘上没有皇后。

行动：在任一空格增加摆放1个皇后。

转移模型：将增加了皇后的棋盘返回。

目标测试：8个皇后都在棋盘上，并且无法互相攻击。

（4）旅行规划飞机航行问题

想象一个人正在规划假期旅行。假设有一张地图，地图上每个点都可以提供一些信息或娱乐方式，这个人规划着到不同地点旅行乘飞机航行的路线，其形式化描述如下：

状态：每个状态包括地点（如机场）和当前时间。更进一步考虑，每个行动的代价可能还依赖于上一飞行区间、票价、状态等。

初始状态：用户在咨询时确定。

行动：在当前时刻之后，乘坐某一航班的任意舱位从目前的起点起飞，需要的话还应留够抵达机场的时间。

转移模型：行动的结果状态包括将到达的飞行目的地作为当前地点和以飞机抵达的时间作为当前时间。

目标测试：判断是否到达用户描述的目的地。

路径耗散：取决于金钱、等待时间、飞行时间、海关和入境过程、舱位等级、时差、飞机类型、座位等级等。

### 3.2.3　通过搜索求解

对问题形式化之后，就需要对问题进行求解。一个解是一个行动序列，搜索算法的工作就是考虑各种可能的行动序列。可能的行动序列从搜索树中根节点的初始状态出发，连线表示行动，节点对应问题的状态空间中的状态。搜索树的根节点对应于初始状态，第一步检验该节点是否为目标状态，然后考虑选择各种行动，通过父节点搜索子节点，直到找到叶节点。

搜索算法需要一个数据结构来记录搜索树的构造过程。图3-5所示为一个搜索树的示意。对树中的每个节点，定义的数据结构包括以下4个元素：

n.STATE：该节点的状态。

n.PARENT：该节点的父节点，用于找出解路径。

n.ACTION：父节点生成该节点时采取的行动。

n.PATH-COST：代价，指从初始状态到达该节点的路径消耗。

给出了父节点的组合后，可以容易地看出如何计算子节点的必要组合。注意，节点和状态这两个概念不同。节点是表示搜索树的数据结构，是由PARENT指针定义的特定路径，若同一状态可以由两个不同路径生成，则两个不同的节点中可以存放相同的状态。而状态则对应于世界的一个配置情况。

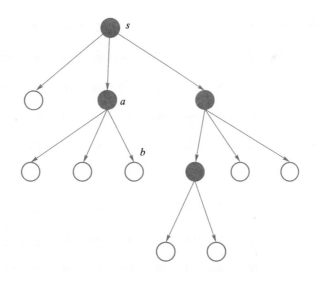

图3-5　搜索树示意

### 3.2.4　盲目搜索策略

如果在搜索过程中没有利用任何与问题有关的知识或启发式信息，则称之为盲目搜索或者无信息搜索。搜索算法要做的是生成后继并区分目标状态与非目标状态。

这些搜索策略是以节点扩展的次序来分类的。盲目搜索策略主要包括深度优先搜索和宽度优先搜索这两种常用的搜索方法。

（1）深度优先搜索

深度优先搜索是一种常用的盲目搜索策略，其基本思想是优先扩展深度最深的节点。搜索很快推进到搜索树的最深层，那里的节点没有后继。当这些节点扩展完之后，就从边缘节点集中删除，然后搜索算法回溯到下一个还有未扩展后继的深度稍浅的节点。在一个图中，初始节点的深度定义为0，其他节点的深度定义为其父节点的深度加1。例如，在图3-5中，初始节点$s$的深度为0，节点$a$、$b$的深度分别为1和2。

深度优先搜索每次选择一个深度最深的节点进行扩展，如果有相同深度的多个节点，则按照事先的约定从中选择一个。如果该节点没有子节点，则选择一个除了该节点以外的深度最深的节点进行扩展。依次进行下去，直到找到问题的解，或者再也没有节点可扩展为止，这种情况表示没有找到问题的解。

下面以八皇后问题为例介绍深度优先搜索策略的搜索过程。假设搜索过程从上向下按行进行、每一行从左到右按列进行，则八皇后问题的深度优先搜索策略原理都一样。为简单起见，描述四皇后问题的深度优先搜索过程，如图3-6所示。

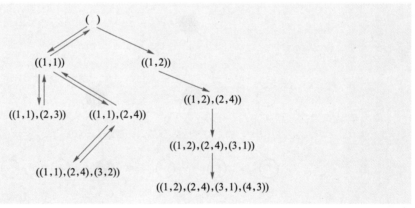

图3-6  四皇后问题的深度优先搜索过程

在上述搜索过程中，每当某一行不能摆放棋子时，就发生"回溯"，返回到一个深度较浅的节点进行试探，否则就一直选择深度深的节点进行扩展。对于八皇后问题这是可行的，因为只要按照规则能摆放棋子就可以进行下去，直到找到一个解。但是对于很多问题，这样做可能会导致沿着一个"错误"的路线搜索下去而陷入"深渊"。为了防止这样的情况发生，在深度优先搜索中往往会加上一个深度限制，即在搜索过程中如果一个节点的深度达到了深度限制，无论该节点是否还有子节点，都强制进行回溯，选择一个稍浅的节点进行扩展，而不是沿着最深的节点继续扩展。

下面以八数码问题为例，说明具有深度限制的深度优先搜索是如何进行的。

问题的解答其实就是给出一个合法的走步序列。图3-7给出了运用带有深度限制的深度优先搜索方法求解八数码问题的搜索图，其中深度限制设置为4。图中圆圈中的序号表示节点的扩展顺序，到9之后，用a、b、c、d表示。当到达深度限制后，回溯到稍浅一层的节点继续搜索，直至找到目标节点。除了初始节点外，每个节点用箭头指向其父节点，当搜索到目标节点后，沿着箭头所指反向追踪到初始节点，即可得到问题的解答。

如何合理地设定深度限制与具体的问题有关，需要根据经验设置一个合理值。如果深度限制过深，则影响求解效率；反之如果限制过浅，则可能导致找不到解。可以采取逐步加深深度限制的方法，先设置一个比较小的值，然后再逐步加大。

深度优先搜索也可能遇到"死循环"问题，也就是沿着一个环路一直搜索下去。为了解决这个问题，可以在搜索过程中记录从初始节点到当前节点的路径，每扩展一个节点，就检测该节点是否出现在这条路径上；如果出现在该路径上，则强制回溯，探索其他深度最深的节点。

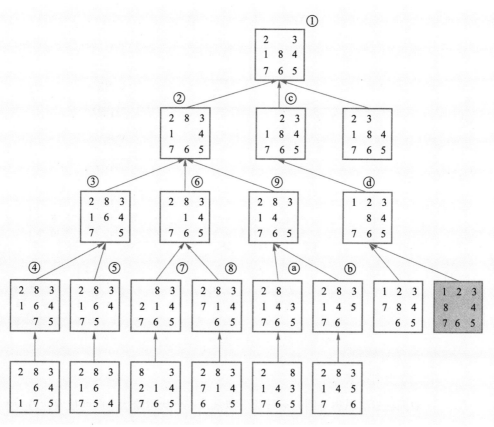

图3-7 带深度限制的深度优先搜索策略求解八数码问题的搜索过程

（2）宽度优先搜索

与深度优先策略相反，宽度优先搜索策略是优先搜索深度浅的节点，即每次选择深度最浅的叶节点进行扩展。如果有深度相同的节点，则按照事先约定从深度最浅的几个节点中选择一个。同样对于八数码问题，如果运用宽度优先搜索策略，则搜索过程如图3-8所示。图中同样用带有圆圈的数字给出了节点的扩展顺序。从图中可以看出，与深度优先搜索的"竖"着搜索不同，宽度优先搜索体现的是"横"着搜索。

同样是盲目搜索，宽度优先搜索与深度优先搜索有哪些不同呢？可以证明，对于任何单步代价都相等的问题，在问题有解的情况下，宽度优先搜索一定可以找到最优解。例如，在八数码问题中，如果移动每个将牌的代价都是相同的，例如都是1，则利用宽度优先搜索算法找到的解一定是将牌移动次数最少的最优解。但是，由于宽度优先搜索在搜索过程中需要保留已有的搜索结果，需要占用比较大的搜索空间，而且搜索空间会随着搜索深度的加深成几何级数增加。深度优先搜索虽然不能保证找到最优解，但是可以采用回溯的方法，只保留从初始节点到当前节点的一条路径即可，可以大大节省存储空间，所需要的存储空间只与搜索深度呈线性关系。

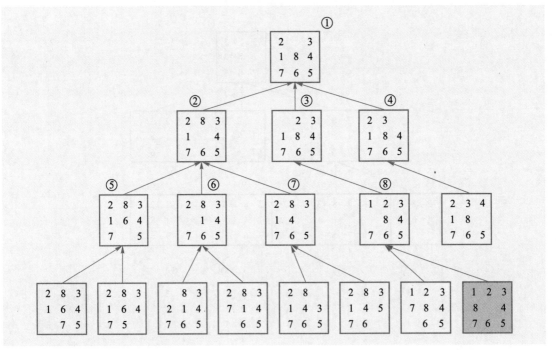

图3-8　宽度优先搜索策略求解八数码问题的搜索过程

（3）双向搜索

双向搜索的思想是同时运行两个搜索，一个从初始状态向前搜索，另一个从目标状态向后搜索，期望两者在某个中间状态相遇。这样做的理由是$bd/2+bd/2$比$bd$

小得多。实现思路可以为：将目标测试替换成检查两个方向的搜索边缘节点集是否相交，若交集不为空，则找到一个解。但这个解不一定是最优的。这种检查可以在节点生成或被选择扩展时进行，如果使用散列表，则只需耗费常数时间。如果双向都同时使用宽度优先搜索算法，则时间复杂度是$O(b^{d/2})$，空间复杂度也是$O(b^{d/2})$。如果将一个方向的搜索改成迭代加速的深度优先搜索，则复杂度大约可以降低一半，但至少一个边缘节点集一定要存放在内存中，这样才能检查是否有交集。

能够降低时间复杂度使得双向搜索很吸引人，但是如何向后搜索呢？问题并没有看起来那么简单。定义节点$x$的祖先是所有以节点$x$为后继的节点集。双向搜索需要计算祖先的算法。如果状态空间中所有的行动都是可逆的，则$x$的祖先正是它的后继，其他情况则需要具体问题具体分析。

### 3.2.5 启发式搜索策略

前面介绍的深度优先搜索和宽度优先搜索都是盲目搜索算法，搜索范围比较大，效率比较低。在搜索过程中引入启发信息，减小搜索范围，以便尽快地找到解，这种搜索策略称为启发式搜索。

A算法及A*算法是常用的启发式搜索算法，首先介绍A算法。设图3-9所示是搜索过程中得到的搜索图，下一步需要从所有的叶节点中选择一个节点进行扩展。为了尽快找到从初始节点到目标节点的一条耗散值较小的路径，希望所选择的节点尽可能在最佳路径上。

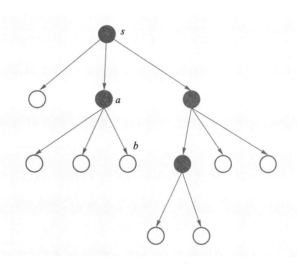

图3-9 搜索示意

如何评价一个节点在最佳路径上的可能性呢？ A算法给出了评价函数的定义：

$$f(n)=g(n)+h(n)$$

其中，$n$为待评价的节点；$g(n)$为从初始节点$s$到节点$n$的最佳路径耗散值的估计值；$h(n)$为从节点$n$到目标节点$t$的最佳路径耗散值的估计值，称为启发函数；$f(n)$为从初始节点$s$经过节点$n$到达目标节点$t$的最佳路径耗散值的估计值，称为评价函数。这里的耗散值指的是路径的代价，根据求解问题的不同，耗散值可以是路径的长度、需要的时间或花费的费用等。如果$f(n)$能够比较准确地估计出$s\text{-}n\text{-}t$这条路径的耗散值，每次从叶节点中选择一个$f(n)$值最小的节点进行扩展，则有理由相信这样的搜索策略对于尽快搜索到一条从初始节点$s$到目标节点$t$的最佳路径是有意义的。采用这种搜索策略的搜索算法称为A算法。实现A算法的关键是$f(n)$的计算，其中$g(n)$可以通过已有的搜索结构计算得到。如在图3-9中，节点$b$的$g(n)$值可以通过$s\text{-}a\text{-}b$这条路径的耗散值计算得到。根据具体的问题，$g(n)$很容易计算得到。启发函数$h(n)$则需要根据问题定义，同一个问题可以定义出不同的启发函数，如何定义一个好的启发函数成为用A算法求解问题的关键所在。

下面以图3-10所示的八数码问题为例，说明A算法的搜索过程。为此，给出八数码问题的一个启发函数的定义：

$$h(n) = \text{不在位的将牌数}$$

其含义是：将待评价的节点与目标节点进行比较，计算共有几个将牌所在位置与目标不一致，而不在位的将牌个数的多少大体反映了该节点与目标节点的距离。将图3-10所示的初始状态与目标状态进行比较，发现1、2、6、8四个将牌不在目标状态的位置上，所以初始状态的"不在位的将牌数"就是4，也就是初始状态的$h$值等于4。其他状态的$h$值也按照此方法计算。用A算法求解该八数码问题的搜索过程如图3-11所示。图中字母后面的数字是该状态的$f$值，带圆圈的数字表示节点的扩展顺序。

图3-10　八数码问题示例

A算法可以这样实现：设置一个变量OPEN，用于存放搜索图中的叶节点，也就是已经被生成出来但是还没有扩展的节点；再设置一个变量CLOSED，用于存放搜索图中的非叶节点，也就是那些不但被生成出来而且已经被扩展的节点。OPEN中的节点按照$f$值从小到大排列。A算法每次从OPEN表中取出第一个元素，也就是$f$值最小的节点$n$，进行扩展。如果$n$是目标节点，则算法找到了一个解，算法结束；否则就扩展$n$。对于$n$的子节点$m$，如果$m$既不在OPEN中也不在CLOSED中，则将$m$加入OPEN中；如果$m$在OPEN中，说明从初始节点到$m$找到了两条路径，保留耗散值短的那条路径。如果$m$在CLOSED中，也说明从初始节点到$m$有两条路径，如果新找到的路径耗散值大，则什么也不做；如果新找到的路径耗散值小，则

将 $m$ 从 CLOSED 中取出放入 OPEN 中。对 OPEN 重新按照 $f$ 值从小到大排序，重复以上过程，直到找到一个解结束；或者 OPEN 为空，算法以失败结束，说明问题没有解。

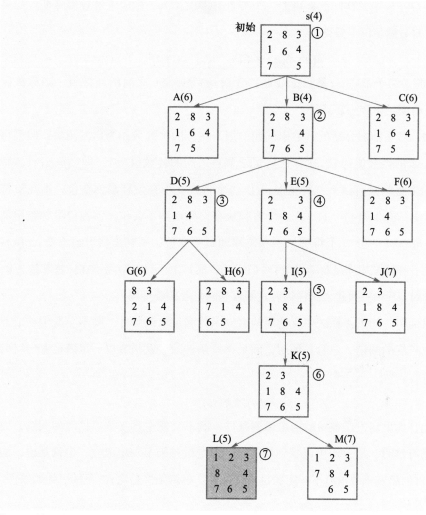

图3-11 求解八数码问题的A算法搜索示意

在 A 算法中，由于没有对启发函数做出任何规定，所以 A 算法得到的结果如何不好评定。如果启发函数 $h(n)$ 满足如下条件：

$$h(n) \leqslant h^*(n)$$

则可以证明，当问题有解时，A 算法一定可以得到一个耗散值最小的结果，即最佳解。满足该条件的 A 算法称作 A* 算法。

一般来说，并不知道 $h^*(n)$ 是多少，那么如何判断 $h(n) \leqslant h^*(n)$ 是否成立呢？这就要具体问题具体分析了。例如，问题是在地图上找到一条地点 A 到地点 B 的距离最短的路径，则可以用当前节点到目标节点的欧几里得距离作为启发函数 $h(n)$。虽然不知道$h^*(n)$是多少，但由于两点间直线距离最短，所以肯定有$h(n) \leqslant h^*(n)$。这样用A*算法就可以找到该问题距离最短的一条路径。

在前面A算法的实现介绍中，当满足条件时，有些节点会被从CLOSED中取出重新放回OPEN中，这样就有可能一个节点被多次扩展，造成求解效率降低。如果启发函数$h(n)$满足以下条件：

$$h(n_i)-h(n_j) \leqslant C(n_i, \ n_j) \text{且} h(t)=0$$

其中，$n_j$是$n_i$的子节点，$t$是目标节点，$C(n_i, \ n_j)$是$n_j$与$n_i$之间的耗散值，则称该启发函数$h(n)$满足单调限制条件。

例如，对于前面介绍的八数码问题，用不在位的将牌数作为启发函数，假设将牌移动一步的耗散值为1，这样任何父子节点之间的耗散值为1，即$C(n_i,n_j)=1$。每次移动一个将牌只有以下三种情况：① 一个将牌从不在位移动到在位，不在位将牌数减少1，$h(n_i)-h(n_j)=-1$；② 一个将牌从在位移动到不在位，不在位将牌数增加1，$h(n_i)-h(n_j)=1$；③ 一个将牌从不在位移动到不在位，不在位将牌数不变，$h(n_i)-h(n_j)=0$。三种情况均满足$h(n_i)-h(n_j) \leqslant C(n_i,n_j)$，而且由于目标节点不在位将牌数为0，所以也满足$h(t)=0$。因此，这样的启发函数是满足单调条件的。

可以证明，如果A算法中所使用的启发函数满足单调条件，则不会发生一个节点被多次扩展的问题。也容易证明，满足单调条件的启发函数也一定满足A*条件，即一定有

$$h(n) \leqslant h^*(n)$$

因此，如果启发函数$h(n)$满足单调条件，既不会发生重复节点扩展的问题，而且当问题有解时，还一定可以找到最优解。但是反过来不一定成立，也就是说，满足A*条件的启发函数$h(n)$不一定满足单调条件。单调条件是比A*条件更强的条件。


## 3.3 局部搜索算法

上一节讨论的搜索问题具有如下性质：环境是可观察的、确定的、已知的，问题的解是一个行动序列。这一节将讨论不受这些环境性质约束的连续空间中的局部搜索。局部搜索算法考虑对一个或多个状态进行评价和修改，而不是系统地探索从初始状态开始的路径。局部搜索算法主要包括由统计物理学产生的模拟退火法和由进化生物学产生的遗传算法。

局部搜索算法从单个当前节点出发，通常只移动到它的邻近状态，一般情况下

不保留搜索路径。虽然局部搜索算法不是系统化的，但一般只占用很少的内存，且一般能在系统化算法不适用的状态空间内找到合理的解。除了找到目标，局部搜索算法对于解决纯粹的最优化问题也十分有用，其目标是根据目标函数找到最佳状态。例如，自然界提供了一个目标函数——繁衍适应性，达尔文的进化论可以被视为最优化的尝试，但是这个问题本身没有目标测试和路径代价。

　　为了理解局部搜索，借助于如图3-12所示的一维视图下的状态空间地形图进行说明。地形图既有状态定义的坐标，又有启发式代价函数或目标函数定义的标高。如果标高对应于代价，那么目标就是找到最低谷，即全局最小值；如果标高对应于目标函数，那么目标就是找到最高峰，即全局最大值。局部搜索算法就是搜索这个地形图，如果存在解，那么完备的局部搜索算法总能找到解，最优的局部搜索算法总能找到全局最小值或全局最大值。

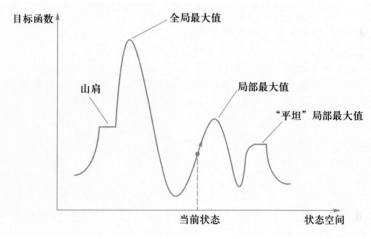

图3-12　状态空间地形图

（1）爬山法搜索

　　爬山法搜索是简单的循环过程，不断向值增加的方向持续移动，即登高。算法在达到一个"峰顶"时停止，邻接状态中没有比它值更高的状态。算法不维护搜索树，因此当前节点的数据结构只需记录当前状态和目标函数值。爬山法不考虑与当前状态不相邻的状态，这就像在大雾中试图登顶珠穆朗玛峰一样。

　　以八皇后问题为例说明爬山法搜索。局部搜索算法一般使用完整状态形式化，即每个状态都包括在棋盘上放置8个皇后，每列一个。后继函数指的是移动某个皇后到这列的另一个可能的方格中，因此每个状态有$8 \times 7 = 56$个后继。启发式评估函数$h$是形成相互攻击的皇后对数量，不管是直接攻击还是间接攻击。该函数的全局最小值是0，仅在找到解时才会是这个值。图3-13（a）所示是$h=17$的状态。图中还给出了它的所有后继的值，最好的后继是$h=12$。如果有多个后继同时是最小值，爬山法会在最佳后继集合中随机选择一个进行扩展。

爬山法有时被称为贪婪局部搜索，因为它只是选择邻居中状态最好的一个，而不考虑下一步该如何走。爬山法很快朝着解的方向进展，因为它可以很容易地改变一个坏的状态。例如，考虑图3-13（a）中的状态，只需5步就能达到图3-13（b）的状态，它的$h=1$已经很接近解了。不幸的是，爬山法经常会陷入如下困境：

局部极大值：局部极大值是一个比它的每个邻接节点都高的峰顶，但是比全局最大值要小。爬山法算法到达局部极大值附近就会被拉向峰顶，然后就卡在局部极大值处无处可走。图3-12示意性地描述了这种情况。更具体地，图3-13（b）中的状态就是一个局部极大值，不管移动哪个皇后，得到的结果都会比原来的更差。

山脊：山脊造成一系列的局部极大值，贪婪算法很难处理这种情况。

高原：高原是在状态空间地形图中的一片平原区域。它可能是一块平的局部极大值，不存在上山的出口；或者是山肩，如果是山肩，则还有可能取得进展，如图3-12所示。爬山法在高原可能会迷路。

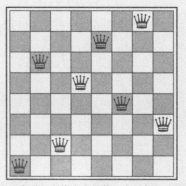

(a) 八皇后问题的一个状态　　(b) 八皇后问题状态空间的一个局部极小值

图3-13　八皇后问题的一个状态和状态空间的一个局部极小值

（2）模拟退火搜索

爬山法搜索从来不下山，即不会向值比当前节点低或代价高的方向搜索，它肯定是不完备的，因为可能被限制在局部极大值上。与之相反，纯粹的随机游走——即从后继集合中完全等概率地随机选取后继——是完备的，但是效率极低。因此，把爬山法和随机游走以某种方式结合，同时得到效率和完备性的想法是合理的。模拟退火就是这样的算法。为了更好地理解模拟退火搜索，把注意力从爬山法转向梯度下降，想象在高低不平的平面上有个乒乓球，要使它掉到最深的裂缝中。如果只允许乒乓球滚动，那么它会停留在局部极小点；如果晃动平面，则可以使乒乓球弹出局部极小点。窍门是晃动幅度要足够大，大到让乒乓球能从局部极小点弹出来，但又不能太大，以免把它从全局最小点弹出来。模拟退火搜索的解决方法就是开始使劲摇晃，然后慢慢降低摇晃的强度。

模拟退火算法的内层循环与爬山法搜索类似，只是它没有选择最佳移动，而是选择随机移动。如果该移动使情况改善，则该移动被接受；否则，算法以某个小于1的概率接受该移动。如果移动导致状态"变坏"，概率则成指数级下降。20世纪80年代早期，模拟退火算法广泛用于求解超大规模集成电路（VLSI）布局问题，现在它已经广泛地应用于工厂调度和其他大型最优化任务。

（3）局部束搜索

内存总是有限的，但是在内存中只保存一个节点又有些极端。局部束搜索算法记录 $k$ 个状态而不是只记录一个状态。它从 $k$ 个随机生成的状态开始，每一步，全部 $k$ 个状态的所有后继状态全部被生成。如果其中有一个是目标状态，则算法停止；否则，它从整个后继列表中选择 $k$ 个最佳的后继，重复这个过程。

如果是最简单形式的局部束搜索，那么由于这 $k$ 个状态缺乏多样性，它们很快会聚集到状态空间中的一小块区域内，使得搜索代价比爬山法还要高。随机束搜索是解决此问题的一种变形，它与随机爬山法相类似。随机束搜索并不是从候选后继集合中选择最好的 $k$ 个后继状态，而是随机选择 $k$ 个后继状态，选择给定后继状态的概率是状态值的递增函数。随机束搜索类似于自然选择，"状态"（生物体）根据"值"（适应度）产生它的"后继"（后代子孙）。

（4）近似近邻搜索

不断增长的可用信息资源导致了对可扩展和高效的相似性搜索数据结构的高度需求。$k$–最近邻搜索（$k$-nearest neighbor search，NNS）是信息搜索中普遍使用的方法之一。$k$-NN搜索假设有一个定义好的数据元素之间的距离函数，旨在从数据集中找到与给定查询距离最小的 $k$ 元素。这种算法在许多应用中都有使用，如非参数机器学习算法、大规模数据库中的图像特征匹配和语义文件检索等。

在绝大多数的图算法中，搜索采用的是 $k$-NN 邻居图中的贪婪路由形式。对于一个给定的近似图，从某个入口点开始搜索（可以是随机的，也可以由一个单独的算法提供），然后迭代遍历该图。在遍历的每一步，算法检查从查询到当前基础节点的邻居的距离，然后选择距离最小的相邻节点作为下一个基础节点，同时不断跟踪发现最佳邻居。当满足某种停止条件（如距离计算的数量）时，搜索终止。

可导航小世界（NSW）也被称为度量小世界（MSW），该算法利用了可导航图，即在贪婪遍历过程中，跳数随网络大小呈对数或多对数缩放的图。

分层可导航小世界（hierarchical NSW，HNSW）是一种新的完全基于图的增量k-ANNS结构，它可以提供更好的对数复杂度扩展。其主要贡献是：明确选择图的进入节点，以不同的尺度分离链接，并使用先进的启发式方法来选择邻居。另外，层级NSW算法可以被看作概率跳过列表结构的扩展，用接近图代替了链接列表。性能评估表明，所提出的一般公制空间方法能够强烈地超越以前只适用于向量空间的开放源码的先进方法。

层级NSW算法的思想是根据链接的长度将其分成不同的层，然后搜索多层图。在这种情况下，可以只评估每个元素的固定数量的连接，而不考虑网络的大小，因此允许对数可扩展性。在这种结构中，搜索从只有最长链接的上层开始。该算法贪婪地遍历上层，直到达到局部最小值（见图3-14）。之后，搜索切换到下层（链接较短），从上一层的局部最小值的元素重新开始，过程重复进行。所有层中每个元素的最大连接数可以是恒定的，因此在一个可航行的小世界网络中，允许对数复杂度的路由扩展。

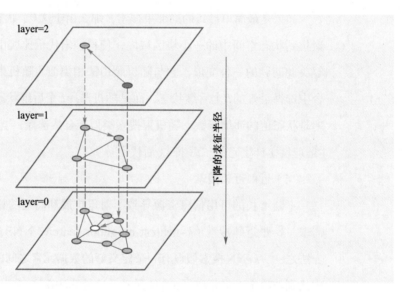

图3-14　近似近邻搜索思想示意

形成这种分层结构的一种方法是通过引入层来明确设置不同长度尺度的链接。对于每个元素，选择一个整数层，定义该元素所属的最大层。对于一个层中的所有元素，一个接近图（即只包含"短"链接的图，近似Delaunay图）被逐步建立。如果设置一个指数衰减的概率（即遵循几何分布），则可以得到结构中预期层数的对数缩放。搜索过程是一个迭代的贪婪搜索，从顶层开始，在零层结束。

网络构建是通过将存储的元素连续插入图结构中完成的。对于每一个插入的元素，以指数衰减的概率分布随机选择一个整数的最大层。

插入过程的第一阶段从顶层开始，通过贪婪遍历图形，找到该层中插入元素的

$k$个最近的邻居。之后,算法从下一层继续搜索,使用前一层找到的最接近的邻居作为进入点,这个过程不断重复。每层的近邻都是通过贪婪搜索算法的变体找到的。为了获得某层的近似$k$个最近的邻居,在搜索过程中保留了一个包含$k$个最近发现的元素的动态列表W(最初填充的是进入点)。该列表在每一步被更新,评估列表中最接近的之前未评估的元素的邻域,直到列表中每个元素的邻域被评估。在搜索的第一阶段,$k$参数被设置为1(简单的贪婪搜索)以避免额外的参数。

层级NSW考虑了两种从候选元素中选择最佳M邻居的方法:与最近元素的简单连接和考虑候选元素之间距离的启发式方法,以建立不同方向的连接。启发式方法从最近的(相对于插入的元素)候选元素开始检查,只有当一个候选元素比任何已经连接的候选元素更接近基础(插入的)元素时,才创建一个连接。

## 3.4 博弈搜索

2016年3月,AlphaGo围棋软件战胜韩国棋手李世石,2017年3月又战胜我国棋手柯洁,在世界范围内引起轰动。计算机是如何能够下棋的呢?博弈搜索就是计算机实现下棋的搜索方法。

下棋一直被认为是人类的高智商游戏。从人工智能诞生的那一天开始,研究者就开始研究计算机如何下棋。著名的人工智能研究者、图灵奖获得者约翰·麦卡锡在20世纪50年代就开始从事计算机下棋方面的研究工作,并提出了著名的alpha-beta剪枝算法。在很长时间内,该算法成为计算机下棋程序的核心算法,著名的国际象棋程序"深蓝"采用的就是该算法框架。

IBM公司一直有研究计算机下棋程序的传统,该公司的一个研究小组开发的西洋跳棋程序在1962年曾经战胜了美国的一个州冠军。当然,让IBM公司大出风头的是其研制的"深蓝"系统。1997年,深蓝系统首次在正式比赛中战胜人类国际象棋世界冠军卡斯帕罗夫,成为人工智能发展史上的一个里程碑事件。

经常有种说法,认为如今的计算机计算速度这么快、内存这么大,完全可以依靠暴力搜索找到必胜策略战胜人类。真的是这样吗?答案是否定的。

有人对中国象棋进行过估算,按照一盘棋平均走50步计算,总状态数约为$10^{161}$。假设1 ms走一步,则需$10^{145}$年才能生成所有状态。这是什么概念呢?据估计,宇宙的年龄大概是$10^{10}$年量级。可见,即便计算机速度再快,也不可能生成出中国象棋的所有状态,对于国际象棋也一样。

### 3.4.1 博弈

在存在多主体（agent）的环境中，每个主体需要考虑其他主体的行动及其对自身的影响。竞争环境中多个主体的目标之间是有冲突的，这就引出了对抗搜索问题，也称为博弈。

数学中的博弈论把多主体环境看作博弈，其中每个主体都会受到其他主体的显著影响，不论这些主体间是合作还是竞争关系。人工智能的博弈指有完整信息的、确定性的、轮流行动的、两个游戏者的零和游戏。在确定的、完全可观察的环境中，两个主体必须轮流行动，在游戏结束时，效用值总是相等并且符号相反。主体之间效用函数的对立也就导致了环境的对抗。

自人类文明产生以来，博弈就和人类智慧如影随形，有时甚至到了令人担忧的程度。对于人工智能研究人员来说，博弈的抽象特性使其成为令人感兴趣的研究对象。博弈中的状态通常很容易表示，主体的行动数据则通常受限，而行动的输出都由明确的规则来定义。博弈要求在无法给出最佳决策的情况下也能给出某种决策，这对于低效率有着严重的惩罚。在其他条件相同的情况下，只有一半效率的 $A^*$ 搜索意味着两倍长的运行时间，于是，只能以一半效率利用可用时间的国际象棋程序就很可能被击败。因此，博弈在如何尽可能地利用好时间方面产生了一些有意思的研究结果。

例如，考虑 MIN 和 MAX 两个人下井字棋。假设 MAX 先下，两人轮流出招，直到游戏结束。游戏结束时给胜者加分，给败者罚分。游戏可以形式化表示成含有下列组成部分的搜索问题：

$S_0$：初始状态，规范游戏开始时的情况。

PLAYER（$s$）：定义此时该谁行动。

ACTIONS（$s$）：返回此状态下的合法移动集合。

RESULT（$s$）：转移模型，定义行动的结果。

TERMINAL-TEST：终止测试，判断游戏是否结束，游戏结束返回真，否则返回假。

UTILITY（$s$, $p$）：效用函数（目标函数、收益函数），定义游戏者 $p$ 在终止状态 $s$ 下的数值。例如，将国际象棋中结果的赢、输、平分别赋值为 1、0、1/2。零和博弈指在同样的棋局实例中，所有棋手的总收益都一样的情况。

初始状态、ACTIONS 函数与 RESULT 函数定义了游戏的博弈树，其中节点是状态，边是移动。图 3-15 给出了井字棋游戏的部分博弈树。在初始状态，MAX 有 9 种可能的棋招。游戏轮流进行，MAX 下 ×，MIN 下 ○，直到到达树的终止状态，即一位棋手的标志占领一行、一列、一对角线或所有方格都被填满。叶节点上的数字是该终止状态对于 MAX 来说的效用值，效用值越高，对 MAX 越有利，而对

MIN则越不利。这也是将棋手命名为MAX和MIN的原因。

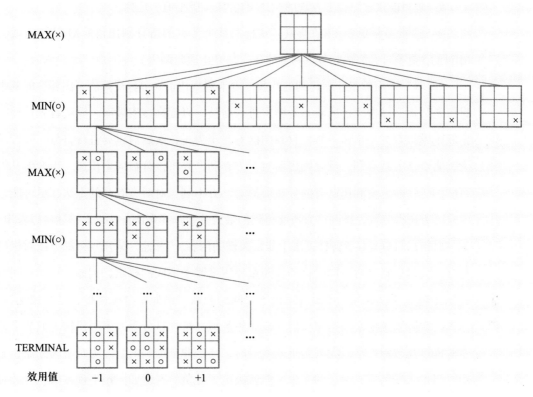

图3-15 井字棋游戏的部分搜索树

### 3.4.2 alpha-beta剪枝

alpha-beta（$\alpha$-$\beta$）剪枝是剪枝思想中最知名的技术。将此技术应用到标准的极小极大搜索树中，会剪掉那些不可能影响决策的分支，仍然返回和极小极大算法同样的结果。

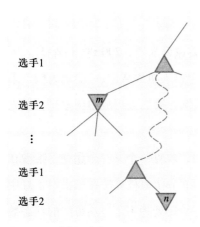

图3-16 $\alpha$-$\beta$剪枝的一般情况

$\alpha$-$\beta$剪枝可以应用于任何深度的树，很多情况下可以剪裁整个子树，而不仅仅是剪裁叶节点。一般原则是：考虑树中某处的节点$n$（见图3-16），选手选择移动到该节点，如果选手在$n$的父节点或者更上层有更好的选择$m$，那么在实际的博弈中就永远不会到达$n$。因此，一旦发现关于$n$的足够信息（通过检查它的某些后代），能够得到上述结论，就可以剪裁它。

极小极大搜索是深度优先的，任何时候只需考虑树中某条单一路径上的节点。$\alpha$-$\beta$剪枝的名称取自描述这条路径上的回传值的两个参数：

$\alpha$：到目前位置路径上发现的MAX的最佳（极大值）选择。

$\beta$：到目前位置路径上发现的MIN的最佳（极小值）选择。

$\alpha$-$\beta$搜索不断更新$\alpha$和$\beta$的值，并且当某个节点的值分别比目前MAX的$\alpha$或者MIN的$\beta$更差时，剪裁此节点剩下的分支，终止递归调用。

"深蓝"采用的是前面提到的约翰·麦卡锡提出的$\alpha$-$\beta$剪枝算法。该算法的基本思想是利用已经搜索过的状态对搜索进行剪枝，以提高搜索效率。算法首先按照一定原则模拟双方一步步下棋，直到向前看几步为止，然后对棋局进行打分，分数越大表明对己方越有利，反之则表明对对方有利，并将该分数向上传递。当搜索其他可能的走法时，会利用已有的分数剪掉对己方不利、对对方有利的走法，尽可能最大化己方所得分数，按照己方所能得到的最大分数选择走法。从以上描述可以看出，如何对棋局打分是$\alpha$-$\beta$剪枝算法中非常关键的内容。"深蓝"采用规则的方法对棋局打分，大概思路是对不同的棋子按照重要程度赋予不同的权重，例如，马在中间位置比在边上的权重大。还要考虑棋子之间的联系，例如是否有保护、是否被吃等。当然，实际系统要复杂得多，但大概思想类似。这样打分看起来很粗糙，但如果搜索的深度比较深的话，尤其是进入残局时，还是非常准确的。因为对于国际象棋来说，当进入残局后，棋子的多少可能就决定了胜负。这就如同用牛顿数值积分计算一个曲线下的面积，用多个矩形近似曲线下的面积肯定有不小的误差，但如果矩形的宽度足够小，矩形的面积和就逼近曲线下的面积了。

根据上面的介绍，$\alpha$-$\beta$剪枝算法搜索到一定的深度就停止，并不是一搜到底。那么是否可以不用$\alpha$-$\beta$剪枝算法，而是生成出小于该深度的所有状态，达到同样的效果呢？换句话说，$\alpha$-$\beta$剪枝算法对于搜索效率究竟有多大的提高呢？对于这个问题，"深蓝"的主要设计者许峰雄博士在一次报告会上说，在"深蓝"计算机中，如果不采用$\alpha$-$\beta$剪枝算法，要达到和"深蓝"一样的下棋水平的话，每步棋需要搜索17年的时间。由此可见，$\alpha$-$\beta$剪枝算法是非常有效的。在"深蓝"之后，中国象棋、日本将棋等计算机程序采用类似的方法先后达到了人类顶级水平。2006年8月9日，为了纪念人工智能诞生50周年，在"浪潮杯"中国象棋人机大战中，"浪潮天梭"系统击败了由柳大华等5位中国象棋大师组成的大师队，第二天再战中国象棋特级大师许银川，双方战平。

很长时间以来，计算机在人机大战中一马平川，攻克一个又一个堡垒，唯独在围棋方面成绩不佳。为什么在其他棋类中屡建奇功的$\alpha$-$\beta$剪枝算法在围棋中不好用了呢？很多人认为围棋的状态更多、更复杂，计算机还处理不了。从可能的状态数来说，围棋确实更复杂一些，但这不是根本原因。前面分析过，$\alpha$-$\beta$剪枝算法非常依赖于对棋局的打分，无论是国际象棋还是中国象棋，它们都有一个共同的特点：一方面，局面越下越简单，进入残局后，棋子的多少就可能决定胜负；另一方面，以"将军"为获胜标志，判断起来简单。而围棋则不同，对局面的判断非常复杂，棋子之间相互"联系"，不可能单独计算，而且没有一个像"将军"这样的获胜标志，导致对棋局打分非常困难，从而使计算机围棋的水平一直停滞不前，即便国际上最好的围棋程序也达不到业余初段的水平。

### 3.4.3　蒙特卡洛树搜索

蒙特卡洛树搜索（MCTS）是一种通过在决策空间中随机抽取样本并根据结果构建搜索树，以在给定域中寻找最优决策的方法。它对可以表示为顺序决策树领域的人工智能方法产生了深远的影响，尤其是游戏和规划问题。

基本的蒙特卡洛树搜索过程在概念上非常简单，如图3-17所示。一棵树是以增量和不对称的方式建立的。对于算法的每一次迭代，用一个树形策略来寻找当前树中最紧急的节点。该树形策略试图平衡探索（寻找尚未被很好采样的区域）和开发（寻找看起来有希望的区域）的考虑，然后从选定的节点开始进行模拟，并根据结果更新搜索树。这涉及增加一个与所选节点采取的行动相对应的子节点，以及更新其祖先的统计数据。在这个模拟过程中，移动是根据一些默认的策略进行的，在最简单的情况下是进行统一的随机移动。蒙特卡洛树搜索的一大优点是，中间状态的值不需要被评估，就像深度限制的最小搜索一样，这大大减少了所需的领域知识量，只需每次模拟结束时的终端状态的值。

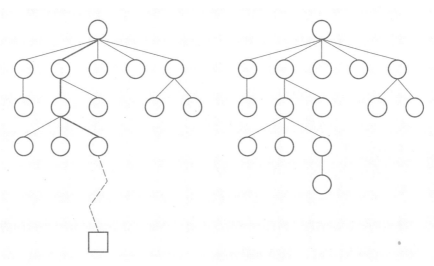

图3-17　蒙特卡洛树搜索过程

虽然基本算法已被证明对广泛范围的问题有效，但直到该基本算法能适应当前处理的领域前，蒙特卡洛树搜索的全部优势通常无法实现。大量蒙特卡洛树搜索研究的主旨是确定最适合每种给定情况的变化和增强，并了解如何更广泛地使用来自一个领域的增强。

蒙特卡洛方法在数值算法中有着悠久的历史，并且在各种人工智能游戏算法中也取得了巨大的成功，尤其是拼字游戏和桥牌等不完全信息游戏。然而，计算机围棋的真正成功是通过在树构建过程中递归应用蒙特卡洛方法实现的，这在很大程度上引起了人们对蒙特卡洛树搜索的兴趣。这是因为围棋是少数几个人类远远领先于计算机的经典游戏之一，蒙特卡洛树搜索对缩小这一差距产生了巨大影响。尽管蒙特卡洛树搜索远远低于人类在标准$19 \times 19$围棋棋盘上的水平，但已经可以在小棋盘上与最优秀的人类棋手竞争。围棋对于计算机来说是一个很难玩的游戏：它有一个高分支因子，一棵深树，并且对于非终端棋盘位置缺乏任何已知的可靠启发式价值函数。

近年来，蒙特卡洛树搜索在许多特定游戏、通用游戏，以及复杂的现实世界规划、优化和控制问题方面也取得了巨大成功，有望成为人工智能研究人员工具包的重要组成部分。它只需很少的领域特定知识就可以为智能体提供一些决策能力，它的选择性抽样方法可以提供有关如何结合和潜在改进其他算法的见解。在今后的若干年中，蒙特卡洛树搜索有望成为越来越多的研究人员关注的焦点，并被用作解决各种领域问题的解决方案的一部分。

蒙特卡洛树搜索基于两个基本概念：一是一个行动的真实价值可以通过随机模拟来接近；二是这些价值可以被有效地用于调整策略，使其趋向于最佳优先策略。该算法在先前对树的探索结果的指导下，逐步建立了一个部分博弈树，用来估计棋子的价值。随着树的建立，这些估计（特别是那些最有希望的棋子）变得更加准确。

蒙特卡洛树搜索的基本算法包括迭代地建立一棵搜索树，直到达到某种预定的计算预算——通常是时间、内存或迭代限制，此时搜索停止，并返回性能最好的根行动。搜索树中的每个节点代表领域的一个状态，与子节点的定向链接代表通往后续状态的行动。

每次搜索迭代应用以下四个步骤：

（1）选择。从根节点开始，递归地应用子节点选择策略在树中下降，直到到达最紧急的可扩展节点。如果一个节点代表一个非终端状态并且有未访问的（即未扩展的）子节点，那么它就是可扩展的。

（2）扩展。根据可用的行动，添加一个（或多个）子节点来扩展树。

（3）仿真。根据默认策略，从新节点开始模拟，产生一个结果。

（4）反向传播。仿真结果通过选定的节点进行"备份"（即反向传播），以更新其统计数据。

反向传播步骤并不使用策略本身，而是更新节点统计数据，为未来的树策略决策提供信息。这些可以归纳为两个不同的策略：

（1）树形策略。从已经包含在搜索树中的节点中选择或创建一个叶子节点（选择和扩展）。

（2）默认策略。从一个给定的非终端状态出域，以产生一个值估计（模拟）。

### 3.4.4　谷歌公司的AlphaGo

围棋游戏长期以来一直被视为人工智能经典游戏中最具挑战性的游戏，因为它具有巨大的搜索空间及评估棋盘位置和着法的难度。所有完全信息的游戏都有一个最佳价值函数$v^*(s)$，这些游戏可以通过递归计算搜索树中的最优价值函数来解决。搜索树包含大约$b^d$个可能的移动序列，其中$b$是游戏的广度（每个位置的合理移动数），$d$是它的深度（游戏长度）。谷歌公司的AlphaGo将深度学习方法引入蒙特卡洛树搜索中，主要设计了两个深度学习网络：一个为策略网络，用于评估可能的下子点，从众多的可下子点中选择若干个最好的可下子点，这样就极大地缩小了蒙特卡洛树搜索中扩展节点的范围；另一个为估值网络，可以对给定的棋局进行估值，在模拟过程中不需要模拟到棋局结束，就可以利用估值网络判断棋局是否有利，这样就可以在规定的时间内实现更多的搜索和模拟，从而达到提高围棋程序下棋水平的目的。除此之外，AlphaGo还把强化学习引入计算机围棋中，通过不断的自我学习提高其下棋水平。通过采用这种方法，AlphaGo具有了战胜人类最高水平棋手的能力。

蒙特卡洛树搜索使用蒙特卡洛展开来评估搜索树中每个状态的值。随着更多模拟的执行，搜索树变得更大，相关值变得更准确。通过选择具有更高价值的子节点，用于在搜索期间选择动作的策略也会随着时间的推移而得到改进。渐渐地，该策略收敛于最优游戏，并且评估也收敛于最优价值函数。

近年来，深度卷积神经网络在图像分类、人脸识别等视觉领域取得了很好的效果。深度卷积神经网络使用多层神经元，每层神经元都排列成重叠的图块，以构建图像越来越抽象、局部化的表示。AlphaGo为围棋游戏采用了类似的架构，将棋盘位置作为$19 \times 19$的图像传入，并使用卷积层来构建位置的表示。神经网络可减少搜索树的有效深度和广度：使用价值网络评估位置，并使用策略网络对动作进行采样。

AlphaGo使用由多个机器学习阶段组成的管道来训练神经网络（见图3-18）。第一阶段建立在之前使用监督学习预测围棋专家落子的工作基础上，训练基于监督学习（supervised learning，SL）的策略网络（policy network）$p_\sigma$，这提供了具有即时反馈和高质量梯度的快速、高效的学习更新。此外，还训练了一个快速策略（rollout network）$p_\pi$，它可以在推出期间快速对动作进行采样。第二阶段训练一个基于强化学习（reinforcement learning，RL）的策略网络$p_\rho$，它通过优化自我对弈游戏的最终结果来改进SL策略网络。这将策略调整为赢得比赛的正确目标，而不是最大化预测准确性。第三阶段训练一个权重为$\theta$的价值网络（value network）$v_\theta$来预测RL游戏的获胜者。最后，AlphaGo有效地将策略和价值网络与蒙特卡洛树搜索结合在一起。

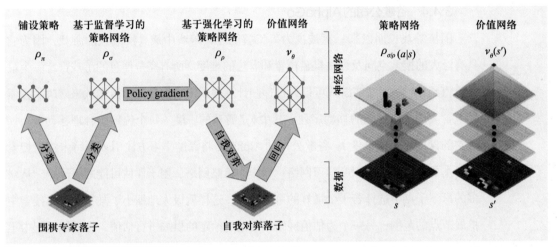

图3-18　AlphaGo中神经网络的训练流程和结构

围棋在人工智能面临的许多困难方面堪称典型代表：一项具有挑战性的决策任务，一个棘手的搜索空间，以及一个如此复杂以至于无法使用策略或价值函数直接近似的最佳解决方案。计算机围棋的重大突破，即蒙特卡洛树搜索的引入，引起许多其他领域的相应进步。例如，一般游戏、经典规划、部分观察规划、调度和约束满足等。基于通过监督学习和强化学习的新颖组合训练的深度神经网络，AlphaGo首次为围棋开发了有效的移动选择和位置评估功能。通过将树搜索与策略和价值网络相结合，AlphaGo可以发挥人类最强棋手的水平，在围棋中达到专业水平，这为在其他棘手的人工智能领域中实现人类水平的表现提供了希望。

## 3.5　小结

搜索技术在人工智能中起着重要作用，人工智能中的推理机制就是通过搜索实现的，很多问题求解也可以转化为状态空间的搜索问题。深度优先搜索和宽度优先搜索是常用的盲目搜索方法，具有通用性好的特点，但往往效率低下，不适合求解复杂问题。启发式搜索利用问题相关的启发信息，可以减少搜索范围，提高搜索效率。A*算法是一种典型的启发式搜索算法，可以通过定义启发函数提高搜索效率，并可以在问题有解的情况下找到问题的最优解。计算机博弈或计算机下棋也是典型的搜索问题。计算机通过搜索寻找最好的下棋走法。象棋、围棋等这样的棋类游戏具有非常多的状态，不可能通过穷举的办法达到战胜人类棋手的水平，算法在其中起着重要作用。

## 练习题

1.　设计求解八皇后问题的算法并编码实现。
2.　用A*算法求解八数码问题并编码实现。
3.　阅读AlphaGO论文 "Mastering the game of Go with deep neural networks and tree search"，了解其中的两种神经网络如何工作。

# 第4章 推理技术

## 4.1 概述

人类认识世界并且利用对世界的认识帮助人类做事情。有观点认为，人类的智能不是靠反射机制获得的，而是通过对知识的内部表示进行操作的推理过程获得的。在人工智能领域，这种智能方法体现在基于知识的智能体推理上。本章介绍人工智能中基本的推理技术，主要包括一阶逻辑推理、概率推理和时间上的概率推理技术。

## 4.2 一阶逻辑推理

本节讨论命题逻辑如何完成可靠的和完备的推理，获得解答一阶逻辑陈述的任何可解答问题的算法。首先介绍量词的推理规则，讨论如何把一阶逻辑推理退化为命题逻辑推理；然后给出合一的思想，说明如何利用它来构造直接用于一阶逻辑语句的推理规则；接着讨论一阶推理算法的三个主要家族；再讨论前向链接及其在演绎数据库和产生式系统中的应用，并介绍反向链接和逻辑程序设计系统；最后介绍一阶逻辑基于归结的定理证明。

### 4.2.1 命题推理和一阶推理

（1）量词的推理规则

首先看全称量词。假定数据库包含标准的民间传说公理，认为所有贪婪的国王都是邪恶的，即

$$\forall x\, King(x) \wedge Greedy(x) \Rightarrow Evil(x)$$

这样可以推断出下列任何一个语句：

$$King(John) \wedge Greedy(John) \Rightarrow Evil(John)$$
$$King(Richard) \wedge Greedy(Richard) \Rightarrow Evil(Richard)$$

$$King(Father(John)) \wedge Greedy(Father(John)) \Rightarrow Evil(Father(John))$$
$$\dots$$

全称量词实例化（简写为 UI）规则可以得出任何用基项（没有变量的项）置换变量得到的语句。设 $SUBST(\theta,\alpha)$ 表示把置换 $\theta$ 应用于 $\alpha$，那么规则可以写为

$$\frac{\forall v\alpha}{SUBST(\{v/g\},\alpha)}$$

其中，$v$ 为变元，$g$ 为基项。

存在量词实例化规则用一个新的常量符号替代变元。形式化描述如下：对任何语句 $\alpha$、变元 $v$ 和从未在知识库中出现过的常量符号 $k$，有

$$\frac{\exists v\alpha}{SUBST(\{v/k\},\alpha)}$$

基本上，包含存在量词的语句表明存在某些满足条件的对象，而实例化过程则是给满足条件的对象命名。在逻辑中，被赋予的新的名称称为 Skolem 常数。存在量词实例化是一种更一般过程的特例，这种一般过程称为 Skolem 化。

（2）退化到命题推理

一旦有了从带量词的语句推导出不含量词语句的规则，就可能将一阶推理简化为命题推理。其主要思想是，如同存在量词语句能够实例化一样，全称量词语句也可以被所有可能的实例化集所代替。例如，假设知识库正好包含如下语句：

$$\forall x\, King(x) \wedge Greedy(x) \Rightarrow Evil(x)$$

$$King(John)$$

$$Greedy(John)$$

$$Brother(Richard, John)$$

用知识库词汇表中所有可能的基项，把全称量词实例化规则应用于第一个语句，即 $\{x/John\}$ 和 $\{x/Richard\}$，由此得到

$$King(John) \wedge Greedy(John) \Rightarrow Evil(John)$$

$$King(Richard) \wedge Greedy(Richard) \Rightarrow Evil(Richard)$$

从而可以丢弃全称量词语句。此时，如果把基本原子语句 King（John）、Greedy（John）等看作命题符号，知识库本质上就是命题逻辑了。

这种命题化技术完全可以一般化，即通过保持蕴涵，每个一阶知识库和查询都可以命题化。这样，得到的有关蕴涵置换集是无限的。例如，如果知识库包含符号 Father，那么可以构造无限多个嵌套项，如 Father（Father（Father（John）））。

（3）一阶推理规则

上述得出 John 是邪恶的结论的推理过程如下：要使用规则让贪婪的国王是邪恶的，需要寻找某个 $x$，这个 $x$ 是国王并且是贪婪的，由此推理出 $x$ 是邪恶的。更一般地，如

果某个置换$\theta$是蕴含式的，每个合取前提条件和知识库中已有的语句完全相同，那么应用$\theta$后，就可以断言蕴含式的结论。在这个例子中，置换$\{x/John\}$就完成了这个目标。

可以让推理步骤完成更多的工作。假设不只知道 Greedy（John），还知道每个人都是贪婪的，即$\forall y$ Greedy（$y$），那么依然能够得出结论 Evil（John），因为约翰是国王，而且约翰是贪婪的。要让这个推理过程可行，需要做的是为蕴含语句中的变量和知识库中待匹配语句中的变量找到置换。在这个例子中，把置换$\{x/John, y/John\}$应用于蕴含式的前提 King（$x$）、Greedy（$x$）和知识库语句 King（John），Greedy（$y$），使得它们完全相同。因此，可以推导出蕴含式的结论。

可以把此推理过程表述为一条单独的推理规则，称为一般化假言推理规则（generalized modus ponens）：对于原子语句$p_i$、$p_i'$和$q$，存在置换$\theta$，使得对所有的$i$都有 SUBST（$\theta, p_i'$）=SUBST（$\theta, p_i$）成立，即

$$\frac{p_1', \; p_2', \; \cdots, \; p_n', \; (p_1 \wedge p_2 \wedge \cdots \wedge p_n \Rightarrow q)}{\text{SUBST}(\theta, q)}$$

这条规则有$n+1$个前提：$n$个原子语句$p_i'$和一个蕴含式，结论就是将置换应用于后项$q$得到的语句。对于前述例子，可以得到：

$p_1'$是 King（John）　　　　　$p_1$是 King（$x$）

$p_2'$是 Greedy（$y$）　　　　　$p_2$是 Greedy（$x$）

$\theta$是$\{x/John, y/John\}$　　　　　$q$是 Evil（$x$）

SUBST（$\theta, q$）是 Evil（John）

很容易证实一般化假言推理规则是可靠的推理规则。首先，对任何语句$p$和任何置换$\theta$，$p \models$SUBST（$\theta, p$）推论成立。尤其是对于满足一般化假言推理规则的条件$\theta$，此推论成立。因此，从$p_1', \cdots, p_n'$，可以推断 SUBST（$\theta, p_1'$）$\wedge \cdots \wedge$SUBST（$\theta, p_n'$）。从蕴含式$p_1 \wedge \cdots \wedge p_n \Rightarrow q$，可以推断出 SUBST（$\theta, p_1$）$\wedge \cdots \wedge$SUBST（$\theta, p_n$）$\Rightarrow$SUBST（$\theta, q$）。

对所有的$i$，一般化假言推理规则中的$\theta$定义为 SUBST（$\theta, p_i'$）$\Rightarrow$SUBST（$\theta, p_i$）；因此，两条语句中的第一句正好匹配上第二句的前提，SUBST（$\theta, q$）可使用假言推理规则。一般化假言推理规则是假言推理规则的升级版本，它将假言推理规则从没有变量的命题逻辑提高到一阶逻辑。升级的推理规则相对于命题化的最大优势在于，只需完成那些使得特定推理能够进行下去的置换即可。

升级的推理规则要求找到使不同的逻辑表示变得相同的置换。这个过程称为合一，是所有一阶推理算法的关键。合一算法 UNIFY 以两条语句为输入，如果合一置换存在，则返回它们的合一置换：UNIFY（$p, q$）=$\theta$，这里 SUBST（$\theta, p$）$\Rightarrow$SUBST（$\theta, q$）。

下面举例说明UNIFY的工作过程。假设有查询AskWars（Knows（John,$x$））：John认识谁？答案可以通过知识库中所有能与Knows（John,$x$）合一的语句而找到。下面给出了与知识库中的不同语句进行合一的4种可能结果：

$$\text{UNIFY}(\text{Knows}(\text{John},x),\text{Knows}(\text{John},\text{Jane}))=\{x/\text{Jane}\}$$
$$\text{UNIFY}(\text{Knows}(\text{John},x),\text{Knows}(y,\text{Bill}))=\{x/\text{Bill},y/\text{John}\}$$
$$\text{UNIFY}(\text{Knows}(\text{John},x),\text{Knows}(y,\text{Mother}(y)))=\{y/\text{John},x/\text{Mother}(\text{John})\}$$
$$\text{UNIFY}(\text{Knows}(\text{John},x),\text{Knows}(x,\text{Elizabeth}))=\text{fail}$$

最后一个合一失败，因为$x$不能同时是John和Elizabeth。Knows($x$,Elizabeth)的意思是"每个人都认识Elizabeth"，因此能够推导出John认识Elizabeth。之所以出现问题是因为两个语句使用了相同的变量$x$。对合一的两个语句中的一个进行标准化分离，即对这些变量重新命名以避免名称冲突，就可以解决这个问题。例如，可以将Knows($x$,Elizabeth)中的变量$x$重新命名为$y$，而这并不改变它的含义，那么这个合一就跟第二个合一相似了。

### 4.2.2　前向链接算法

前向链接算法的思想很简单：从知识库中的原子语句出发，在前向推理中应用假言推理规则，增加新的原子语句，直到不能进行任何推理为止。

（1）一阶确定子句

一阶确定子句与命题确定子句非常相似：它们是文字的析取，其中正好只有一个正文字。确定子句可以是原子语句，或者是蕴含语句，它的前提为正文字的合取式，结论是一个单独的正文字。下面列出一些一阶确定子句：

$$\text{King}(x)\wedge\text{Greedy}(x)\Rightarrow\text{Evil}(x)$$
$$\text{King}(\text{John})$$
$$\text{Greedy}(y)$$

与命题文字不同，一阶文字可以包含变量，在这种情况下，这些变量假设是全称量化的。不是每个知识库都可以转换成确定子句的集合，因为单一正文字的限制是严格的，但确实有些知识库可以转换。确定子句是适用于一般化假言推理规则的范式。考虑以下问题：法律规定美国人贩卖武器给敌对国家是犯法的。美国的敌对国家Nono有一些导弹，所有这些导弹都是美国人韦斯特（West）上校卖给他们的。

下面将证明韦斯特是罪犯（criminal）。首先，用一阶确定子句表示这些事实：

"……美国人贩卖武器给敌对国家是犯法的"：

$$\text{American}(x)\wedge\text{Weapon}(y)\wedge\text{Sells}(x,y,z)\wedge\text{Hostile}(z)\Rightarrow\text{Criminal}(x)$$

"Nono……有导弹"语句$\exists x\,\text{Owns}(\text{Nono},x)\wedge\text{Missile}(x)$消去存在量词后，被转换成两个确定子句，并引入新的常量$M_1$：

$$\text{Owns ( Nono, } M_1 )$$
$$\text{Missile ( } M_1 )$$

"所有该国的导弹都购自 West 上校":

$$\text{Missile ( } x ) \wedge \text{Owns ( Nono, } x ) \Rightarrow \text{Sells ( West, } x, \text{Nono )}$$

还需要知道导弹是武器:

$$\text{Missile ( } x ) \Rightarrow \text{Weapon ( } x )$$

必须知道美国的敌人被称为 hostile（敌对的）:

$$\text{Enemy ( } x, \text{American )} \Rightarrow \text{Hostile ( } x )$$

"West，一个美国人……":

$$\text{American ( West )}$$

"Nono，美国的敌人":

$$\text{Enemy ( Nono, America )}$$

此知识库不包含函词，因此是数据日志类知识库的一个实例。数据日志是一种受限于一阶确定语句的没有函词的语言。之所以取名为数据日志，是因为它可以表示由关系数据库生成的语句类型。

（2）简单前向链接算法

简单前向链接算法十分直接，它从已知事实出发，触发所有前提得到满足的规则，然后把这些规则的结论加入已知事实中。重复这个过程，直到得到查询的结果或者没有新的事实加入。如果两个语句除了变量名称以外其他部分都相同，那么这两个语句互为对方的重命名语句，且它们不是新事实。例如，Likes($x$,IceCream) 和 Likes($y$,IceCream) 互为重命名语句，因为仅仅是 $x$ 或 $y$ 的选择有所不同，但它们的含义是一样的，即每个人都喜欢冰淇淋。

下面用前面的犯罪问题来解释简单前向链接算法的推导过程。在前述 8 个子句中，带有蕴含符号"$\Rightarrow$"的规则式是蕴含语句。这里需要进行量词迭代，过程如下:

• 在第一次迭代中，规则 American($x$)∧Weapon($y$)∧Sells($x$,$y$,$z$)∧Hostile($z$)⇒Criminal($x$) 有未满足的前提。

规则 Missile($x$)∧Owns(Nono,$x$)⇒Sells(West,$x$,Nono) 得到满足，置换为 {$x$/$M_1$}，添加 Sells(West,$M_1$,Nono)。

规则 Missile($x$)⇒Weapon($x$) 得到满足，置换 {$x$/$M_1$}，添加 Weapon($M_1$)。

规则 Enemy($x$,American)⇒Hostile($x$) 得到满足，置换 {$x$/Nono}，添加 Hostile(Nono)。

• 在第二次迭代中，规则 American($x$)∧Weapon($y$)∧Sells($x$,$y$,$z$)∧Hostile($z$)⇒Criminal($x$) 得到满足，置换 {$x$/West,$y$/$M_1$,$z$/Nono}，添加 Criminal(West)。

图4-1给出了犯罪问题前向链接算法所生成的证明树。注意，目前没有新的推理生成，因为前向链接推导出的每个语句都已经显式地包含在知识库中。这样的知识库被称为推理过程的不动点。一阶确定子句前向链接达到的不动点类似于命题前向链接中的不动点，它们的主要区别在于一阶不动点可以包含全称量化的原子语句。

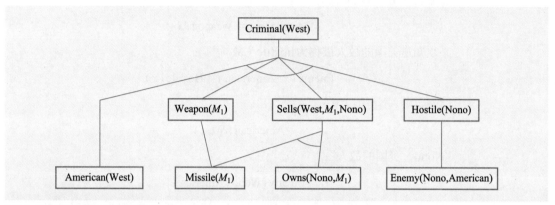

图4-1 犯罪问题前向链接算法生成的证明树

（注：初始事实放在底层，第一次迭代推理出来的事实放在中间层，第二次迭代推理出来的事实放在顶层）

（3）高效的前向链接算法

上述简单前向链接算法的目的是为了提高可理解性而不是操作的效率。效率低下有三种可能的原因：第一，算法最内层循环涉及寻找所有可能的合一置换，把规则的前提与知识库中的合适事实集进行合一，这一过程通常称为模式匹配，代价昂贵；第二，算法每次迭代都要对所有规则重新进行检查，以确定其前提是否已经得到满足，即使每次迭代添加到知识库的内容非常少，也要全部检查；第三，算法可能生成很多与目标无关的事实。下面依次讨论这些问题。

① 对于已知事实的规则匹配。把规则前提与知识库中的事实进行匹配的问题看起来可能很简单。例如，假设打算使用规则$Missile(x) \Rightarrow Weapon(x)$，那么需要找出所有能与$Missile(x)$合一的事实。对于已经建立了适当索引的知识库，这一过程对于每个事实都可以在常数时间内完成。现在考虑如下规则：$Missile(x) \wedge Owns(Nono,x) \Rightarrow Sells$（West,$x$,Nono），同样可以花费常数时间找出Nono拥有的全部对象，对于每个对象，能够检查它是不是导弹。如果知识库中Nono拥有很多的对象，导弹却不多，那么最好先找出所有的导弹，然后检查它们是否为Nono所有。这就是合取排序问题：对规则前提的合取项进行排序，使总成本最小。寻求最优排序是NP问题，但是有优秀的启发式规则可以使用。例如，CSP约束满足算法中最少剩余值启发式会建议，如果Nono拥有的导弹数量少于对象的数量，那么应对合取项进行排序以便首先搜索导弹。

② 增量前向链接。前面讲解前向链接算法在求解犯罪问题如何工作时，省略了

算法完成的一些规则匹配。例如，在第二次迭代时，规则 Missile($x$)⇒Weapon($x$) 与 Missile($M_1$) 再次匹配，由于结论 Weapon($M_1$) 已知，所以什么都不会发生。如果观察到以下事实：每个第 $t$ 次迭代推理出来的新事实应该由至少一个第 $t-1$ 次迭代中推理出来的新事实导出，由此可以避免大量多余的规则匹配。如果任何推理不需要来自第 $t-1$ 次迭代的新事实，那么该推理应该在第 $t-1$ 次迭代中就已经完成。这个观察结果自然地引出了增量前向链接算法。第 $t$ 次迭代时，只检查那些规则前提包含能与 $t-1$ 次迭代新推理出的事实 $p_i'$ 进行合一的合取子句 $p_i$。规则匹配步骤固定进行 $p_i$ 与 $p_i'$ 的匹配，但是允许规则的其他合取项与任何先前迭代得到的事实进行匹配。如果有合适的索引，那么很容易辨别能被已知事实触发激活的规则，而且实际上许多现实系统在"升级"模式中运转，当有新事实被告知给系统时会发生相应的前向链接推理。对规则集合逐级进行推理直到不动点，重复这个过程处理下一个新的事实。典型情况下，知识库中只有一小部分规则可以由新添加的已知事实触发激活，这意味着大量的冗余工作存在于不断重复构造某些不满足前提的不完全匹配中。上述犯罪问题例子的规模太小而无法有效地表现出这种情况，但是应该注意到不完全匹配是第一次迭代时在规则 American($x$)∧Weapon($y$)∧Sells($x,y,z$)∧Hostile($z$)⇒Criminal($x$) 和事实 American(West) 之间构造的。这个不完全匹配被舍弃并在第二次迭代时重建。比较好的做法是，在新事实出现前保留并逐步完成不完全匹配。

③ 无关的事实。影响前向链接算法效率的最后一个因素是无关的事实，这是这一方法所固有的，在命题的上下文中也有。前向链接算法允许产生所有基于已知事实的推理，即使它们与需要达到的目标毫无关系。在犯罪实例中，不存在推理出无关结论的规则，所以缺乏方向性不是一个问题。避免推导出无关结论的一个方法是采用接下来介绍的反向链接方法。另一个解决方法是把前向链接限制在一个选定的规则子集内。第三种方法出现在演绎数据库领域，它们像关系数据库一样是大型数据库，使用前向链接而不是 SQL 查询作为标准推理工具。其思想是利用目标信息重写规则集，从而在前向推理过程中只考虑相关的变量绑定，这些都属于一个所谓的"魔法集"。例如，如果目标是 Criminal(West)，结论为 Criminal($x$) 的规则将被重写，以便包含附加对 $x$ 的取值进行约束的子句 Magic($x$)∧American($x$)∧Weapon($y$)∧Sells($x,y,z$)∧Hostile($z$)⇒Criminal($x$)。事实 Magic(West) 被加入知识库中。这样，即使知识库中包含上百万美国人的事实，在前向推理过程中也只会考虑 West 上校。定义魔法集和重写知识库的完整过程太复杂，这里不详细讨论，但其基本思想是执行来自目标的一种"通用"反向推理，以找出哪些变量绑定需要得到约束。因此，可以认为魔法集方法是前向推理和反向预处理的混合方法。

### 4.2.3 反向链接

反向链接从目标开始反向推导链接规则，以找到支持证明的已知事实，它在自动推理领域被广泛应用。

反向链接是一种深度优先搜索算法，它用只包含单个元素即原始查询的目标列表来调用，并返回满足查询的所有置换的集合。目标列表可以被认为是一个等待处理的"栈"，如果所有的栈内目标都可以得到满足，则当前的证明分支是成功的。算法选取列表中的第一个目标，在知识库中寻找正文字能与该目标合一的每个子句。每个这样的子句创建一个新的递归调用，在该递归过程中，子句的前提都被加入目标栈内。事实就是只有头没有体的子句，因此当目标和某个已知事实合一时，不会有新的子目标添加到栈中，目标也就得到了解决。图4-2所示是从前述犯罪问题第一个语句到最后一个语句得到的Criminal（West）证明树。

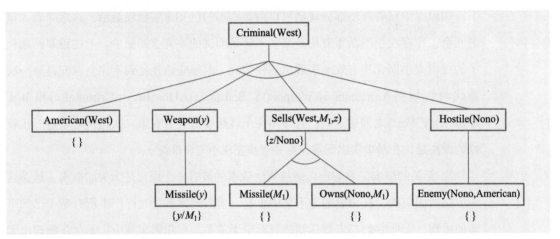

图4-2 犯罪问题的反向链接算法构造的证明树

反向链接是一类与或搜索。或部分是因为目标查询可以被知识库中的规则证明，与部分是因为子句中的合取项必须被证实。反向链接算法的工作过程如下：获取所有可能与目标合一的子句，将子句变量标准化成新变量，如果有子句确实能与目标合一，则调用与函数证明，与函数逐一证实合取项，同时置换逐渐累积。如图4-2所示，阅读这棵树的方法是从左到右进行深度优先搜索。要证明Criminal（West），必须证明它下面的4个合取项。其中一些已经在知识库中，另一些则需要进一步的反向链接。子目标旁边标记的是成功合一的变量绑定。注意，一旦合取式中的某个子目标得以成功实现，它的置换要用于后续子目标。

图搜索问题的前向链接是动态规划的实例，其中子问题的解是由更小的子问题的解递增构成的，并建立其缓存以避免重复计算。可以使用备忘法在反向链接系统中获得等同的效果，即当发现子目标的解时为其建立缓存，当子目标再次出现时查找缓存，而不重复以前的计算。这是表格逻辑程序设计系统采用的方法，即使用有效的存储和检索机制实现备忘法。表格逻辑程序设计将反向链接的目标制导和前向链接动态规划的效率结合起来，对数据日志知识库而言也是完备的，这意味着程序员不必过多担心无限循环。

## 4.3 概率推理

上一节讨论的一阶逻辑推理主要是确定性推理问题，但现实中很多问题带有不确定性，即很多问题的条件和结论并不是百分百成立或不成立，而是带有一定概率的成立或不成立，结论也有多种可能性。无论是医疗、汽车修理或者其他问题，诊断几乎总是包含不确定性。例如，考虑诊断牙病患者的牙痛问题。用命题逻辑方式写出牙病诊断的规则，看看逻辑方法是如何失效的。考虑下面的简单规则：

$$Toothache \Rightarrow Cavity$$

这条规则的问题在于，并不是所有牙痛（toothache）都是因为牙齿有洞（cavity），有时牙痛是因为牙龈疾病或其他多种问题中的一种：

$$Toothache \Rightarrow \ Cavity \lor GumProblem \lor Abscess \cdots$$

不幸的是，为了使得规则正确，不得不增加一个几乎无限长的可能原因的列表。可以尝试把上面的规则改成一条因果规则：

$$Cavity \Rightarrow Toothache$$

但这条规则也有问题，因为并不是所有的牙洞都会引起牙痛。修正规则的有效途径是从逻辑上穷举各种可能的情形：用一个牙洞引起牙痛所需的所有限制扩充左边的规则。试图使用逻辑方法处理医疗诊断等实际问题之所以会失败，主要有以下三个原因：

① 惰性：为了确保得到一个没有任何意外的规则，需要列出前提和结论的完整集合，这个工作量太大，这样的规则也难以使用。

② 理论的无知：对于具体领域，相应的科学还没有完整的理论。

③ 实践的无知：即使知道所有的规则，对于一个特定的问题，也可能无法确定规则是否有效，因为并不是所有必要的测试都已经完成，有的测试根本无法进行。

概率提供了一种方法以概括由人们的惰性和无知产生的不确定性，由此解决限制问题。例如，也许不能确定是什么病在折磨一个特定的病人，但可以相信牙痛病人有牙洞的可能性为80%，即0.8的概率。也就是说，人们期望在所有与当前情形无法区分的情形中，根据智能体的知识，有80%的病人有牙洞。这种信念知识可由统计数据获得或由一般性的牙科知识获得，或结合多种证据获得。

### 4.3.1 概率基本性质

在概率理论中，所有可能情况组成的集合称为样本空间，这些可能情况是互斥的、完备的。例如，如果掷两个骰子，就要考虑36种可能情况：(1，1)、(1，2)、…、(6，6)。用希腊字母 $\Omega$ 表示样本空间，用 $\omega$ 表示样本空间中的一个样本。一个完整的概率模型为每一种可能情况赋予一个数值概率 $p(\omega)$。概率理论的基本公理规定，每种可能情况具有一个0~1之间的概率，且样本空间中可能情况的总概率为1：$0 \leqslant p(\omega) \leqslant 1$ 且 $\sum p(\omega) \leqslant 1$。概率理论中的变量被称为随机变量。每个随机变量有一个定义域，即这个变量能取的所有可能值组成的集合。定义域可以是有限的，也可以是无限的；可以是离散型的，也可以是连续型的。

可以用命题逻辑中的连接符号来组合这些基本的命题。例如，可以将"如果患者是一个没有牙痛的青少年，那么他有牙洞的概率是0.1"表示为

$$p(\text{cavity} | \neg \text{toothache} \wedge \text{teen}) = 0.1$$

概率断言和质询通常不是关于某个特定的可能情况，而是关于可能情况的集合。在概率理论中，这些集合称为事件。在人工智能中，用形式语言的命题来表示这些集合。对于每个命题，对应集合的成员就是使命题成立的可能情况。与某个命题相关联的概率是使该命题成立的可能事件的概率之和。对于任意命题 $\phi$，有

$$p(\phi) = \sum_{\omega \in \phi} p(\omega)$$

### 4.3.2 使用联合分布进行推理

本小节描述概率推理的一种简单方法：根据已经观察到的证据计算查询命题的后验概率。从一个简单例子开始：一个由三个布尔变量 toothache、cavity 和 catch 组成的问题域，其完全联合分布是一个 $2 \times 2 \times 2$ 表格，如表4-1所示。

表4-1　toothache、cavity和catch组成的问题域的完全联合分布

|  | toothache | | ¬toothache | |
| --- | --- | --- | --- | --- |
|  | catch | ¬catch | catch | ¬catch |
| cavity | 0.108 | 0.012 | 0.072 | 0.008 |
| ¬cavity | 0.016 | 0.064 | 0.144 | 0.576 |

概率公理要求联合分布中所有概率之和为1。公式 $p(\phi) = \sum_{\omega \in \phi} p(\omega)$ 提供了计算任何命题概率的直接方法：只需识别使命题为真的那些可能情况，把它们的概率加起来即可。例如，使命题 cavity $\vee$ toothache 成立的可能情况有6种：

$$p(\text{cavity} \vee \text{toothache}) = 0.108 + 0.012 + 0.072 + 0.008 + 0.016 + 0.064 = 0.28$$

关于随机变量的某个子集或某单个变量的概率分布称为边缘概率，求边缘概率的过程称为边缘化。例如：

$$p(\text{cavity}) = 0.108 + 0.012 + 0.072 = 0.192$$

边缘化的通用规则是：对于任何两个变量集合 $Y$ 和 $Z$，$p(Y) = \sum_{z \in Z} p(Y, z)$。

### 4.3.3 贝叶斯网络的语义

概率的乘法规则有两种形式：$p(a \wedge b) = p(a|b)p(b)$ 和 $p(a \wedge b) = p(b|a)p(a)$。这两个式子右边相等，同时除于 $p(a)$，得到

$$p(b|a) = \frac{p(a|b)p(b)}{p(a)}$$

这个公式是著名的贝叶斯公式，也称为贝叶斯定理。贝叶斯公式是大多数进行概率推理的现代人工智能系统的基础。贝叶斯网络是一种表示变量之间依赖关系的数据结构，用独立性和条件独立性关系表示不确定知识，从而高效地进行概率推理。

贝叶斯网络是一个有向图，其中每个节点都标注了定量的概率信息。

● 每个节点对应一个随机变量，这个变量可以是离散型的也可以是连续型的。

● 一组有向边或箭头连接节点对。如果有从节点 $X$ 指向节点 $Y$ 的箭头，则称 $X$ 是 $Y$ 的一个父节点。图中没有有向回路，因此贝叶斯网络是有向无环图。

● 每个节点 $X$ 有一个条件概率分布 $p(X|\text{Parents}(X))$，量化其父节点对该节点的影响。

网络中节点和边的集合构成的拓扑结构用一种精确简洁的方式描述了在问题域中成立的条件独立关系。箭头的直观含义通常表示 $X$ 对 $Y$ 有直接的影响，这意味着原因应该是结果的父节点。对于领域专家来说，确定领域中存在什么样的直接影响通常是容易的。一旦设计好贝叶斯网络的拓扑结构，只需为每个变量指定其相对于其父节点的条件概率就可以了。能够看到，拓扑结构和条件概率分布的结合足以确定所有变量的完全联合概率分布。

对于前面描述的由 toothache、cavity、catch 及 weather 构成的简单世界，假定 weather 独立于其他变量，而且给定 cavity 后，toothache 和 catch 是条件独立的。图4-3 给出了表示这些关系的贝叶斯网络结构。形式上，toothache 和 catch 在给定 cavity 时的条件独立性是通过在 toothache 和 catch 之间没有相连接的边指明的。直观看，这个网络表

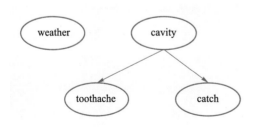

图4-3 一个简单的贝叶斯网络

（注：其中，weather 和其他三个变量相互独立，而给定 cavity 后，toothache 和 cavity 是条件独立的）

示了 cavity 是 toothache 及 catch 的直接原因的事实，而在 toothache 和 catch 之间并不存在直接的因果关系。

有两种方式理解贝叶斯网络的语义：第一种是将贝叶斯网络视为对联合概率分布的表示；第二种则将其视为对一组条件依赖性语句的编码。这两种观点是等价的，前者可以帮助理解如何构造网络，而后者则可以帮助设计推理过程。

联合分布中的一个一般条目是对每个变量赋一个特定值的合取概率，例如，$p(X_1=x_1 \wedge \cdots \wedge X_n=x_n)$。用符号 $p(x_1,\cdots,x_n)$ 作为这个概率的简化表示。这个条目的值可以由下面的公式给出：

$$p(x_1,\cdots,x_n) = \prod p(x_i \mid \mathrm{Parents}(X_i))$$

这样，联合概率分布中的每个条目都可以表示为贝叶斯网络的条件概率表中适当元素的乘积。这个公式定义了一个给定的贝叶斯网络是什么含义。下面解释如何构造一个贝叶斯网络，以使所产生的联合分布是对给定问题域的好的表示。

首先，利用乘法规则基于条件概率重写联合概率分布：

$$p(x_1,x_2,\cdots,x_n) = p(x_n \mid x_{n-1},\cdots,x_1)p(x_{n-1},\cdots,x_1)$$

然后重复这个过程，把每个合取概率归约为更小的条件概率和更小的合取概率，最后得到一个大的乘法式：

$$p(x_1,x_2,\cdots,x_n) = p(x_n \mid x_{n-1},\cdots,x_1)p(x_{n-1} \mid x_{n-2},\cdots,x_1)\cdots p(x_2 \mid x_1)p(x_1) = \prod p(x_i \mid x_{i-1},\cdots,x_1)$$

这个等式称为链式规则，它对于任何一个随机变量集合都是成立的。对比这个公式和上一个公式，可以看到联合分布的详细描述等价于一般断言：对于网络中的每个变量 $X_i$，如果 $\mathrm{Parents}(X_i) \subseteq \{X_{i-1},\cdots,X_1\}$，则

$$p(X_i \mid X_{i-1},\cdots,X_1) = p(X_i \mid \mathrm{Parents}(X_i))$$

只要按照与蕴含在图结构中的偏序一致的顺序对节点进行编号，这个断言中的条件 $\mathrm{Parents}(X_i) \subseteq \{X_{i-1},\cdots,X_1\}$ 就能得到满足。这个公式表明，只有当给定了父节点之后，每个节点条件独立于节点排列顺序中的其他祖先节点时，贝叶斯网络才是问题域的正确表示。可以用下面的贝叶斯网络构造方法来满足这个条件：

① 构造节点。首先确定对问题域建模所需的变量集合。对变量进行排序，得到 $\{X_1,\cdots,X_n\}$。任何排列顺序都是可以的，但如果变量的排序使得原因排列在结果之前，则得到的网络会更紧致。

② 构造边。下标 $i$ 从 $1 \sim n$，执行：从 $X_1,\cdots,X_{i-1}$ 中选择 $X_i$ 的父节点的最小集合，使得上述公式得到满足。在每个父节点与 $X_i$ 之间插入一条边，写出条件概率表 $p(X_i \mid \mathrm{Parents}(X_i))$。

贝叶斯网络除了是问题域的一种完备且无冗余的表示之外，还比完全联合概率分布紧致得多。这个特性使得贝叶斯网络能够处理包含许多变量的问题域。贝叶斯网络的紧致性是局部结构化系统的一般特性的一个实例。在一个局部结构化系统中，每个子部件只与有限数量的其他部件之间有直接的相互作用，而不是与所有部件都有直接相互作用。在复杂度上，局部结构通常与线性增长是有关的。在贝叶斯网络的情况下，假设大多数问题域中每个随机变量受到至多 $k$ 个其他随机变量的影响是合理的，其中 $k$ 是某个常数。简单起见，假设有 $n$ 个布尔变量，那么指定每个条件概率表所需的信息量至多是 $2^k$，整个网络可以用至多 $n2^k$ 个数值描述。相反，联合概率分布中将包含 $2^n$ 个数值。举个例子，假设有 $n=30$ 个节点，每个节点有 5 个父节点（$k=5$），那么贝叶斯网络需要 960 个数值，而完全联合概率分布需要的数值超过 10 亿个。

### 4.3.4　贝叶斯网络中的精确推理

任何概率推理系统的基本任务都是要在给定某个已观察到的事件（即一组证据变量的赋值）后，计算一组查询变量的后验概率分布。为了使阐述简单，每次只考虑一个查询变量；算法可以容易地扩展到有多个查询变量的情况。用 $X$ 表示查询变量，$E$ 表示证据变量集 $E_1, E_2, \cdots, E_m, e$ 则表示一个观察到的特定事件；$Y$ 表示非证据非查询变量集 $Y_1, Y_2, \cdots, Y_l$，有时也被称为隐藏变量。这样，全部变量的集合是 $X = \{X\} \cup E \cup Y$。典型的查询是询问后验概率 $p(X \mid e)$。

（1）通过枚举进行推理

查询 $p(X \mid e)$ 可以用下面的公式：

$$p(X \mid e) = \alpha p(X, e) = \alpha \sum_y p(X, e, y)$$

其中，$\alpha$ 是归一化常数，用来保证其中的概率加起来等于 1。现在，贝叶斯网络给出了完全联合概率分布的完整表示。公式 $p(x_1, \cdots, x_n) = \prod p(x_i \mid \mathrm{Parents}(X_i))$ 表明联合概率分布中的项 $p(X, e, y)$ 可以写成网络中的条件概率的乘积形式。因此，可以在贝叶斯网络中通过计算条件概率的乘积再求和来回答查询。

考虑查询 $p(\mathrm{Burglary} \mid \mathrm{JohnCalls} = \mathrm{true}, \mathrm{MaryCalls} = \mathrm{true})$。该查询的隐藏变量是 Earthquake 和 Alarm。根据上面的公式并使用变量的首字母简化表达式，得到

$$p(B \mid j, m) = \alpha p(B, j, m) = \alpha \sum_e \sum_a p(B, j, m, e, a)$$

于是，贝叶斯网络的语义给出了一个由条件概率表描述的表达式。为了简化，这里仅给出 Burglary=true 的情况的计算过程：

$$p(b \mid j,m)=a\sum_{e}\sum_{a}p(b)p(e)p(a \mid b,e)p(j \mid a) \mid p(m \mid a)$$

为了计算这个表达式，需要对4个项求和，而每一项都是通过5个数相乘计算得到的。在最坏情况下，需要对所有的变量进行求和，因此对于有 $n$ 个布尔变量的网络而言，算法的复杂度是 $O(n2^{n})$。

根据观察可以对算法进行改进：$p(b)$ 项是常数，因此可以移到对 $a$ 和 $e$ 的求和符号的外面，而 $p(e)$ 项也可以移到对 $a$ 的求和符号外面。完成移动后得到：

$$p(b \mid j,m)=ap(b)\sum_{e}p(e)\sum_{a}p(a \mid b,e)p(j \mid a)p(m \mid a)$$

这个表达式可以如此计算：按顺序循环遍历所有变量，循环中将条件概率表中的条目相乘。对于每次求和运算，还需要对变量的可能取值进行循环。计算过程的结构如图4-4所示，得到 $p(b \mid j,m)\approx<0.284，0.716>$。也就是说，在两个邻居都给你打电话的条件下，出现盗贼的概率大约是28.4%。这个计算可以通过变量消元算法来大大提高效率，其思想很简单：只进行一次计算，并保存计算结果以备后面使用。

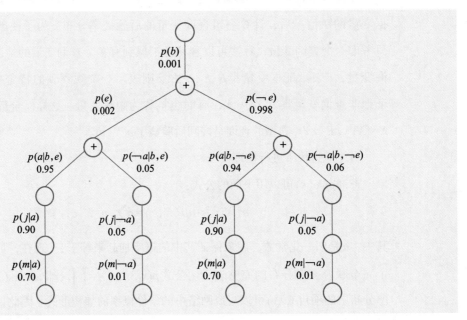

图4-4 公式 $p(b \mid j,m)$ 的运算结构
（注：求值运算过程自顶向下进行，将每条路径上的值相乘，并在"+"节点求和。注意 $j$ 和 $m$ 的重复路径）

（2）精确推理的复杂度

贝叶斯网络中精确推理的复杂度高度依赖于网络的结构。贝叶斯网络主要有单连通网络和多连通网络。单连通网络中任意两个节点之间最多只有一条路径，它们有一个非常好的特性：多形树中精确推理的时间和空间复杂度与网络规模呈线性关系。多连通网络中两个节点之间有多条路径，如图4-5（a）所示。对于多连通网络，

即使每个节点的父节点数不超过某个常数，变量消元算法在最坏情况下也具有指数量级的时间和空间复杂度。因为命题逻辑推理是贝叶斯网络推理的一种特殊情况，所以贝叶斯网络推理的复杂度是NP困难问题。

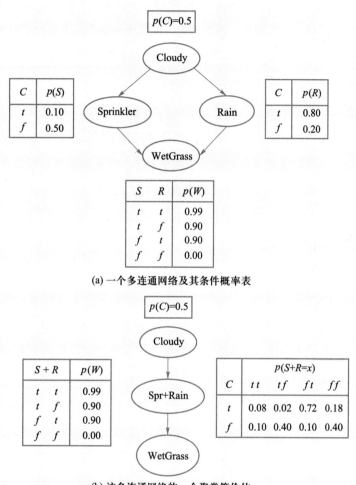

(a) 一个多连通网络及其条件概率表

(b) 该多连通网络的一个聚类等价体

图4-5 多连通网络示例

（3）聚类算法

贝叶斯网络中聚类算法的基本思想是将网络中的某些单个节点合并为一个簇节点，使得最终得到的网络结构是一棵多形树。例如，对于图4-5（a）所示的多连通网络，可以通过将节点Sprinkler和Rain合并为一个名为Spr+Rain的簇节点，把原来的网络转换成一棵多形树，如图4-5（b）所示。这两个布尔节点被一个大节点替换。这个大节点有4种可能的取值：$tt,tf,ft,ff$。它只有一个父节点，即布尔变量Cloudy，因此网络中有两个条件事件。在复杂的贝叶斯网络中，聚类过程可能会产生相互之间共享一些变量的大节点。

一旦网络被转换成多形树的形式，就需要使用一种专用推理算法，因为通用推理算法不能处理相互之间共享变量的大节点。本质上，该算法是某种形式的约束传播，其中的约束确保相邻大节点所包含的任何公共变量有一致的后验概率。通过仔细记录，这种算法能够在聚类后的网络规模的线性时间内计算网络中所有非证据节点的后验概率。然而，问题仍然是NP难的：如果一个网络在变量消元算法中需要指数级的时间和空间复杂度，那么聚类后的网络的条件概率表的规模也是指数级的。

### 4.3.5　贝叶斯网络中的近似推理

在大规模多连通网络中进行精确推理是不实际的，因为复杂度为NP困难问题，这就有必要考虑近似推理了。这一节描述随机采样算法，也称为蒙特卡洛算法，它能够给出一个问题的近似解，其精度依赖于所生成的采样点的多少。蒙特卡洛算法在许多科学领域中用于估计难以精确计算的量。本节重点关注用于后验概率计算的采样方法，包括两个算法家族：直接采样和马尔可夫采样。此外，还有两种方法：变分法和环传播方法。

（1）直接采样方法

任何采样算法的基本要素是根据已知概率分布生成样本。例如，一个无偏差硬币被认为是一个随机变量Coin，可能取值为head和tail，先验概率是$p(\text{head})=p(\text{tail})=0.5$或$p(\text{Coin})=<0.5,0.5>$。根据这个分布进行采样的过程和抛硬币一样：它以0.5的概率返回head，以0.5的概率返回tail。给定一个[0，1]区间上均匀分布的随机数发生器，对单个变量的任何分布进行采样都是一件非常简单的事情。

贝叶斯网络的最简单种类的随机采样过程是从网络中生成无关联证据的事件，其思想是按照拓扑顺序依次对每个变量进行采样。变量值被采样的概率分布依赖于父节点已得到的赋值。例如，在图4-5（a）中的网络上采样，假设顺序为[Cloudy，Sprinkler，Rain，WetGrass]，操作过程如下：

① 从$p(\text{Cloudy})=<0.5，0.5>$中采样Cloudy，假设返回true。

② 从$p(\text{Sprinkler}|\text{Cloudy}=\text{true})=<0.8，0.2>$中采样Sprinkler，假设返回false。

③ 从$p(\text{Rain}|\text{Cloudy}=\text{true})=<0.1，0.9>$中采样Rain，假设返回true。

④ 从$p(\text{WetGrass}|\text{Sprinkler}=\text{false}，\text{Rain}=\text{true})=<0.9，0.1>$中采样WetGrass，假设返回true。

每个采样步骤只依赖于父节点的取值，整个过程得到生成一个特定事件的概率：

$$S_{\text{ps}}(x_1,\cdots,x_n)=\prod_{i=1}p(x_i|\text{Parents}(X_i))$$

根据贝叶斯网络的表示，这个特定事件的概率是联合分布事件的概率。因此，

$S_{ps}(x_1,\cdots,x_n)=p(x_1,\cdots,x_n)$。在任何采样方法中，都是通过对实际生成的样本进行计数来计算答案的。假设有 $N$ 个样本，令 $N_{ps}(x_1,\cdots,x_n)$ 为特定事件 $x_1,\cdots,x_n$ 在样本集合中出现的次数。它和总样本数 $N$ 的比在大样本极限下收敛到它的期望值，与采样概率一致：

$$\lim_{N \to \infty} \frac{N_{ps}(x_1,\cdots,x_n)}{N}=S_{ps}(x_1,\cdots,x_n)=p(x_1,\cdots,x_n)$$

采样过程中生成的与部分事件匹配的完整事件所占的比例，用来作为该部分事件的概率估计值。

（2）通过模拟马尔可夫链进行推理

马尔可夫链蒙特卡洛（Markov chain Monte Carlo，MCMC）算法不是从无到有生成样本，而是通过对前一个样本进行随机改变而生成样本。因此，可以把 MCMC 算法想象成在特定的当前状态下，每个变量的取值都已确定，然后随机修改当前状态而生成下一个状态。下面介绍一种特殊形式的 MCMC 算法，称为 Gibbs 采样，它特别适合于贝叶斯网络。

贝叶斯网络的 Gibbs 采样算法从任意的状态（将证据变量固定为观察值）出发，通过对一个非证据变量 $X_i$ 随机采样而生成下一个状态。对 $X_i$ 的采样条件依赖于 $X_i$ 的马尔可夫覆盖中的变量的当前值，其中一个变量的马尔可夫覆盖由其父节点、子节点及子节点的父节点组成。因此，Gibbs 算法是在状态空间中随机行走，每次修改一个变量的值，但保持证据变量的值固定不变。

将 Gibbs 采样算法应用于图 4-5（a）所示网络的查询 $p$(Rain|Sprinkler=true，WetGrass=true)。证据变量 Sprinkler 和 WetGrass 固定为它们的观察值，而非证据变量 Cloudy 和 Rain 则随机地初始化，例如分别初始化为 true 和 false。因此，初始状态为 [true，true，false，true]。现在，以任意顺序对非证据变量采样，例如：

● 对 Cloudy 采样，给定它的马尔可夫覆盖变量的当前值：这里是从 $p$(Cloudy|Sprinkler=true,Rain=false) 中采样，假设采样结果为 Cloudy=false，那么新的当前状态是 [false,true,false,true]。

● 对 Rain 采样，给定它的马尔可夫覆盖变量的当前值：这里是从 $p$(Rain|Cloudy=false,Sprinkler=true,WetGrass=true) 中采样，假设采样结果为 Rain=true，那么新的当前状态是 [false,true,true,true]。

这个过程中所访问的每一个状态都是一个样本，能对查询变量 Rain 的估计做贡献。如果该过程访问了 20 个 Rain 为真的状态和 60 个 Rain 为假的状态，则所求查询的概率为 Normalize(<20,60>)=<0.25，0.75>。

### 4.3.6 关系和一阶概率模型

一般来说，一阶逻辑相对于命题逻辑在表示上有优势，能够约定对象的存在性及它们之间的关系，并且能够表达关于问题域中一些或者全部对象的事实。而贝叶斯网络本质上是命题逻辑的，它的随机变量集是固定的而且是有限的，并且每个变量的值有固定的定义域。这个事实限制了贝叶斯网络的应用。如果能够把概率理论与一阶逻辑表示的表达能力结合起来，能够明显地扩大可以处理的问题范围。

例如，假设一个在线图书零售商想基于来自客户的推荐提供对商品的全面评价。评价在形式上是图书质量的给定可用证据的后验概率。最简单的方法是基于客户的平均推荐，但评价也许会随着客户推荐数的不同而不同。但这没有考虑一个事实：一些客户比另一些客户更友好，一些客户没有另一些客户诚实。友好的客户即使对于普通图书一般也会高度推荐，而不诚实的客户一般会由于质量以外的原因给出非常高或非常低的推荐。对于单个客户 $C_1$ 推荐单本书 $B_1$，贝叶斯网络如图4-6（a）所示。对于两个客户两本图书的情况，贝叶斯网络如图4-6（b）所示。对于更多数量的客户和图书的情况，手工描绘网络是不现实的。

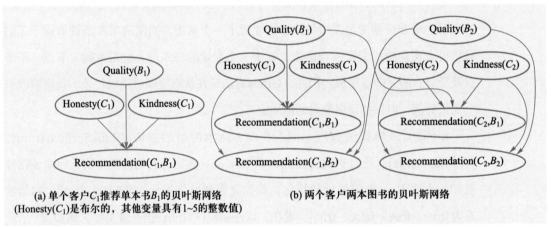

(a) 单个客户 $C_1$ 推荐单本书 $B_1$ 的贝叶斯网络
(Honesty($C_1$)是布尔的，其他变量具有1~5的整数值)

(b) 两个客户两本图书的贝叶斯网络

图4-6　图书评价的贝叶斯网络示例

好在网络有许多重复结构。每个Recommendation($c,b$)变量的父节点变量是Honesty($c$)、Kindness($c$)和Quality($b$)。而且所有Recommendation($c,b$)变量的条件概率表是相同的，所有Honesty($c$)变量也是如此，以此类推。这似乎是为一阶语言量身定制的，因此，

$$\text{Recommendation}(c,b) \sim \text{RecCPT}(\text{Honesty}(c), \text{Kindness}(c), \text{Quality}(b))$$

表达的含义是：一个客户对某本图书的推荐依赖于固定的条件概率表所给定的该客户的诚实度、友好度和图书质量。

关系概率模型（relational probability model，RPM）用数据库语义中的唯一命

名假设来定义概率模型，这样使得从符号到对象的映射没有不确定性，存在的对象也是确定的。与一阶逻辑类似，关系概率模型具有常数、函数和谓词符号，此外还规定了每个参量和函数返回值的类型特征。如果每个对象的类型是已知的，则可以排除许多干扰的可能情况。对于图书推荐问题域，类型是 Customer 和 Book，而函数和谓词的类型特征是：

$$Honest : Customer \rightarrow \{\, true\,, false\,\}$$
$$Kindness : Customer \rightarrow \{\, 1\,, 2\,, 3\,, 4\,, 5\,\}$$
$$Quality : Book \rightarrow \{\, 1\,, 2\,, 3\,, 4\,, 5\,\}$$
$$Recommendation : Customer \times Book \rightarrow \{\, 1\,, 2\,, 3\,, 4\,, 5\,\}$$

常量符号将是销售商数据库中的任何客户名和图书名。在图 4-6（b）给出的例子中，常量符号是 $C_1$、$C_2$ 和 $B_1$、$B_2$。

给定常量符号和它们的类型及函数和它们的类型特征后，用对象的每种可能组合实例化每个函数，可以得到关系概率模型的随机变量 $Honest(C_1)$、$Quality(B_2)$、$Recommendation(C_1, C_2)$ 等。这些变量就是出现在图 4-6（b）中的变量。因为每个类型只有有限多个实例，因此基本的随机变量数是有限的。

为了完整描述关系概率模型，写出驾驭这些随机变量的依赖关系。每个函数有一个依赖声明，其中函数的每个参量是一个逻辑变量：

$$Honest\,(\,c\,) \sim\, <0.99, 0.01>$$
$$Kindness\,(\,c\,) \sim\, <0.1, 0.1, 0.2, 0.3, 0.3>$$
$$Quality\,(\,b\,) \sim\, <0.05, 0.2, 0.4, 0.2, 0.15>$$
$$Recommendation\,(\,c,b\,) \sim RecCPT\,(\,Honest\,(\,c\,)\,, Kindness\,(\,c\,)\,, Quality\,(\,b\,)\,)$$

其中，RecCPT 是一个单独定义的有 50 行（$2 \times 5 \times 5$）、每行 5 个条目的条件分布。对于所有常量实例化这些依赖关系，可以得到这个关系概率模型的语义，获得一个定义该关系概率模型随机变量联合分布的贝叶斯网络。

接下来是如何在关系概率模型上进行推理。一种方法是首先收集其中的证据变量、查询变量和常量符号，然后构建等价的贝叶斯网络，再应用本章讨论的推理方法。这种技术称为摊开，但摊开技术的明显缺点是生成的贝叶斯网络可能很庞大，而且如果一个未知关系或函数有许多候选对象，那么网络中的一些变量可能会有许多父节点。

幸运的是，有许多方法可以改进一般的推理算法。首先，摊开贝叶斯网络中的重复结构意味着变量消元中所构造的许多因子是相同的；对于大型网络，有效的缓冲技术可以将速度提高 1 000 倍。其次，贝叶斯网络中特定上下文独立性的推理方法在关系概率模型中有许多应用。再次，MCMC 推理算法应用到具有关系确定性的关系概率模型中时有一些良好特性：对于 MCMC，关系不确定性不会增加网络复杂性；相反，MCMC过程包含改变摊开网络的关系结构进而改变依赖结构的转移。这些方法都假设关系概率模型部分或全部摊开到一个贝叶斯网络。这恰恰与一阶逻辑推理的命题化方法类似。归结定理证明器和逻辑编程系统通过只实例化那些为使推理进行而需要的逻辑变量而避免命题化。也就是说，它们将推理过程提升到高于基本命题语句的层次，使提升步骤做许多基本步骤的事情。

## 4.4　时间上的概率推理

前面介绍了在静态世界的上下文中进行概率推理的技术，其中每个随机变量都有一个唯一的固定取值。现在考虑动态的问题，即根据历史证据评价当前状态并预测未来的结果。这个过程中需要对这些变化进行建模。

### 4.4.1　时间与不确定性

将世界看作一系列时间片，每个时间片都包含一组随机变量，其中一部分是可观察的，而另一部分是不可观察的。假设每个时间片中能够观察到的随机变量属于同一个变量子集，并使用符号$X_t$表示在时刻$t$不可观察的状态变量集，符号$E_t$表示可观察的证据变量集。时刻$t$的观察结果为$E_t=e_t$，其中$e_t$是变量值的某集合。假设时间片之间的时间间隔是固定的，用整数标注时间，并且假设状态序列从时刻$t=0$开始，证据变量从$t=1$开始而不是从$t=0$开始。用符号$a：b$表示从$a$到$b$的整数序列（包括$a$和$b$），于是符号$X_{a:b}$表示从$X_a$到$X_b$的一组变量。

确定了给定问题的状态变量和证据变量的集合之后，便要指定问题世界如何演变（转移模型）及证据变量如何得到它们的取值（传感器模型）。转移模型描述在给定过去的状态变量的值之后，确定最新状态变量的概率分布$p(X_t|X_{0:t-1})$。这里面有一个问题，随时间$t$的增长，集合$X_{0:t-1}$的大小没有约束。这个问题可以用马尔可夫假设来解决。马尔可夫假设认为，当前状态只依赖于有限的固定数量的过去状态。满足马尔可夫假设的过程称为马尔可夫过程，其中，当前状态只依赖于前一个状态，而与更早的状态无关，即

$$p(X_t|X_{0:t-1})=p(X_t|X_{t-1})$$

在一阶马尔可夫过程中，转移模型就是条件概率分布$p(X_t|X_{t-1})$，而二阶马尔可夫过程的转移模型是$p(X_t|X_{t-1},X_{t-2})$。假设状态的变化是由一个稳态过程引起的，即变化的过程是由本身不随时间变化的规律支配的。

证据变量 $E_t$ 可能依赖于前面的变量也可能依赖于当前的状态变量，但任何合格的状态对于产生当前的传感器值应该足够了。因此，做如下传感器马尔可夫假设：

$$p(E_t|X_{0:t}, E_{0:t-1}) = p(E_t|X_t)$$

其中，$p(E_t|X_t)$ 是传感器模型，也被称为观察模型。图4-7给出了一个雨伞例子的转移模型和观察模型。状态和传感器之间的依赖方向为箭头从实际状态指向传感器的取值，因为状态造成传感器具有特定取值：下雨造成雨伞出现。当然，推理过程是按相反的方向进行的，模型依赖性方向与推理方向的区别是贝叶斯网络的一个优点。

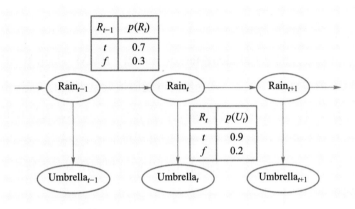

图4-7 描述雨伞问题的贝叶斯网络结构及条件概率分布
（注：转移模型是 $p(\text{Rain}_t|\text{Rain}_{t-1})$，而观察模型是 $p(\text{Umbrella}_t|\text{Rain}_t)$）

确定了转移模型和传感器模型后，需要指定所有的事情是如何开始的，即指定时刻 $t=0$ 的先验概率分布 $p(X_0)$。有了这些，就能确定所有变量上完整的联合概率分布。对于任何 $t$，有

$$p(X_{0:t}, E_{1:t}) = p(X_0) \prod_{i=1} p(X_i|X_{i-1}) p(E_i|X_i)$$

其中，右边三项分别是初始状态模型 $p(X_0)$、转移模型 $p(X_i|X_{i-1})$ 和传感器模型 $p(E_i|X_i)$。

图4-7所示的机构是一个一阶马尔可夫过程，假设下雨的概率只依赖于前一天是否下雨。一阶马尔可夫假设认为，状态变量包含了刻画下一时间片的概率分布所需的全部信息。有时这个假设完全成立，有时这个假设仅仅是近似。有两种方法可以提高近似的精确程度：一是提高马尔可夫过程模型的阶数；二是扩大状态变量集合。

### 4.4.2 时序模型中的推理

建立包含马尔可夫假设的时序模型后，主要是求解下列推理任务。

滤波：给定到目前为止的所有证据，计算当前状态的后验概率分布，即求 $p(X_t|e_{1:t})$。

预测：给定到目前为止的所有证据，计算未来状态的后验概率分布，即求 $p(X_{t+k}|e_{1:t})$，其中 $k>0$。

平滑：给定到目前为止的所有证据，计算过去状态的后验概率分布，即求 $p(X_k|e_{1:t})$，其中 $1 \leqslant k<t$。

最可能解释：给定观察序列，找到最可能生成这些观察结果的状态序列，即求 $\text{argmax}_{x_{1:t}} p(x_{1:t}|e_{1:t})$。

学习：学习转移模型和传感器模型。

### 4.4.3　隐马尔可夫模型

隐马尔可夫模型（hidden Markov model，HMM）是用单个离散随机变量描述过程状态的时序概率模型。该变量的可能取值就是可能的状态。因此，图4-7展示的雨伞例子是一个隐马尔可夫模型，因为它只有一个状态变量 $\text{Rain}_t$。如果模型有两个或多个状态变量，可以将多个变量组合为单个"大变量"，使其仍然符合马尔可夫模型。隐马尔可夫模型这种受限制的结构能够得到所有基本算法一种简单而明快的矩阵实现。

使用单个的离散状态变量 $X_t$，能够给出表示转移模型、传感器模型及前向与后向消息的具体形式。设状态变量 $X_t$ 的值用整数 $1, \cdots, S$ 表示，其中，$S$ 表示可能状态的数目。转移模型 $p(X_t|X_{t-1})$ 成为一个 $S \times S$ 的矩阵 $\boldsymbol{T}$，其中

$$\boldsymbol{T}_{ij} = p\left(X_t = j \mid X_{t-1} = i\right)$$

即 $\boldsymbol{T}_{ij}$ 是从状态 $i$ 转移到状态 $j$ 的概率。同样地，可以将传感器模型用矩阵形式表示。在这种情况下，证据变量 $E_t$ 的取值在时刻 $t$ 是已知的，记为 $e_t$，只需为每个状态指定当前状态使 $e_t$ 出现的概率是多少。将这些值放入一个 $S \times S$ 的矩阵 $\boldsymbol{O}_t$ 中，它的第 $i$ 个对角元素是 $p(e_t|X_t=i)$，其他元素是0。

如果用列向量表示前向消息和后向消息，整个计算过程将变成简单的矩阵–向量运算。这样，前向公式为 $f_{1:t+1}=\alpha \boldsymbol{O}_{t+1} \boldsymbol{T}^{\mathrm{T}} f_{1:t}$，后向公式为 $b_{k+1:t}=\boldsymbol{T}\boldsymbol{O}_{k+1}b_{k+2:t}$。这些公式可以应用于长度为 $t$ 的序列。前向–后向算法的时间复杂度是 $O(S^2t)$，因为每一步都要将一个 $S$ 元向量与一个 $S \times S$ 矩阵相乘。算法的空间需求是 $O(St)$，因为前向过程保存了 $t$ 个 $S$ 元向量。

### 4.4.4　动态贝叶斯网络

动态贝叶斯网络（dynamic Bayesian network，DBN）是一种表示时序概率模型的贝叶斯网络。图4-7中的雨伞网络就是一个动态贝叶斯网络。动态贝叶斯网络

中的每个时间片可以具有任意数量的状态变量 $X_t$ 与证据变量 $E_t$。为了简化，假设变量与有向边从一个时间片到另一个时间片是精确复制的，并假设动态贝叶斯网络表示的是一阶马尔可夫过程，因此每个变量的父节点或者在该变量本身所在的那个时间片中，或者在与之相邻的上一个时间片中。

每个隐马尔可夫模型都可以表示为只有一个状态变量和一个证据变量的动态贝叶斯网络。另外，每个离散变量的动态贝叶斯网络都可以表示成一个隐马尔可夫模型。可以把动态贝叶斯网络中的所有状态变量合并成一个单一的状态变量，其取值为由各个状态变量的取值组成的所有可能元组。每个隐马尔可夫模型都是一个动态贝叶斯网络，而每个动态贝叶斯网络又都可以转换成一个隐马尔可夫模型，但是两者存在区别：通过将复杂系统的状态分解成一些组成变量，动态贝叶斯网络能够充分利用时序概率模型的稀疏性。

例如，假设一个动态贝叶斯网络有20个布尔状态变量，每一个变量都在前一个时间片中有3个父节点，那么动态贝叶斯网络的转移模型中有 $20 \times 2^3=160$ 个概率，而对应的隐马尔可夫模型有 $2^{20}$ 种状态，因此在转移矩阵中有 $2^{40}$ 个概率。这种糟糕的情况至少有三个原因：首先，隐马尔可夫模型本身需要更大的空间；其次，庞大的转移矩阵使得隐马尔可夫模型不适合大规模的问题；最后，要学习数目如此巨大的参数非常困难，这使得纯隐马尔可夫模型不适合大规模的问题。动态贝叶斯网络与隐马尔可夫模型之间的关系有点像普通贝叶斯网络与表格形式的完全联合概率分布之间的关系。

## 4.5 基于知识图谱的知识推理

知识图谱推理是使用已知知识来推断新知识的过程。早期的推理研究是在逻辑和知识工程领域的学者中进行的。逻辑学者呼吁使用形式化方法来描述客观世界，并认为所有推理都基于现有的逻辑知识。他们总是关注如何从已知的命题和假设中得出正确的结论（基于规则的推理方法）。随着数据规模的增长，基于人工构建知识库的传统方法无法适应大数据时代挖掘大量知识的需求。因此，数据驱动的机器推理方法逐渐成为知识推理研究的主流。

2012年，谷歌公司推出知识图谱（knowledge graph，KG）项目，改善了查询结果相关性和用户的搜索体验。世界领先的知识图谱包括WordNet、FreeBase、YAGO、DBpedia、Wikidata和NELL等。

基于知识图谱的知识推理定义如下：对于给定的知识图谱 KG=<*E*,*R*,*T*> 和关系路径P，其中，E表示实体集，R表示关系集，R中的边连着两个节点形成一个三元组（h,r,t），T表示这样的三元组集。知识推理就是发现原KG中没有的新三元组T'。

知识推理的目标是使用机器学习方法来推断实体对之间的潜在关系，并基于现有数据自动识别错误知识。例如，如果知识库包含类似（Microsoft, IsBasedIn, Seattle）、（Seattle, StateLocatedIn, Washington）和（Washington, CountryLocatedIn, USA）的事实，那么将获得缺失的链接（Microsoft, HeadquarterLocatedIn, USA）。知识表达的对象不仅是实体之间的属性和关系，还包括实体的属性值和本体的概念层次。例如，如果实体的身份证号码属性是已知的，则可以通过推理获得该实体的性别、年龄和其他属性。

知识图谱基本上是一个语义网络和一个结构化的语义知识库，可以正式解释现实世界中的概念及其关系。在知识图谱上的推理不仅限于基于逻辑和规则的传统推理方法，而可以是多种多样的。同时，知识图谱由实例组成，使得推理方法更加具体。知识库的丰富内容为知识推理技术的发展提供了新的机遇和挑战。随着知识表示学习、神经网络等技术的普及，一系列新的推理方法应运而生。

**1. 基于逻辑规则的知识推理**

早期推理方法包括谓词逻辑推理、本体推理和随机游走推理，可以应用于知识图谱上的推理。具体分为4类：基于一阶谓词逻辑规则的知识推理、基于规则的知识推理、基于本体的知识推理和基于随机游走算法的知识推理。

**2. 基于分布式表示的知识推理**

近年来，基于嵌入的方法在自然语言处理中得到广泛关注。如图4-8所示，这些模型将语义网络中的实体、关系和属性投影到连续向量空间中，以获得分布式表示。研究人员提出了大量基于分布式表示的推理方法，主要包括基于张量因子分解的知识推理、基于距离模型的知识推理、基于语义匹配模型的知识推理和基于多源信息的知识推理。

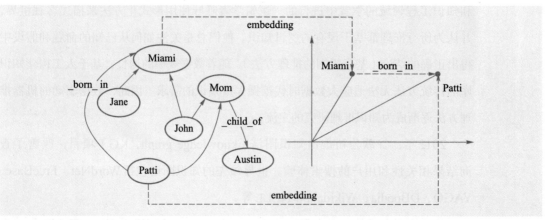

图4-8　基于知识图谱的低维实体嵌入操作

### 3. 基于神经网络的知识推理

神经网络模仿人脑进行感知和认知，已广泛应用于自然语言处理领域，并取得了显著的效果。神经网络具有很强的捕获特征的能力。它可以通过非线性变换将输入数据的特征分布从原始空间转换到另一个特征空间，并自动学习特征表示。因此，它适用于诸如知识推理之类的抽象任务。按照使用的神经网络类别的不同，相应的推理方法可分为基于卷积神经网络的知识推理、基于递归神经网络的知识推理和基于强化学习的知识推理。

### 4. 知识图谱推理的应用

知识图谱推理方法从现有的三元组中推断未知关系，这不仅为大规模异构知识图谱中的资源发现提供了高效的手段，而且还完成了知识图。一致性推理等技术确保了知识图谱的一致性和完整性。推理技术可以通过建模领域知识边缘和规则来进行领域知识推理，从而支持自动决策、数据挖掘和链接预测。由于强大的智能推理能力，知识图谱可以广泛应用于许多下游任务。

## 4.6 小结

推理技术在人工智能中起着重要作用。人的智能是通过对知识的内部表示进行推理而获得的，而知识的符号化使得人们可以借助数学逻辑进行不同的推理。例如，从简单一阶逻辑推理的命题推理、前向和后向链接算法到概率推理的联合分布和条件分布推理、贝叶斯网络推理、马尔可夫链推理，从静态推理到时序动态推理，从精确推理到近似推理等。推理技术的发展为人类获取知识进而做出决策提供了不同的可靠方法，在机器模拟人类实现智能化的过程中起着非常重要的作用。

### 练习题

1. 假设有如下公理：
   （1）$0 \leqslant 3$
   （2）$7 \leqslant 9$

（3）$\forall x\, x \leqslant x$

（4）$\forall x\, x \leqslant x+0$

（5）$\forall x\, x+0 \leqslant x$

（6）$\forall x,\, y\, x+y \leqslant y+x$

（7）$\forall w,\, x,\, y,\, z\, w \leqslant y \wedge x \leqslant z \Rightarrow w+x \leqslant y+z$

（8）$\forall x,\, y,\, z\, x \leqslant y \wedge y \leqslant z \Rightarrow x \leqslant z$

只使用上述给出的公理，分别使用反向链接和前向链接证明语句 $7 \leqslant 3+9$。

2. 假设一个贝叶斯网络有一个未观察到的变量 $Y$，其马尔可夫覆盖 MB（$Y$）中的所有变量都被观察到。

（1）证明从网络中删除 $Y$ 不会影响网络中任何其他未观察变量的后验概率。

（2）如果打算使用拒绝采样和似然加权，讨论是否可以删除 $Y$。

3. 任何二阶马尔可夫过程都可以改写成具有扩大的状态变量集合的一阶马尔可夫过程。试问，这总能够非常轻易地实现吗？具体如何实现？

5

"博弈"在汉语中有"局戏和围棋"的意思，其中局戏也是古代的一种棋类游戏。因此，博弈也泛指所有类似棋类的游戏，进而指代参与者的策略之间相互碰撞而产生的局面。在自然科学中，博弈论（game theory）通过数学模型对博弈中的动态变化进行研究。日常生活中的"剪刀石头布"、商品拍卖、广告定价问题等都是博弈论研究的范畴。

多智能体系统（multi-agent system）可以看作博弈论在人工智能中的具体代表，每一个智能体可以看作博弈问题的参与者。研究博弈的初衷，是希望"跳出"博弈，作为局外人分析其中的内部结构和动态变化规律。尽管目前较为火热的研究方向之一是如何利用多智能体协作完成复杂的任务，但如何通过对系统的设计和改造以达到对智能体之间的交互行为进行影响和预测的目的，才是该方向的终极目标。

博弈论与多智能体系统是计算机科学中非常热门和具有挑战性的研究方向之一。由于篇幅有限，本章仅对其中的部分内容进行介绍。

## 5.1 正规形式博弈

本节介绍正规形式博弈（normal form game）。首先介绍一些简单的博弈例子，然后总结出一些博弈论问题中的共同点作为博弈的基本假设，进而引出博弈的严格数学表达形式。

说到博弈论，最先想到的可能就是"剪刀石头布"了。最常见的情况是，两位小朋友，每个人可以用手表示出"石头"、"剪刀"和"布"三种动作，每个动作之间是相互克制的关系：剪刀"剪"布，布"包"石头，石头"砸"剪刀。两位小朋友都希望自己的动作能够克制对方，如果两者动作相同则重复进行。

第二个例子是"匹配惩罚"（matching pennies）博弈。也是两位小朋友A和B，两人都可以使用"手心"和"手背"两个动作：如果两人使用相同的动作（"手心手心"或者"手背手背"），则A获胜；如果动作不同（"手心手背"或"手背手心"），则B获胜。

前面两个例子都是只有两个参与者，下面介绍一个由多人参与的博弈问题——二价拍卖（second price auction）。有 $n$ 位竞拍者同时竞拍一件商品，每位竞拍者对该商品都有一个估价，即如果用低于估价的价格买到商品则有利可图，否则就会赔钱。假设所有的竞拍者都是足够理性的，拍卖师应怎样通过设计合理的报价方法让他们报出自己的心理估价呢？规则如下：每个竞拍者可以把自己的报价塞到信封（信封封面要有竞拍者的名字）中交给拍卖师，拍卖师将所有信封收集起来后，将物品分配给报价最高的竞拍者，同时向他收取除他以外的最高报价，也就是所有竞拍者中第二高的报价。可以证明，这样的规则会让所有的竞拍者报出自己的真实心理价位。

通过这些简单的例子可以发现，博弈论在生活中随处可见。同时可以看出，这些博弈中有一些共同点：博弈需要一些人参与；每个人有一些可以选择的动作（或称策略）；每个人都有自己的"小算盘"，来衡量参与博弈带来的得失；最重要的，每个人都想赢，也就是人们常说的"理性"。本节研究的是一类最为基础的博弈——完全信息的非合作博弈。首先介绍这类博弈中必要的定义与假设。

假设5-1 博弈中的基本定义与假设。

（1）博弈规则：博弈中的参与者都有一些规则定义好的动作，这些动作也称为"策略"。当博弈中所有参与者的策略给定后，每个参与者便会知道自己是否赢了，赢了多少，一般用一个数值来衡量这样的得失，称为"收益"。这些信息对于所有参与者都是公开的，所以称为完全信息（full information）。

（2）理性：在非合作博弈（non-cooperative game）中，参与者禁止提前进行沟通合作。假设每个参与者都希望通过合理的途径（仅使用规则定义的策略）拿到对于自身而言尽可能高的收益。

（3）参与：为了使博弈正常进行，规则制定者应保证参与者不会因为参与博弈而得到负收益。这是比较容易忽视的，但对于理性的参与者而言这是必需的。

有了上面的定义和假设，便可以利用数学语言来严格定义正规形式博弈。这样的定义对严格分析博弈能起到重要的作用。

定义5-1 正规形式博弈。

一个正规形式博弈 $G$ 定义为 $G = \left\langle n, (S_p)_{p \in [n]}, (u_p)_{p \in [n]} \right\rangle$，其中：

（1）变量 $n$ 表示博弈中参与者的人数，集合 $[n] = \{1, 2, \cdots, n\}$ 包含所有博弈参与者。

（2）集合 $S_p$ 包含参与者 $p$ 的所有策略，也记全体参与者的策略集合为 $S = \times_{p \in [n]} S_p$。

（3）收益函数 $u_p : \times_{p \in [n]} S_p \to \mathbb{R}$ 表示所有参与者的动作确定后参与者 $p$ 的收益。

根据定义再反观介绍过的例子。

例5-1　剪刀石头布。

（1）$n=2$表示两个小朋友的博弈。

（2）$S_p=\{$剪刀、石头、布$\}$，$p=1,2$。

（3）收益函数写成矩阵形式（见表5-1），其中每个格子中有两个数字，第1（2）个数字表示参与者1（2）的收益。

表5-1　"剪刀石头布"收益函数的矩阵表示

| 1\2 | 石头 | 剪刀 | 布 |
|---|---|---|---|
| 石头 | （0，0） | （1，-1） | （-1，1） |
| 剪刀 | （-1，1） | （0，0） | （1，-1） |
| 布 | （1，-1） | （-1，1） | （0，0） |

例5-2　匹配惩罚。

（1）$n=2$表示两个小朋友的博弈。

（2）$S_p=\{$手心、手背$\}$，$p=1,2$。

（3）收益函数写成矩阵形式（见表5-2），表示同例5-1。

表5-2　"匹配惩罚"博弈收益函数的矩阵表示

| 1\2 | 手心 | 手背 |
|---|---|---|
| 手心 | （1，-1） | （-1，1） |
| 手背 | （-1，1） | （1，-1） |

例5-3　二价拍卖。

（1）$n \geqslant 2$表示竞拍者的人数不少于两人。

（2）$S_p=\{x \in \mathbb{R} | x \geqslant 0\}$，$p \in [n]$。

（3）收益函数$u_p(s_1,\cdots,s_n)=v_p-\max\{s_1,\cdots,s_{p-1},s_{p+1},\cdots,s_n\}$，如果竞拍者$p$拍得商品，则$p=\text{argmax}_{i \in [n]}s_i$，否则为0。其中，$v_p$是竞拍者$p$的心理估价（这是私有信息，假设其他竞拍者不知道），$s_i$表示竞拍者$i$的报价。

## 5.2　纳什均衡

在定义了正规形式博弈后，以计算思维研究这一问题，需要回答什么是博弈问题的解，以及如何求解本节介绍博弈问题中最为人熟知的一个解概念（solution concept）——纳什均衡（Nash equilibrium）。博弈中的均衡当然存在其他不同的定义，之所以选取纳什均衡来介绍，是因为纳什均衡是最为世人熟悉的概念，同时纳什均衡所研究的非合作博弈也是博弈论中研究最为深入的方向。

在介绍纳什均衡之前，需要利用随机性对原有的（确定性）策略这一概念进行拓展，使得可以从其策略集合中以一定的分布随机选择策略。为了区分两者，分别称其为纯策略（pure strategy）与混合策略（mixed strategy）。

注5-1　引入随机性最重要的原因是，仅仅考虑确定性策略无法保证纳什均衡在博弈中的存在性。例如，读者可以思考，"剪刀石头布"这一简单的二人博弈便不存在纯策略纳什均衡。

定义5-2　混合策略。

在博弈 $G = \left\langle n, (S_p)_{p \in [n]}, (u_p)_{p \in [n]} \right\rangle$ 中，称在 $S_p$ 上的任意概率分布为混合策略。从而，参与者 $p$ 的所有混合策略的集合记为 $\Delta^{S_p} = \{ x_p \in \mathbb{R}^{S_p} \mid x_{p,s_p} \geq 0, \forall s_p \in S_p, \sum_{s_p \in S_p} x_{p,s_p} = 1 \}$，也记全体参与者建立的混合策略向量集合为 $\Delta := \times_{p \in [n]} \Delta^{S_p}$。

由于策略集合的拓展，收益的计算也需要拓展，称其为期望收益（expected payoff）。

定义5-3　期望收益。

期望收益就是参与者在混合策略分布下的收益的期望值。严格地，给定所有参与者的混合策略 $x = (x_1, x_2, \cdots, x_n) \in \Delta$，记期望收益为

$$u_p(x) := \mathbb{E}_{s \sim x} [ u_p(s) ] = \sum_{s \in S} \left[ u_p(s) \prod_{q \in [n]} x_{q,s_q} \right]$$

基本地说，纳什均衡是全体参与者采用的某种混合策略的集合。在纳什均衡的前提下，任何参与者都无法通过仅仅改变自身策略来提高个体收益。这里有两点需要注意：一是"仅改变自身"，即存在多方协调使得局面更优的情况；二是"无法提高收益"，即存在改变自身策略后收益没有变化的情况。具体的定义如下。

定义5-4　纳什均衡1。

给定博弈 $G = \left\langle n, (S_p)_{p \in [n]}, (u_p)_{p \in [n]} \right\rangle$，称混合策略 $x \in \Delta$ 为纳什均衡，当且仅当其对于任意参与者 $p \in [n]$ 及其混合策略 $x_p' \in \Delta^{S_p}$，不等式 $u_p(x) \geq u_p(x_p'; x_{-p})$ 成立，其中 $x_{-p} = (x_1, \cdots, x_{p-1}, x_{p+1}, \cdots, x_n)$，即在 $x$ 中除去 $x_p$ 项。

此外，还可以给出纳什均衡的另一种等价定义。

定义5-5　纳什均衡2。

给定博弈 $G = \left\langle n, (S_p)_{p \in [n]}, (u_p)_{p \in [n]} \right\rangle$，称混合策略 $x \in \Delta$ 为纳什均衡，当且

仅当其对于任意参与者 $p \in [n]$ 及其纯策略 $t$, $t' \in S_p$, 满足 $u_p(t,x_{-p}) > u_p(t',x_{-p}) \Rightarrow x_{p,t}=0$。即参与者只会在混合策略中使用带来最高收益的纯策略, 不会使用其他纯策略。

注5-2 请读者自行证明两种纳什均衡定义的等价性。大概思路是, 通过反证法构造出能得到更多收益的混合策略, 与纳什均衡造成矛盾。想一想, 之前提到的例子中的纳什均衡是什么。

约翰·纳什 (John Forbes Nash Jr.) 证明了纳什均衡始终存在, 这一结论称为纳什定理。可以通过纳什均衡这一概念对未知的博弈问题进行决策的推断与预测。

定理5-1 纳什定理。

任意有限博弈都存在纳什均衡。其中, 有限是指参与者的人数是有限多人, 每位参与者的纯策略个数为有限多个。

既然知道纳什均衡的存在性得以保证, 那么如何求解纳什均衡呢? 纳什定理的证明利用了不动点定理, 感兴趣的读者可以参看相关参考文献。基本思路是将有限博弈问题构造成一个不动点问题, 然后证明这一不动点问题中任意的不动点都能对应到原博弈问题的纳什均衡, 从而利用由不动点定理保证的不动点的存在性给出纳什均衡的存在性。但是由于不动点定理的证明是非构造的, 因此无法通过纳什定理的证明给出求解纳什均衡的算法。来自经济学、运筹学和计算机科学等不同学科的研究人员都试图发现求解纳什均衡的有效算法, 但是迄今为止依然收获甚微, 这也给纳什均衡问题带来了一些神秘色彩。接下来将简单介绍最简单的一类博弈问题——双人博弈, 也称双矩阵博弈 (bi-matrix game)。通过对简单的情况进行分析, 发现问题的内部结构, 进而向更为复杂的方向靠拢来寻找规律, 这是科学研究最为基本的方法之一。

定义5-6 双矩阵博弈。

当参与者的人数为2时, 可以用两个矩阵来表示博弈 $G=(A,B)$, 其中 $A,B \in [0,1]^{m \times n}$ (考虑为何可以将收益限制在一个区间), 并且 $m,n$ 分别为两个参与者的纯策略个数, 即 $|S_1|=m$, $|S_2|=n$。当两者分别采取纯策略 $i \in [m]$, $j \in [n]$ 时, 矩阵中的元素 $A_{i,j}$, $B_{i,j}$ 分别表示两位参与者获得的收益。

也可以简化其中的混合策略表示, 记为 $x \in \Delta^{[m]}$, $y \in \Delta^{[n]}$, 此时的期望收益分别为 $x^{\mathrm{T}}Ay$, $x^{\mathrm{T}}By$ (请自行验证)。

而在双矩阵博弈中, 还可以继续限制 $A+B=0$, 称为二人零和博弈。约翰·冯·诺依曼 (John von Neumann) 在1928年证明了二人零和博弈问题中的极大极小策略是稳定的, 从而其纳什均衡可以利用线性规划 (linear programming) 进行求解, 因此该问题具有高效算法。值得一提的是, 约翰·纳什便是通过拓展这一概念进而提出纳什均衡的。由此可以看出，科学的探索都是站在前人的肩膀上"登高望远"的。

对双矩阵博弈的其他特殊子类进行划分，可以得到其他能够快速找到纳什均衡的博弈问题。可以认为，当二人零和博弈时，有rank($A$+$B$)=0。Adsul等人通过将问题转化为一维不动点求解问题，对于rank($A$+$B$)=1给出了多项式算法。对于秩更高的情况，科学界普遍认为是困难的。如果考虑近似方法，一个最为精妙的想法来自Lipton等人给出的用常数近似一般二人博弈纳什均衡的准多项式算法。如果不考虑效率问题，著名的Lemke-Howson算法给出了准确求解一般二人博弈纳什均衡的算法，其想法类似于线性规划求解中的单纯形法，这里就不展开介绍了。

对于一般的双博弈问题，人们虽然发现了一些想法新颖的算法，但是在最坏情况下，这些算法都需要指数级时间。于是科学家将重点放在证明纳什均衡求解本身很难这一方向上。研究纳什均衡求解的复杂性具有多重意义：首先，算法设计方向的长期停滞不前需要复杂性的结果予以支持和补充；再者，事实证明，纳什均衡复杂性框架和思路的发展也为其他例如市场均衡、合作均衡乃至一些组合学问题的求解带来了新的思路；最后，是哲学层面的思考，存在性满足是否意味着可构造性？这方面的探索还在继续。

1994年，计算科学家Papadimitriou定义了复杂类PPAD（polynomial parity arguments on directed graphs，有向图中的多项式奇偶性论证），并证明一系列与纳什均衡相关的问题都属于PPAD。与传统的复杂类一样，需要先定义一个完全问题，即在PPAD复杂类中最难的一个问题，这个问题被称作End-of-A-Line（EoAL）。

定义5-7　End-of-A-Line。

对于$n>0$，给定大小为poly($n$)的布尔电路$S,P:\{0,1\}^n \to \{0,1\}^n$，满足$P(0^n)=0^n \neq S(0^n)$，目标是找到与$0^n$不同的点$x \in \{0,1\}^n$，满足$S(P(x)) \neq x$或者$P(S(x)) \neq x$。

这个定义乍看上去有些难以理解，直接来说就是：在一个指数多个点（每个点用长度为$n$的0-1串进行索引）的有向图中，每个点的出度和入度都至多为1，现在已知存在一个出度为1、入度为0的点（$0^n$），问题要求输出另一个出度与入度不等的点$x$。根据奇偶性证明，不难知道该问题的解一定存在。但是如何在一个指数多个点的有向图中找到这个解就不是一件容易的事了。复杂类PPAD是所有可以以多项式时间规约到问题EoAL的问题集合，PPAD复杂类中最难的问题称为PPAD完全问题（类比NP）。

科学界普遍认同求解PPAD完全问题是极其困难的，即PPAD完全问题不存在多项式时间复杂度的算法。但是纳什均衡求解问题是否是PPAD完全问题，自PPAD

提出以来便成为世界公开问题。直到2006年，Daskalakis等人证明四人博弈纳什均衡求解是PPAD完全问题，从而提供了一个全新的证明思路。同年，Chen与Deng对已有结果进行了加强和补充，最终证明了双博弈纳什均衡求解是PPAD完全问题。随后，他们两人与Teng一起将结果加强到更为宽松的限制条件。自此之后，一系列工作对这一方向进行完善与补充，成为计算机科学在博弈论方向上的重要应用。值得一提的是，目前最好的结果来自Rubinstein的证明，即在一些合理的前提假设下，常数近似纳什均衡在最坏情况下确实需要准多项式时间，这与已知的最好结果相一致，从而完美解决了这一难题。

## 5.3　智能体与多智能体系统

　　智能体（intelligent agent），顾名思义，就是具有智能的实体。但是如何对智能体给出一个精确、权威的定义似乎不是一件容易的事，这涉及如何定义智能。本书给出一个直觉上简单可行的判别方法：凡是能够对外界的变化做出反应的实体，便认为其具有智能。一般情况下，智能体会通过一些传感器对外部环境进行观察，并做出相应的判断和行动，以达到特定的目标。根据这个判断方法，常见的电梯就是一个智能体，其背后的控制系统在乘客按下按钮之后进行相应的动作，利用特定的调度算法来判断接上乘客的顺序。智能体的目标根据自身的情况有所不同。例如，声音传感器和光学传感器是分别接收不同种类信号的智能体，收集的信息会做进一步的利用和处理。可想而知，智能体的研究在计算机科学、认知科学、经济学、机械工程等多个方向都是热门领域。

　　很多读者会混淆本节提及的智能体与强化学习中智能体的关系。强化学习的一个重要假设是外界环境的变化满足一定的规律（马尔可夫决策过程），这一假设对智能体的目标函数起到了量化数学模型的作用；而一般所说的智能体不具备这样的假设。因此，强化学习是智能体研究领域的一类特例。

　　多智能体系统（multi-agent system）通常是指一个计算程序系统，其中包含多个可以交互的智能体。常见的多智能体系统的研究对象是软件智能体。但是广义上讲，多智能体系统也可以是人类，甚至是人机共存的系统。多智能体的研究初衷是复杂繁多的任务基本无法通过单一智能体成功完成。如何通过多个或者多种智能体协同合作完成更为复杂、困难的任务，是该领域始终探索的终极目标。从启发式算法中的蚁群算法到星际争霸人工智能在与人类的比赛中获胜，多智能体系统的研究日渐升级且复杂。在蚁群算法中，每个智能体的任务单一，就像蚂蚁一样外出觅食或勘察环境，遇到更优的可行解会向同伴发出信号，进而合力完成优化求解的任务。但是像星际争霸这种需要多人配合的游戏，每个智能体担任着不同的角色，使命不尽相同，如何通过通信协作来共同达到最终的目标，这其中的难度可想而知，更别提双方之间还存在着紧张的博弈了。

多智能体系统具有以下重要的特征：

自主性：智能体具有一定的自我意识。一个毫无自我控制能力的实体无法对外界的变化做出反应，不应该视为智能体。

局部观察：单个智能体不应该具有整体全局所有的信息；或者外界环境的信息无法通过单个智能体获取。

去中心化：整个系统一定是多线程的，同时单个智能体至少控制其中一个线程；当然也不存在一个"超级智能体"能够指挥整个系统。

根据分类，多智能体系统的研究方向大致包括智能体计划与学习、多智能体间通信、不同组群间的协议与资源分配、智能体间的合作及逻辑理论。这其中的每一部分都是达成智能体间协同合作这一最终目标不可或缺的一环。本书无意追求完整、细致地介绍各个方面，在下一节中将仅讨论几个更接近于博弈论的例子，以帮助读者了解多智能体系统的设计。

## 5.4 实例讨论

上一节介绍了多智能体系统的基本概念，本节将通过一些博弈论实例对多智能体系统的设计进行更为深入的介绍。

### 5.4.1 稳定匹配

第一个例子是从智能体个体出发，希望能够达到自身的收益最优。考虑这样一个问题：有 $n$ 名男士和 $n$ 名女士参加舞会，每个人对于全体异性舞伴都有自己的偏好排序（不妨假设排序不存在相等关系，即任意两名异性都存在偏好差异）。一个匹配（matching）表示男士与女士的一一对应。称一个匹配是不稳定的（unstable），如果存在没有在匹配上对应的一名女士和一名男士，两者相比于各自的舞伴来说更喜欢彼此。稳定匹配（stable matching）希望能够给出一个匹配，这个匹配同时是稳定的，即不存在不稳定的情况。这一问题看上去十分棘手，何况稳定匹配的存在性尚且不得而知。

已有文献给出了一种聪明的方法能够找到一个稳定匹配，也就是给出了一个构造性证明。下面先给出算法的具体描述，然后给出结论。

（1）所有男士和女士都有自己对于异性的偏好排序。

（2）每名男士同时向尚未拒绝自己的异性中最喜欢的女士发出邀请。

（3）每名女士"暂时接受"收到的邀请中最为喜欢的男士，拒绝其他所有人。

（4）重复步骤（2）和（3），直到拒绝邀请的情况不再发生，输出最后的匹配结果。

需要注意的是步骤（3）的"暂时接受"，这是因为可能在后续会有更为喜欢的男士发出邀请，如果直接接受就不稳定了。由于每一轮都是由男士主动发出邀请，所以这一算法也被称为男士表白算法（men-proposing algorithm）。同理，也可以给出女士表白算法。

定理5-2　稳定匹配的男士表白算法。

男士表白算法一定能给出一个稳定匹配，并且在这一匹配中，所有男士都匹配到了自己的最优舞伴，即他们都会与所有稳定匹配中自己最喜欢的女士成为舞伴。

根据稳定匹配的定义不难证明前者，后者的证明需要通过反证法进行构造得出矛盾。具体的证明步骤可参考练习题 6，请读者自行完成。根据对称性，可以证明男士表白算法对于女士而言是最差的。

本小节就非合作博弈下理性智能体的算法设计给出了示例。后面几小节将对多智能体间的博弈优化概念进行不同的介绍，分别是公平性、整体社会福利最大化及卖家盈利最大化等。

### 5.4.2　公平分配

公平是非合作博弈中的一个重要概念。当多智能体系统具有一定的资源时，如何合理分配资源变成了一个重要指标。本小节考虑不可分物品的分配问题：有 $n$ 名参与者和 $m$ 个不可分物品，即每个物品只能分配给一名参与者。参与者 $i$ 对于物品 $j$ 的估值用 $v_{i,j}$ 表示。如果物品分配的结果为 $(A_1, \cdots, A_n)$，即 $U_{i \in [n]} A_i \subseteq [m]$ 且任意 $A_i \cap A_j = \varnothing$，公平在本问题中的体现是每名参与者分配得到的物品价值最高，即 $\sum_{k \in A_i} v_{i,k} \geq \sum_{l \in A_j} v_{i,l}$，$\forall i \neq j$。由于物品都是不可分的，严格的公平可能不存在（考虑只有一个不可分物品的情况），所以科学家提出了一个相对近似的概念——差一物品无羡慕（envy-freeness up to one item，EF1）。直觉上来说，在参与者眼中，自己分配得到的物品价值可能不是最高的，但是如果去掉别人分配得到的一个物品，那么自己的物品价值便是最高的。这是一种退而求其次的观念。

定义5-8 EF1。

一组分配 $(A_1, \cdots, A_n)$ 为EF1，如果对于任意参与者 $i$，有

$$\sum_{k \in A_i} v_{i,k} \geqslant \sum_{l \in A_j \setminus \{g\}} v_{i,l}, \exists g \in A_j, \forall j \neq i$$

这里给出一种简单、有效的求解EF1问题的算法——循环法（round robin）。

（1）将所有参与者以任意顺序排成一队，将所有物品放在桌子上。

（2）让队首参与者从桌上拿走他眼中价值最高的物品，然后回到队尾。

（3）重复步骤（2），直到桌上再无物品。

显然这一方法是多项式时间可解的，下面的定理给出了更强的结论。

定理5-3 求解EF1的循环法。

上述算法在任意阶段停止得到的分配均为EF1。

这个算法的证明比较简单，只需观察到任意两人分到的物品个数最多差1即可，完整的证明请读者自行补充。同时也可以考虑，理性的参与者会谎报自己对物品的真实估价吗？

### 5.4.3 社会福利最大化分配

5.4.2节介绍了公平资源分配，但现实生活中使用资源需要收取一定的费用。为了根据智能体的需要将一些资源以有偿形式分配给他们，需要多出一个特殊的参与者来收取费用，不妨称其为卖家（seller）。

对于多物品分配，假设共有 $m$ 个物品，$n$ 个买家，每个买家 $i \in [n]$ 对于任一物品集合都有一个估价，即 $v_i : 2^{[m]} \rightarrow \mathbb{R}$，其中 $2^{[m]}$ 包含这 $m$ 个物品中所有的子集。最终目标是将物品集合划分成 $A_1, A_2, \cdots, A_n$（划分要求是这些子集两两不相交，并集正好就是 $[m]$），使得整体社会福利（social welfare）最大化，即 $\max\limits_{(A_1, \cdots, A_n)} \sum\limits_{i \in [n]} v_i(A_i)$。

Vickrey–Clarke–Groves（以三位研究者维克瑞、克拉克、格罗夫斯命名，简称VCG）机制解决了这一问题，算法如下：

（1）参与者进行报价 $b_i(A), A \subseteq [m], i \in [n]$，即每位参与者对所有物品的子集的报价需要一一给出。

（2）计算最优分配：$(A_1^*, A_2^*, \cdots, A_n^*) = \underset{(A_1, \cdots, A_n)}{\mathrm{argmax}} \sum\limits_{i=1}^{n} b_i(A_i)$。

（3）计算最优价格：$p_i = \max\limits_{A_{-i}} \sum\limits_{j \neq i} b_j(A_j) - \sum\limits_{j \neq i} b_j(A_j^*)$，其中 $A_{-i}$ 表示排除掉参与者 $i$ 的物品分配方案。

直观上来说，就是根据参与者的报价对物品进行划分，使得社会福利最大。价格的定义是，排除特定参与者后的最大社会福利相比于他加入博弈后其他人的损失。当物品个数为1时，VCG机制就退化成了二价拍卖。

但是在这样的情形下，如果参与者是理性的，可能会根据自己的需要进行撒谎以骗取更多的资源。而该机制的重点在于收取的价格与参与者$i$本身毫无关系，据此可知任何人都不会谎报自己的估价。这一机制的精妙之处在于，机制假设所有人不会谎报估价，从而通过正确的计算得到使社会福利最大化的结果，而机制的设定又反过来限制了参与者谎报估价。但是VCG机制同样有缺点，最为明显的是输入规模是指数级别的，无法有效计算。当然还有其他问题，这里就不展开了，感兴趣的读者可以阅读相关参考文献。

### 5.4.4　卖家盈利最大化分配

下面换一个角度，当卖家出于自身利益最大化的考量，将资源分配给其余博弈的参与者，这便是一个新的问题——拍卖中的卖家盈利最大化分配。

考虑最简单的情况。假定卖家希望将一个物品以尽可能高的价格卖出去，有$n$名参与者想要买这个物品，每位参与者对物品的估价分别是$v_i$。如果卖家知道参与者的估价，这个问题就不必进行研究了。因此这里考虑贝叶斯的设定，即卖家知道参与者$i$对该物品的估价服从一个概率分布$v_i \sim D_i$。在日常生活中，当人们砍价时，商家一般会给出"底价"，该价格也称作保留价格，即低于这一价格商家不会出售该物品。巧合的是，基于一定的假设可以证明：最优拍卖就是具有保留价格的二价拍卖。由于定理本身已经超出了本书的讨论范畴，仅给出一个例子来说明这一结果。

例5-4　假定有两个买家，他们的估价都满足$v_i \sim U([0,1])$，即卖家仅知道两人的心理估价都是$[0,1]$上的均匀分布。这时二价拍卖的结果是$\mathbb{E}_{v_1,v_2}[\min(v_1,v_2)] = \frac{1}{3}$。但是如果将保留价格设为$\frac{1}{2}$，即如果二价拍卖的价格小于$\frac{1}{2}$，也收取这一价格。当然，如果拍卖获胜者的估价低于$\frac{1}{2}$则可以放弃购买。通过简单的计算可知，期望盈利为$\frac{5}{12}$，大于$\frac{1}{3}$。也就是说，此时能拿到的期望盈利更大。这里的保留价格不是随意选的，而是经过一定的计算得到的，即$\underset{x \in [0,1]}{\mathrm{argmax}}\, x(1-F(x)) = \frac{1}{2}$，其中$F(x)$是估价不高于$x$的概率。

## 5.5 小结

本章介绍了博弈论与多智能体系统的一些问题和性质，严格地定义了正规形式博弈，并借此给出了纳什均衡的定义和性质。对于多智能体系统，简单介绍了其基本概念和特征，并以几个简单的实例说明了多智能体系统中的数学模型和简单算法应用。通过这些实例，引出了个人理性（稳定匹配）、公平性、社会福利最大化、卖家盈利最大化等几种在机制设计中最为常见的解概念。感兴趣的读者可以进一步阅读参考文献中列出的文献和专业书籍。

### 练习题

1. 证明二价拍卖中，为了得到尽可能高的收益，竞拍者会报出自己的真实估价。

2. 证明二人博弈"剪刀石头布"不存在纯策略纳什均衡。找到该博弈的纳什均衡，并用类似方法证明其唯一性。

3. 证明定义 5-4 与定义 5-5 的等价性。

4. 验证双矩阵博弈 $G = (A, B)$ 中，给定二者的混合策略 $x \in \Delta^m$，$y \in \Delta^n$，二者的期望收益分别是 $x^T A y$ 和 $x^T B y$。

5. 证明定义 5-7 中的解一定存在。

6. 证明定理 5-2。提示：利用反证法，假设在男士表白算法中，小强是第一个被自己最优舞伴小美拒绝的男士，同时小美拒绝了小强接受了小帅。由于小美是小强的最优舞伴，那么一定存在另一个稳定匹配，在该匹配中小强与小美成了舞伴。这一匹配中小强发生了什么？

7. 证明定理 5-3。

8. 证明 VCG 机制的价格始终是非负的。

# 第6章 机器学习

## 6.1 基本概念

机器学习主要研究计算机怎样模拟或实现人类的学习行为，以获取新的知识或技能，重新组织已有的知识结构以不断改善自身的性能。机器学习目前还没有统一的定义，下面是一些常见的定义。

Wikipedia（维基百科）：机器学习是一门系统的学科，它关注设计和开发算法，使得机器的行为随着经验数据的累积而进化，经验数据通常是传感器数据或数据库记录。

Tom Mitchell（汤姆·米切尔，被称为"机器学习之父"）：一个计算机程序能够从经验$E$中学习（学习任务是$T$，学习的表现用$P$衡量），这个程序在任务$T$与表现$P$衡量下，可以通过经验$E$得到改进。

Jason Brownlee（贾森·布朗利，澳大利亚机器学习专家）：机器学习就是从数据中训练出一个模型，该模型有不低于某种评估指标的泛化能力。

王珏：令$W$是一个问题空间，$(x,y) \in W$，称为样本或对象，其中$x$是一个$n$维矢量，$y$是一个类别域的一个值。由于人们观察能力的限制，只能获得$W$的一个真子集，记为$Q \subset W$，称为样本集合（对象集合）。由此，根据$Q$建立一个模型$M$，并期望这个模型对$W$中的所有样本预测的正确率大于一个给定的常数$\theta$。常数$\theta$越小，对模型$M$的要求越高。一个模型对$W$的预测正确率也称为模型对$W$的泛化能力。另外，如果样本含有测量（观察）噪声，且获得模型的目标函数具有统计性质，模型可以理解为对问题空间$W$的一种统计描述。

① 一致性假设。假设样本集合$Q$与问题空间$W$之间存在某种一致的性质，如果使用统计模型，则一般假设$Q$与$W$满足同分布。这是机器学习的本质。

② 划分。根据实际问题，将样本集合划分为不相交的区域（等价类）。这是模型对样本集合适用能力的描述，是机器学习必须（力求）满足的必要条件。

③ 泛化能力。从样本集合建立的模型必须是对问题空间的描述，这样，依据样本集合获得对问题空间具有最大泛化能力的模型成为机器学习的主要任务。

## 6.2　无监督学习

无监督学习是机器学习领域常见的一类学习方法。无监督学习直接从数据本身出发，寻找数据的性质，然后总结数据或对数据进行分组，最终使用这些性质来进行数据驱动的决策。无监督学习的典型应用是聚类算法。在聚类问题中，待分析的数据类别是未知的，聚类分析是发现数据之间的相似关系从而将数据分成类或簇，使得一个簇中的数据之间具有高相似性，而不同簇的数据之间具有高差异性。聚类分析首先面临的问题是如何度量数据间的相似性。数据相似性的一种最直观的理解就是数据之间的"距离"。两个数据的距离越小，说明它们越相似；反之，两个数据的距离越远，则说明它们的差异性越大。差异性的度量和相似性的度量在聚类问题中是等价的，即两个数据间的差异性越大则相似性越小。常用的距离和相似性的度量方法有欧几里得距离、曼哈顿距离、切比雪夫距离及余弦距离等。目前，学术界对聚类算法并没有一个公认的分类方法，而且某种聚类算法往往具有其他几种聚类算法的特征。根据学者韩家炜的观点，聚类算法可分为如下几类：划分方法、层次方法、基于密度的方法、基于网格的方法、基于模型的方法等。

### 6.2.1　$k$-means算法和$k$中心点算法

最著名的聚类算法是$k$均值聚类（$k$-means）算法和$k$中心点算法。

1. $k$-means算法

$k$-means算法以簇数目$k$为输入参数，把$n$个对象划分为$k$个簇，使得簇内的相似度高，而簇间的相似度低。簇作为运算对象参与度量时，使用簇中对象的均值代表簇。

$k$-means算法的处理流程如下：首先，随机地选择$k$个对象，每个对象代表一个簇的初始均值，对于剩余的每个对象，根据其与每个簇均值的距离，将它分配到最相似的簇中；然后，计算每个簇的新均值。这个过程不断重复，直到簇稳定，不再变化。这里的不再变化，实质上是指准则函数的收敛。$k$-means算法所选择的准则函数是平方误差函数，其定义如下：

$$E = \sum_{i=1}^{k} \sum_{p \in C_i} |p - m_i|^2$$

其中，$E$是数据集中所有对象的平方误差和，$p$是空间中的点，表示给定对象，$m_i$是簇$C_i$的均值。从最小化$E$的意义可以看出，$k$-means算法迭代的过程试图使生成的$k$个结果簇尽可能地紧凑和独立。$k$-means算法如算法6-1所示。

算法6-1 *k*-means

| 输入：有 $n$ 个对象的数据集 $D$，簇数目为 $k$。 |
| --- |
| 输出：$k$ 个簇。 |
| （1）从 $D$ 中随机选择 $k$ 个对象作为初始簇中心。<br>（2）将每个对象分配到中心与其最近的簇。<br>（3）重新计算簇的均值，使用新的均值作为每个簇的中心。<br>（4）重复步骤（2）、（3），直到所有簇中的对象不再变化。 |

*k*-means算法其实是一种EM（expectation-maximization，最大期望）算法：

E步：每个对象分配到一个簇中。

M步：重新计算簇中心参数。

*k*-means算法试图确定最小化平方误差函数的 $k$ 个划分。*k*-means算法的计算复杂度是 $O(nkt)$，其中，$n$ 是数据对象的总数，$k$ 是簇的个数，$t$ 是迭代的次数。通常，$k \ll n$，$t \ll n$。

*k*-means算法简单高效，但也有其局限性：

（1）算法可能终止于局部最优解。

（2）算法只有当簇均值可求或者定义可求时才能使用，如果对象的某些属性是类别或者字符串，则求其均值没有意义。

（3）簇的数目 $k$ 必须事先给定，而在一些实际应用中，$k$ 是很难事先知道的。

（4）算法不适合发现非凸形状的簇，或者大小差别很大的簇。

（5）算法对噪声和离群点数据敏感。例如，一个距离簇内其他数据对象较远的对象会对该簇的均值产生很大的影响。

针对 *k*-means算法的局限性，学者们提出了一些变种算法，这些算法在初始簇中心的选择方法、相似度计算、簇均值计算上有所不同。例如，首先采用层次聚类算法确定簇的数目并找到一个初始聚类，然后再进行迭代，使这个结果逐步精确；在另一种改进中，采用簇中对象的众数代替均值作为簇中心，从而在一定程度上改善算法对噪声敏感的问题，这种改进算法同时采用新的相似度度量方法和基于频率的方法更新簇数。

*k*-means算法使用的平方误差准则使得它对离群点过于敏感，为了降低这种敏感性，$k$ 中心点算法从簇中选出一个数据对象来代表该簇，而不再采用均值代表簇；然后，类似地将每个对象分配到与其最近的簇中。实质上，这是评判准则的改变。

### 2. $k$ 中心点算法

$k$ 中心点算法采用的评判准则是绝对误差标准，其定义如下：

$$E = \sum_{j=1}^{k} \sum_{p \in C_j} |p - o_j|$$

其中，$E$ 是数据集中所有对象的绝对误差之和，$p$ 是空间中的点，代表簇 $C_j$ 中的一个给定对象，$o_j$ 是代表簇 $C_j$ 的对象。该算法也依靠重复迭代，最终使得所有点或者为簇中心或者属于离它最近的簇。

$k$ 中心点算法的过程如下：首先，随机选择初始中心点；然后在迭代过程中，只要能够提高聚类结果质量，就用非中心点替换中心点，其中，聚类结果的质量由代价函数评估，该函数度量对象与其簇的中心点之间的平均相异度。用 $o_{random}$ 表示正在被考察的非中心点，$o_j$ 表示中心点，$p$ 表示每一个非中心点对象，替换规则如下：

（1）$p$ 当前隶属于中心点 $o_j$。如果 $o_{random}$ 代替 $o_j$ 作为中心点，且 $p$ 离一个 $o_i$ 最近，$i \neq j$，那么 $p$ 被重新分配给 $o_i$。

（2）$p$ 当前隶属于中心点 $o_j$。如果 $o_{random}$ 代替 $o_j$ 作为中心点，且 $p$ 离 $o_{random}$ 最近，那么 $p$ 被重新分配给 $o_{random}$。

（3）$p$ 当前隶属于中心点 $o_i$，$i \neq j$。如果 $o_{random}$ 代替 $o_j$ 作为一个中心点，而 $p$ 依然离 $o_i$ 最近，那么对象的隶属关系不发生变化。

（4）$p$ 当前隶属于中心点 $o_i$，$i \neq j$。如果 $o_{random}$ 代替 $o_j$ 作为一个中心点，且 $p$ 离 $o_{random}$ 最近，那么 $p$ 被重新分配给 $o_{random}$。

每当重新分配发生时，平方误差 $E$ 所产生的差别对代价函数有影响。因此，一个当前的中心点对象被非中心点所代替，代价函数计算平方误差值所产生的差别。替代的总代价是所有非中心点对象所产生的代价之和。如果总代价为负，那么实际的平方误差将会减小，$o_j$ 可以被 $o_{random}$ 代替。如果总代价为正，则当前中心点 $o_j$ 被认为是可以接受的，在本次迭代中没有变化发生。

$k$ 中心点算法也有许多变种，其中最早提出的算法叫作PAM（partition around medoids）算法。它试图确定 $n$ 个对象的 $k$ 个划分。在随机选择 $k$ 个初始对象作为初始簇中心点后，该算法反复地尝试选择更好的对象来代表簇。分析所有可能的对象对，每对中的一个对象作为簇的中心点，计算所有这样的对对聚类质量的影响。对象 $o_j$ 被可以使误差值减少最多的对象所取代。每次迭代产生的每个簇中最好的对象集合作为下次迭代的簇的中心点，迭代稳定后得到的中心点集就是簇的中心点。可见，每次迭代的计算复杂度都是 $O(k(n-k)^2)$，当 $n$ 和 $k$ 较大时，计算代价非常高。

PAM算法见算法 6-2。

算法6-2 $k$中心点——PAM算法

| |
|---|
| 输入：有$n$个对象的数据集$D$，簇数目为$k$。 |
| 输出：$k$个簇。 |
| （1）从$D$中随机选择$k$个对象作为初始的簇的中心点。 |
| （2）将每个剩余对象分配到最近的中心点所对应的簇中。 |
| （3）随机选择一个非中心点对象$o_{random}$。 |
| （4）计算用$o_{random}$交换中心点$o_j$的总代价$S$。 |
| （5）如果$S$小于0，则用$o_{random}$替换$o_j$，形成新的$k$个中心点集。 |
| （6）重复步骤（2）～步骤（5），直到聚类稳定。 |

因为$k$中心点算法使用位于簇"中心"的实际点代表簇，所以它不易受到离群点之类的极端值的影响，这使得当数据对象中存在噪声和离群点时，$k$中心点算法较$k$-means算法具有更高的稳健性。$k$中心点算法同$k$-means算法一样，也需要事先由用户给出簇的数目$k$。

### 6.2.2 EM聚类

$k$-means方法是硬分（hard assignment）聚类方法的一种，每个点只属于一个簇。EM聚类是一种软分（soft assignment）聚类方法，每个点都有属于每个簇的概率。

#### 1. $d$维中的EM

现在来考虑$d$维中的EM方法，其中每一个簇由一个多元正态分布刻画：

$$f_i(x) = f(x \mid \mu_i, \boldsymbol{\Sigma_i}) = \frac{1}{(2\pi)^{\frac{d}{2}} |\boldsymbol{\Sigma_i}|^{\frac{1}{2}}} \exp\left\{ -\frac{(x-\mu_i)^{\mathrm{T}} \boldsymbol{\Sigma_i}^{-1} (x-\mu_i)}{2} \right\}$$

其中，簇均值$\mu_i \in \mathbb{R}^d$，协方差矩阵$\boldsymbol{\Sigma_i} \in \mathbb{R}^{d \times d}$，"$|\boldsymbol{\Sigma}|$"表示矩阵$\boldsymbol{\Sigma}$的行列式，$f_i(x)$是$x$属于簇$C_i$的概率密度。

假设$\boldsymbol{X}$的概率密度函数是在所有$k$个簇之上的高斯混合模型，有

$$f(x) = \sum_{i=1}^{k} f_i(x) P(C_i) = \sum_{i=1}^{k} f_i(x \mid \mu_i, \boldsymbol{\Sigma_i}) P(C_i)$$

其中，先验概率$P(C_i)$满足$\sum_{i=1}^{k} P(C_i) = 1$。

高斯混合模型是由均值$\mu_i$、协方差矩阵$\boldsymbol{\Sigma_i}$，以及$k$个正态分布对应的混合概率$P(C_i)$刻画的，因此模型参数可表示为

$$\theta = (\mu_1, \Sigma_1, P(C_1), \cdots, \mu_k, \Sigma_k, P(C_k))$$

对每一个簇 $C_i$，估计 $d$ 维的均值向量：$\mu_i = \{\mu_{i1}, \mu_{i2}, \cdots, \mu_{id}\}^T$，以及 $d \times d$ 的协方差矩阵：

$$\Sigma_i = \begin{bmatrix} (\sigma_1^i)^2 & \sigma_{12}^i & \cdots & \sigma_{1d}^i \\ \sigma_{21}^i & (\sigma_2^i)^2 & \cdots & \sigma_{2d}^i \\ \vdots & \vdots & \ddots & \vdots \\ \sigma_{d1}^i & \sigma_{d2}^i & \cdots & (\sigma_d^i)^2 \end{bmatrix}$$

由于协方差矩阵是对称阵，需要估计 $\binom{d}{2} = \dfrac{d(d-1)}{2}$ 对协方差和 $d$ 个方差，因此 $\Sigma_i$ 一共有 $\dfrac{d(d+1)}{2}$ 个参数。实际中，难有足够的数据来对这么多的参数进行估计。一种简化方法是假设各个维度是彼此独立的，从而可以得到一个对角协方差矩阵：

$$\Sigma_i = \begin{bmatrix} (\sigma_1^i)^2 & 0 & \cdots & 0 \\ 0 & (\sigma_2^i)^2 & \cdots & 0 \\ \vdots & \vdots & \ddots & \vdots \\ 0 & 0 & \cdots & (\sigma_d^i)^2 \end{bmatrix}$$

在这一独立性假设之下，只需要 $d$ 个参数来估计该对角协方差矩阵。

（1）初始化

对每一个簇 $C_i$（$i = 1, 2, \cdots, k$），初始化均值 $\mu_i$：从每个维度 $X_a$ 中，在其取值范围内均匀地随机选取一个值 $\mu_{ia}$。协方差矩阵初始化为 $d \times d$ 的单位矩阵 $\Sigma_i = I$。簇的先验概率初始化为 $P(C_i) = \dfrac{1}{k}$，使得每一个簇的概率相等。

（2）期望步骤

给定点 $x_j$（$j = 1, 2, \cdots, n$），计算簇 $C_i$（$i = 1, 2, \cdots, k$）的后验概率，记为 $w_{ij} = P(C_i | x_j)$。$P(C_i | x_j)$ 可视为点 $x_j$ 对簇 $C_i$ 的权值，$w_i = (w_{i1}, w_{i2}, \cdots, w_{in})^T$ 表示簇 $C_i$ 在所有 $n$ 个点上的权向量。

（3）最大化步骤

给定权值 $w_{ij}$，重新估计 $\Sigma_i$、$\mu_i$ 和 $P(C_i)$。簇 $C_i$ 的均值 $\mu_i$ 可以估计为

$$\mu_i = \frac{\sum_{j=1}^{n} w_{ij} \cdot x_j}{\sum_{j=1}^{n} w_{ij}}$$

用矩阵形式表示为

$$\mu_i = \frac{D^T \cdot w_i}{w_i^T \mathbf{1}}$$

令 $\boldsymbol{Z}_i=\boldsymbol{D}-\boldsymbol{1}\cdot\boldsymbol{\mu}_i^{\mathrm{T}}$ 为簇 $C_i$ 的居中数据矩阵，令 $\boldsymbol{z}_{ji}=\boldsymbol{x}_j-\boldsymbol{\mu}_i\in\mathbf{R}^d$ 表示 $Z_i$ 中的第 $j$ 个点，将 $\Sigma_i$ 表示为外积形式：

$$\Sigma_i=\frac{\sum_{j=1}^{n}w_{ij}\boldsymbol{z}_{ji}\boldsymbol{z}_{ji}^{\mathrm{T}}}{\boldsymbol{w}_i^{\mathrm{T}}\boldsymbol{1}}$$

考虑成对属性的情况，维度 $X_a$ 和 $X_b$ 之间的协方差可估计为

$$\sigma_{ab}^{i}=\frac{\sum_{j=1}^{n}w_{ij}(x_{ja}-\mu_{ia})(x_{jb}-\mu_{ib})}{\sum_{j=1}^{n}w_{ij}}$$

其中，$x_{ja}$ 和 $\mu_{ia}$ 分别代表 $\boldsymbol{x}_j$ 和 $\boldsymbol{\mu}_i$ 在第 $a$ 个维度的值。

最后，每个簇的先验概率 $P(C_i)$ 为

$$P(C_i)=\frac{\sum_{j=1}^{n}w_{ij}}{n}=\frac{\boldsymbol{w}_i^{\mathrm{T}}\boldsymbol{1}}{n}$$

**2. EM 聚类算法**

多元 EM 聚类算法在初始化 $\Sigma_i$、$\mu_i$ 和 $P(C_i)(i=1,\cdots,k)$ 之后，重复期望和最大化步骤直到收敛。关于收敛性测试，检测是否 $\sum_i\|\mu_i^t-\mu_i^{t-1}\|^2\leqslant\epsilon$，其中 $\epsilon>0$ 是收敛阈值，$t$ 表示迭代次数。换句话说，迭代过程持续到簇均值变化很小为止。EM 聚类算法如算法 6-3 所示。

算法 6-3 EM 聚类算法

---

输入：簇的数目 $k$，任意小的正数 $\epsilon$。

输出：每个数据所属的簇。

---

（1）$t\leftarrow0$ // 初始化

（2）随机初始化 $\boldsymbol{\mu}_1^t,\cdots,\boldsymbol{\mu}_k^t$

（3）$\sum_i^t\leftarrow\boldsymbol{I},\forall i=1,\cdots,k$

（4）$P^t(C_i)\leftarrow\dfrac{1}{k},\forall i=1,\cdots,k$

（5）重复

（6）$t\leftarrow t+1$ // 期望步骤

（7）for $i=1,\cdots,k$ 且 $j=1,\cdots,n$ do

（8）$w_{ij}\leftarrow\dfrac{f(\boldsymbol{x}_j|\boldsymbol{\mu}_j,\Sigma_i)\cdot P(C_i)}{\sum_{a=1}^{k}f(\boldsymbol{x}_j|\boldsymbol{\mu}_a,\Sigma_a)\cdot P(C_a)}$ // 后验概率 $P^t(C_i|x_j)$ // 最大化步骤

（9）for $i=1,\cdots,k$ do

$$（10）\boldsymbol{\mu}_i^t \leftarrow \frac{\sum\limits_{j=1}^{n} w_{ij} \cdot \boldsymbol{x}_j}{\sum\limits_{j=1}^{n} w_{ij}} \quad //\text{重新估计均值}$$

$$（11）\boldsymbol{\Sigma}_i^t \leftarrow \frac{\sum\limits_{j=1}^{n} w_{ij}(\boldsymbol{x}_j - \boldsymbol{\mu}_i)(\boldsymbol{x}_j - \boldsymbol{\mu}_i)^{\mathrm{T}}}{\sum\limits_{j=1}^{n} w_{ij}} \quad //\text{重新估计协方差矩阵}$$

$$（12）P^t(C_i) \leftarrow \frac{\sum\limits_{j=1}^{n} w_{ij}}{n} \quad //\text{重新估计先验概率}$$

$$（13）\text{until } \sum_{i=1}^{k} \|\boldsymbol{\mu}_i^t - \boldsymbol{\mu}_i^{t-1}\|^2 \leqslant \epsilon$$

### 6.2.3　CLARA算法和CLARANS算法

$k$中心点算法在处理大数据集时效率低且效果不佳。CLARA（clustering large applications）方法引入了抽样的思想，它的主要思想是抽取实际数据中的一小部分作为样本，在样本中选择中心点。样本是采用随机方式抽取的，以接近于原数据集的数据分布，这样从样本中求得的中心点很可能与从整个数据集中求得的中心点相似。CLARA算法抽取数据集的多个样本，对每个样本应用PAM算法，将最好的结果作为输出。CLARA算法如算法6-4所示。

算法6-4　CLARA算法

$i = 1$ to $v$（选样的次数），重复执行下列步骤（1）～（4）：

（1）随机地从整个数据集中抽取一个$N$个对象的样本，调用PAM方法从样本中找出样本的$k$个最优的中心点。

（2）将这$k$个中心点应用到整个数据集上。对于每一个非代表对象$O_j$，判断它与从样本中选出的哪个代表对象距离最近。

（3）计算上一步中得到的聚类的总代价。若该值小于当前的最小值，用该值替换当前的最小值，保留在这次选样中得到的$k$个代表对象，将其作为到目前为止得到的最好的代表对象的集合。

（4）返回步骤（1），开始下一个循环。

算法结束，输出聚类结果。

CLARA算法的复杂度为$O(ks^2 + k(n-k))$，其中$s$是样本的大小，$k$是簇的数目，$n$是数据集中的对象总数。

和所有的基本抽样算法一样，CLARA算法的准确性取决于样本大小。如果某个实际上最佳的中心点在若干次抽样中从未被抽到，那么最后计算的结果一定不是最佳的聚类结果。这个问题是抽样算法很难避免的，因为抽样本身就是效率对准确性的一种折中。

CLARANS（clustering large application based upon randomized search，基于随机搜索的大型应用聚类）算法是对CLARA的改进。CLARANS也进行抽样，但任何时候的计算都不把自身局限于某个样本，CLARANS在搜索的每一步都按照某种方法随机抽样。从概念上讲，聚类过程可以看作搜索的一个图，图中的每个节点是一个潜在的解（$k$个中心点的集合）。CLARANS算法如算法6-5所示。

算法6-5　CLARANS算法

（1）输入参数numlocal 和 maxneighbor。

（2）从 $n$ 个目标中随机地选取 $k$ 个目标构成质心集合，记为current。

（3）$j=1$。

（4）从第（2）步中余下的 $n-k$ 个目标集中随机选取一个目标，并用它替换质心集合中随机选择的某一个质心，得到一个新的质心集合，计算两个质心集合的代价差（这一点和PAM相似，只是变成了随机选取替换对象和被替换对象）。

（5）如果新的质心集合代价较小，则将其赋给current，重置$j=1$；否则$j+=1$。

（6）直到$j$大于或等于maxneighbor，则current为此时的最小代价质心集合。

（7）重复以上步骤numlocal次，取其中代价最小的质心集合为最终质心集合。

（8）按照最终质心集合进行划分并输出。

与CLARA算法不同，CLARANS算法没有在任一给定的时间局限于任一样本，而是在搜索的每一步都带有一定随机性地选取一个样本。CLARANS算法的时间复杂度大约是$O(n^2)$，$n$是数据集中对象的数目。此方法的优点是一方面改进了CLARA算法的聚类质量，另一方面拓展了数据处理量的伸缩范围，具有较好的聚类效果；但它的计算效率较低，且对数据输入顺序敏感，只能聚类凸状或球形边界。

### 6.2.4　谱聚类

传统的聚类算法，如$k$-means算法、EM算法等都建立在凸球形的样本空间上，但当样本空间不为凸时，算法会陷入局部最优。为了能在任意形状的样本空间上聚类且收敛于全局最优解，有学者提出了谱聚类算法（spectral clustering algorithm）。该算法首先根据给定的样本数据集定义一个描述成对数据点相似度的亲合矩阵，并计算矩阵的特征值和特征向量，然后选择合适的特征向量聚类不同的数据点。谱聚类算法建立在图论中的谱图理论基础上，其本质是将聚类问题转化为图的最优划分问题，是一种点对聚类算法，在数据聚类方面具有很好的应用前景。

1. 相似图

已知数据点 $x_1,\cdots,x_n$ 和所有数据点对 $x_i$ 和 $x_j$ 的某种定义的相似度 $s_{ij} \geq 0$，求解的目标是将这些点分到若干簇中，其中簇内的点彼此相近，不同簇间的点彼此相异。在未知其他相似信息的情况下，将数据表示成相似图 $G=(V,E)$ 的形式是一种很好的方法。相似图中的每一个顶点 $v_i$ 表示一个数据点 $x_i$。如果两个顶点对应的数据点 $x_i$ 和 $x_j$ 之间的相似度 $s_{ij}$ 是正的或者大于某一设定的阈值，就在这两个顶点间画一条边，并给这条边赋权重 $s_{ij}$。现在聚类问题已经转化成了相似图分割的问题：求一种图分割方法，使各个组间的边有较低的权重（即不同数据簇内的点有较低的相似度）、各个组内的边有较高的权重（即同一数据簇内的点有较高的相似度）。

常用的相似图有以下 3 种。

$\varepsilon$ 近邻图：连接所有距离小于 $\varepsilon$ 的点。因为被连接的点之间的距离处于同样的规模（最多为 $\varepsilon$），给边赋权值无法包含更多的信息。因此，$\varepsilon$ 近邻图通常被用作无权图。

$k$ 近邻图：$k$ 邻近图的目的是将 $v_i$ 与它的 $k$ 个最近的邻居 $v_j$ 相连接。然而，因为邻居关系不是对称的，这样做的结果是一个有向图。有两种方法将其转化为无向图。一种是简单地忽略边的方向，只要 $v_j$ 属于 $v_i$ 的 $k$ 个最近的邻居，就用一条无向边将它们连接起来。使用这种方式生成的图通常被叫作 $k$ 近邻图。另一种方法是只有 $v_i$ 和 $v_j$ 互相属于对方的 $k$ 个最近的邻居，才用一条无向边将它们连接起来。这种方式生成的图被称为互 $k$ 近邻图。使用任何一种方式生成图后，再根据点之间的相似度给各个边赋权值。

全连接图：全连接图简单地将所有有着正相似度的点对进行连接，并赋予相应边权重 $s_{ij}$。图的目的是表示局部邻接关系，而这种方式只有在相似度度量方程能包含局部近邻关系时才有相应的作用。例如，经典的高斯方程 $s(x_i,x_j)=\exp(-\|x_i-x_j\|^2/(2\sigma^2))$，其中 $\sigma$ 控制着邻居的宽度。$\sigma$ 与 $\varepsilon$ 近邻图中的 $\varepsilon$ 起着一样的作用。

2. 拉普拉斯矩阵

图的拉普拉斯矩阵是谱聚类算法的主要工具。对于这些矩阵的研究有一个完整的研究领域，称为谱图理论。这里给出几种不同的拉普拉斯矩阵定义，并给出它们的特性。

首先，给出需要用到的一些基本定义。

无向图 $G=(V,E)$，其中 $V$ 是顶点集 $V=\{v_1,\cdots,v_n\}$，顶点 $v_i$ 和 $v_j$ 的边带有权重 $w_{ij} \geq 0$。图的邻接矩阵 $W=(w_{ij})_{i,j=1,\cdots,n}$。$w_{ij}=0$ 表示 $v_i$ 和 $v_j$ 之间没有边。在无向图中，显然有 $w_{ij}=w_{ji}$。定义顶点 $v_i \in V$ 的度为

$$d_i = \sum_{j=1}^{n} w_{ij}$$

注意，这个求和只与点$v_i$连接的点有关，对于其他的点$v_j$，权重$w_{ij}=0$。度矩阵$\boldsymbol{D}$为以$d_1,\cdots,d_n$为元素的对角矩阵。给出点的子集$A \subset V$，$A$的补集$\bar{A}$为$V \backslash A$。定义标示向量$\boldsymbol{0}_A=(f_1,\cdots,f_n)' \in \mathbb{R}^n$，其中，当$v_i \in A$时，$f_i=1$，其余的$f_i=0$。为了方便，采用$v_i \in A$表示$\{i|v_i \in A\}$，例如，表示一个求和$\sum_{i \in A} w_{ij}$。对于两个不相交集合$A,B \subset V$，定义

$$W(A,B) := \sum_{i \in A,\ j \in B} w_{ij}$$

考虑度量子集$A \subset V$大小的两种不同的方法。定义

$$|A|=A\text{中顶点个数}$$

$$\mathrm{vol}(A) = \sum_{i \in A} d_i$$

$|A|$使用$A$中顶点个数表示$A$的大小，$\mathrm{vol}(A)$使用与$A$相连的边的权重之和表示$A$的大小。如果一个子图$A \subset V$中所有的顶点可以被包含在一条路径内，则这个子图是联通的。如果一个子图$A$是联通的，并且$A$和$\bar{A}$之间没有连接，则$A$是原图的一个连通分量。一个图分割是有非空子集$A_1,\cdots,A_k$满足$A_i \cap A_j=\varnothing$且$A_1 \cup \cdots \cup A_k=V$。

现在给出非归一化拉普拉斯矩阵和归一化拉普拉斯矩阵的定义及特性。

非归一化拉普拉斯矩阵的定义为

$$\boldsymbol{L}=\boldsymbol{D}-\boldsymbol{W}$$

矩阵$\boldsymbol{L}$有以下特性：

（1）对于任意向量$\boldsymbol{f} \in \mathbb{R}^n$，有$\boldsymbol{f}'\boldsymbol{L}\boldsymbol{f}=\dfrac{1}{2}\sum_{i,j=1}^{n} w_{ij}(f_i-f_j)^2$。

（2）$\boldsymbol{L}$是对称的半正定矩阵。

（3）$\boldsymbol{L}$的最小特征值是0，对应的单位向量为单位向量$\boldsymbol{0}$。

（4）$\boldsymbol{L}$有$n$个非负实特征值$0=\lambda_1 \le \lambda_2 \le \cdots \le \lambda_n$。

常用的归一化拉普拉斯矩阵有两种，分别定义如下：

$$\boldsymbol{L}_{\mathrm{sym}} := \boldsymbol{D}^{-1/2}\boldsymbol{L}\boldsymbol{D}^{-1/2} = \boldsymbol{I}-\boldsymbol{D}^{-1/2}\boldsymbol{W}\boldsymbol{D}^{-1/2}$$

$$\boldsymbol{L}_{\mathrm{rw}} := \boldsymbol{D}^{-1}\boldsymbol{L} = \boldsymbol{I}-\boldsymbol{D}^{-1}\boldsymbol{W}$$

归一化拉普拉斯矩阵有以下特性：

（1）对于任意$\boldsymbol{f} \in \mathbb{R}^n$，有$\boldsymbol{f}'\boldsymbol{L}_{\mathrm{sym}}\boldsymbol{f}=\dfrac{1}{2}\sum_{i,j=1}^{n} w_{ij}\left(\dfrac{f_i}{\sqrt{d_i}}-\dfrac{f_j}{\sqrt{d_j}}\right)^2$。

（2）$\lambda$是$\boldsymbol{L}_{\mathrm{rw}}$的特征值且对应特征向量为$\boldsymbol{u}$，当且仅当$\lambda$是$\boldsymbol{L}_{\mathrm{sym}}$的特征值且对应特征向量为$\boldsymbol{w}=\boldsymbol{D}^{1/2}\boldsymbol{u}$。

（3）$\lambda$是$L_{rw}$的特征值且对应特征向量为$u$，当且仅当$\lambda$和$u$是特征问题$Lu=\lambda Du$的解。

（4）0是$L_{rw}$的特征值，对应特征向量为单位向量$\mathbb{0}$。0是$L_{sym}$的特征值，对应特征向量为单位向量$D^{1/2}\mathbb{0}$。

（5）$L_{sym}$和$L_{rw}$为半正定矩阵，各有$n$个非负实特征值，$0=\lambda_1 \leqslant \lambda_2 \leqslant \cdots \leqslant \lambda_n$。

### 3. 谱聚类算法

下面介绍经典的谱聚类算法。设数据为$n$个任意实体的点$x_1,\cdots,x_n$。使用非负对称方程计算点对之间的相似性$s_{ij}=s(x_i,x_j)$，定义相似度矩阵$S=(s_{ij})_{i,j=1,\cdots,n}$。

算法6-6　非归一化谱聚类算法

| 输入：相似矩阵$S \in \mathbb{R}^{n \times n}$，聚类簇数为$k$。 |
| --- |
| 输出：聚类结果$A_1,\cdots,A_k$，其中$A_i=\{j|y_i \in C_i\}$。 |
| （1）构造相似图，用$W$表示它的带权的亲合矩阵。<br>（2）计算非归一化拉普拉斯矩阵$L$。<br>（3）计算$L$的前$k$个特征值$u_1,\cdots,u_k$。<br>（4）定义矩阵$U \in \mathbb{R}^{n \times k}$，$U$的各列为$u_1,\cdots,u_k$。<br>（5）定义向量$y_i \in \mathbb{R}^k_{i=1,\cdots,n}$对应$U$的第$i$行。<br>（6）在空间$\mathbb{R}^k$中对数据点$(y_i)_{i=1,\cdots,n}$应用$k$-means算法得到聚类$C_1,\cdots,C_k$。 |

不同的归一化拉普拉斯矩阵对应着两种不同的归一化谱聚类方法。

算法6-7　归一化谱聚类算法（使用$L_{rw}$矩阵）

| 输入：相似矩阵$S \in \mathbb{R}^{n \times n}$，聚类簇数为$k$。 |
| --- |
| 输出：聚类结果$A_1,\cdots,A_k$，其中$A_i=\{j|y_i \in C_i\}$。 |
| （1）构造相似图，用$W$表示它的带权的亲合矩阵。<br>（2）计算非归一化拉普拉斯矩阵$L$。<br>（3）解广义特征问题$Lu=\lambda Du$的前$k$个特征值$u_1,\cdots,u_k$。<br>（4）定义矩阵$U \in \mathbb{R}^{n \times k}$，$U$的各列为$u_1,\cdots,u_k$。<br>（5）定义向量$y_i \in \mathbb{R}^k_{i=1,\cdots,n}$对应$U$的第$i$行。<br>（6）在空间$\mathbb{R}^k$中对数据点$(y_i)_{i=1,\cdots,n}$应用$k$-means算法得到聚类$C_1,\cdots,C_k$。 |

注意，上述算法使用了$L$的广义特征向量，这等价于使用对应的矩阵$L_{rw}$的特征向量。事实上，本算法计算的是归一化矩阵$L_{rw}$的特征向量，所以将这个算法称为归一化谱聚类算法。下面要介绍的算法也是一种归一化谱聚类算法，不同之处在于归

一化矩阵由$L_{rw}$换成了$L_{sym}$。可见，这需要加入一个其他算法中没有的步骤，就是对矩阵的行进行规范化。

算法6-8　归一化谱聚类算法（使用$L_{sym}$矩阵）

> 输入：相似矩阵$S\in\mathbb{R}^{n\times n}$，聚类簇数为$k$。
>
> 输出：聚类结果$A_1,\cdots,A_k$，其中$A_i=\{j|y_i\in C_i\}$。
>
> （1）构造相似图，用$W$表示亲合矩阵。
>
> （2）计算归一化拉普拉斯矩阵$L_{sym}$。
>
> （3）计算$L_{sym}$的前$k$个特征值$u_1,\cdots,u_k$。
>
> （4）定义矩阵$U\in\mathbb{R}^{n\times k}$，$U$的各列为$u_1,\cdots,u_k$。
>
> （5）规范化矩阵$U$，得到矩阵$T\in\mathbb{R}^{n\times k}$，即，使矩阵各行的模为1，$t_{ij}=u_{ij}\Big/\left(\sum_k u_{ik}^2\right)^{1/2}$。
>
> （6）定义向量$y_i\in\mathbb{R}^k_{i=1,\cdots,n}$对应$T$的第$i$行。
>
> （7）在空间$\mathbb{R}^k$中对数据点$(y_i)_{i=1,\cdots,n}$应用$k$-means算法得到聚类$C_1,\cdots,C_k$。

以上3种算法类似，除了使用了不同的拉普拉斯矩阵。这3种算法的核心都是将抽象数据点$x_i$表示为$y_i\in\mathbb{R}^k$。由图的拉普拉斯矩阵的特性可知，这种表示的改变是十分有用的，这种表示加强了数据点间的聚类特性，使得聚类可以被容易地计算出来。简单的$k$-means算法在这种新的表示下就可以容易地计算出聚类结果。

谱聚类算法背后有着各种不同思想的支持，包括切图理论、随机游走理论、扰动理论等。尽管谱聚类算法在应用中表现出了相当优秀的效果，但是其背后的理论支持体系仍然有待于进一步完善。如何更好地构造亲和矩阵，如何更高效地求解特征值、特征向量，如何处理大规格数据，如何进行并行计算，如何确定参数（包括如何选择聚类数目，选择哪种拉普拉斯矩阵等）是目前关于谱聚类研究的几个热点问题。

### 6.2.5　基于约束的聚类

在实际问题中，用户通常对应用需求有更明确的要求，并且希望这些要求可以引导聚类过程并影响聚类结果。基于约束的聚类在聚类过程中体现了用户的偏好和约束。这种偏好或约束包括期望的簇数目、簇的最大或最小规模、不同对象的权重，以及对聚类结果的其他期望特征等。基于约束的聚类能发现用户指定偏好或约束的簇。根据约束的性质，基于约束的聚类可以采用以下不同的方法。

（1）个体对象的约束：可以对待聚类的对象指定约束，这种约束限制了聚类的对象集。

（2）聚类参数选择的约束：用户对每个聚类参数设定一个期望的范围。对于给定的聚类算法，聚类参数通常是明确的，如 $k$-means 算法中期望的簇数 $k$。尽管这种用户指定的参数可能对聚类结果具有很大的影响，但是它们通常只对算法本身进行限制。因此，对这些参数的微调和处理并不被认为是一种基于约束的聚类。

（3）距离或相似度函数的约束：用户可以对聚类对象的特定属性指定不同的距离或相似度函数，或者对特定的对象指定不同的距离度量。

（4）用户对各个簇的性质指定约束：用户指定结果簇应该具有的性质，这可能会对聚类过程有很大的影响。这种基于约束的聚类在实际应用中很常见，常称为用户约束聚类分析。

（5）基于"部分"监督的半监督聚类：使用某种弱监督形式，可以明显地改进无监督聚类质量，这种被约束的聚类过程称为半监督聚类。

### 6.2.6　在线聚类

对于数据随时间发生变化的数据集，常规的聚类算法很难处理，因而研究者提出了在线聚类算法来处理这类问题。通常的聚类方法都明确或者隐含地优化一个全局准则函数，聚类结果也常常表现出对于准则函数中的参数变化过于敏感的缺点。特别是当这些方法用于在线学习时，可能会出现聚类结构不稳定的问题，以及簇的波动或者漂移。在线聚类希望系统可以从新出现的数据中学到知识或者捕获信息，这就要求它必须是自适应的，具有一定"可塑性"，从而允许新的类别的产生。另一方面，如果数据内部结构不稳定且新获得的信息会造成较大的结构重组，那么问题就会变得比较复杂，因而就不能把问题只归因于特定的聚类描述。这个问题被称为稳定性/可塑性两难问题。

产生这个问题的原因之一就是聚类算法使用了全局准则，每个新到样本都可能影响一个聚类中心的位置，不管这个样本距离中心有多远。为此，有学者提出一种称为"竞争学习"的算法，只对与新到样本最相似的一个聚类中心进行调整。因此，与该样本无关的其他聚类的性质得以保留。竞争学习源自神经网络。在线聚类方法是多种思想结合的产物。下面介绍一种简单的方法，它可以看作串行 $k$-means 算法的一种改进。

竞争学习算法以神经网络学习规则为基础，与判定导向的 $k$-means 算法有内在的联系。竞争学习和判定导向都是先初始化类别数和聚类中心，并在聚类过程中按照某种规则暂时将样本分到某一类。但它们在更新聚类中心时表现出不同的方式：对判定导向的算法而言，每个类中心被更新为当前类中所有数据点的均值；而在竞争学习算法中，只有与输入模式最相似的类别的中心得到更新。结果是，在竞争学习算法中，离输入模式很远的类别不会改变。

## 6.3 监督学习

监督学习，也称为监督机器学习，是机器学习和人工智能的子类别。它通过使用标记的数据集来训练对数据进行分类或准确预测结果的算法。将输入数据输入模型后，它会通过学习过程来调整其权重，以确保正确拟合模型。常见的监督学习方法有支持向量机、概率图模型、多层感知机等。

### 6.3.1 支持向量机

传统的统计学研究样本数趋于无穷大时的渐进理论，但在实际问题中，样本数通常有限，因此一些理论上很优秀的学习方法在实际中的表现未必尽如人意。统计学习理论（statistical learning theory，SLT）研究始于20世纪60年代末，苏联的弗拉基米尔·万普尼克（Vladimir Naumovich Vapnik）和阿列克谢·切万嫩基斯（Alexey Chervonenkis）做了大量开创性、奠基性的工作。1964年，弗拉基米尔·万普尼克和阿列克谢·切万嫩基斯提出了硬边距的线性支持向量机（support vector machine，SVM）。20世纪90年代，该理论被用来分析神经网络。1992年，伯恩哈德·伯泽尔（Bernhard Boser）、伊莎贝尔·居永（Isabelle Guyon）和弗拉基米尔·万普尼克通过核方法提出了非线性SVM。1995年，科琳娜·科尔特斯（Corinna Cortes）和弗拉基米尔·万普尼克提出了软边距的非线性SVM，并将其应用于手写字符识别问题。20世纪90年代中期，基于该理论设计的支持向量机在解决小样本、非线性及高维模式识别中表现出许多特有的优势，并能够推广应用到函数拟合等其他机器学习问题中。

支持向量机是基于统计学习理论的机器学习方法，其基本思想是：定义最优超平面，并把寻找最优超平面的算法归结为求解一个凸规划问题。这里的超平面包括两类：线性超平面和非线性超平面。与之相对应的支持向量机分别为线性支持向量机（包括线性可分和线性不可分两种类型）和非线性支持向量机。

对于非线性超平面，基于Mercer核展开定理，通过用内积函数定义的非线性变换将输入空间映射到一个高维空间（希尔伯特空间），在这个高维空间中寻找输入变量和输出变量之间的关系。简单地说就是"升维"和"线性化"。升维，即把样本向高维空间做映射，一般只会增加计算的复杂性，但可能会引起"维数灾难"，因而人们很少问津。但是对于分类、回归等问题来说，很可能在低维样本空间无法进行线性处理的样本集，在高维特征空间却可以通过一个线性超平面实现线性划分（或回归）。SVM 的线性化是在变换后的高维空间中应用解线性问题的方法来进行计算的。在高维特征空间中得到的是问题的线性解，但与之相对应的却是原来样本空间中问题的非线性解。一般的升维会带来计算的复杂化，SVM 方法巧妙地解决了这两个难题：由于应用了核函数的展开定理，所以根本不需要知道非线性映射的显式表达式；由于是在高维特征空间中建立线性学习机，所以与线性模型相比，不但几乎不增加计算的复杂性，而且在某种程度上避免了"维数灾难"。这一切要归功于核的展开和计算理论。SVM 算法就是在核特征空间中使用最优化理论有效地训练线性学习器，同时还考虑了学习器的泛化性问题。

支持向量机有着严格的理论基础，采用结构风险最小化原则，具有很好的推广能力。支持向量机算法是一个凸二次优化问题（convex quadratic programming problem，QP），能够保证找到的解是全局最优解；能较好地解决小样本、非线性和高维数、局部极小点问题等实际问题。

### 6.3.2　概率图模型

概率在机器学习中起着重要的作用，很多问题都可以使用概率分布的图形表示进行抽象建模，以分析变量之间的关系，这种概率分布的图形表示被称为概率图模型（probabilistic graphical model），简称图模型（graphical model，GM）。概率图模型是一种用图结构来描述多元随机变量之间条件独立关系的概率模型，它提供了一种简单的方式将概率模型的结构可视化，从而可以更深刻地认识模型的性质或设计新的模型。在概率图模型中，每个节点表示一个随机变量或一组随机变量，节点之间的边表示这些变量之间的概率关系。根据边的性质不同，概率图模型可大致分为两类：第一类使用有向无环图表示变量间的关系，称为概率有向图模型，在这个模型中，图之间的链接有一个特定的方向，使用箭头表示；第二类使用无向图表示变量间的关系，称为概率无向图模型，在这个模型中，链接没有方向性质。有向图对于表达随机变量之间的因果关系很有用，而无向图对于表示随机变量之间的软限制比较有用。

概率无向图模型（probability undirected graphical model），也称为马尔可夫

网络（Markov network，MN），其网络结构为无向图。设有联合概率分布 $P(Y)$，由无向图 $G=(V,E)$ 表示，其中 $V$ 是节点集，$E$ 是边集，节点表示随机变量，边表示随机变量之间的依赖关系。如果联合概率分布 $P(Y)$ 满足成对、局部或全局马尔可夫性，则称此联合概率分布为概率无向图模型或马尔可夫随机场（Markov random field）。对数线性模型是无向图中经常使用的一种模型，其利用特征函数及参数的方式对势函数进行定义，能够获得较好的效果。对数线性模型最常用的模型是逻辑斯谛回归模型（logistic regression model）和最大熵模型（maximum entropy model）。

在逻辑斯谛回归模型中，采用 sigmoid 函数作为激励函数，所以它又称为 sigmoid 回归模型、对数概率回归模型。需要注意的是，虽然它的名字中带有回归，但事实上它并不是一种回归算法，而是一种分类算法。它的优点是，直接对分类的可能性进行建模，无须事先假设数据分布，这样就避免了假设分布不准确所带来的问题。由于它是针对分类的可能性进行建模，所以它不仅能预测出类别，还可以得到属于该类别的概率。逻辑斯谛回归模型的主要思想是：根据现有数据对分类边界线（decision boundary）建立回归公式，以此进行分类。逻辑斯谛回归模型是在线性回归模型的基础上，使用 sigmoid 函数，将线性模型 $w^{\mathrm{T}}x$ 的结果压缩到 [0, 1] 之间，使其拥有概率意义。它可以将任意输入映射到 [0，1] 区间内，实现由值到概率的转换。模型本质仍然是一个线性模型，实现相对简单。同时，逻辑斯谛回归模型也是深度学习的基本组成单元。逻辑斯谛回归模型属于概率性判别式模型，因为模型有概率意义；之所以是判别式模型，是因为模型并没有对数据的分布进行建模，也就是说，模型并不知道数据的具体分布，而是直接将判别函数或者分类超平面求解出来。

最大熵模型是由最大熵原理推导实现的。最大熵原理应用于分类问题就得到了最大熵模型。给定训练数据集 $T=\{(x_1,y_1),(x_2,y_2),\cdots,(x_N,y_N)\}$，目标是根据最大熵原理选择最好的分类模型。该模型的任务是对于给定的 $X=x$ 以条件概率分布 $P(Y|X=x)$ 预测 $Y$ 的取值。根据训练数据能得出（$X,Y$）的经验分布，得出部分（$X,Y$）的概率值，或某些概率需要满足的条件，即问题变成求部分信息下的最大熵或满足一定约束的最优解。约束条件是通过特征函数引入的。

条件随机场（conditional random field，CRF）是约翰·拉弗蒂（John Lafferty）等人于 2001 年提出的，它是一种条件概率分布模型 $P(Y|X)$，表示的是在给定一组输入随机变量 $X$ 的条件下，另一组输出随机变量 $Y$ 的马尔可夫随机场是一种直接建模条件概率的判别式无向图模型。条件随机场最早是针对序列数据分析提出的，现已成功应

用于自然语言处理、生物信息学、机器学习及网络智能等诸多领域。

与最大熵模型不同，条件随机场建模的条件概率 $P(y|x)$ 中，$y$ 一般为随机向量，因此需要对 $P(y|x)$ 进行因子分解。假设条件随机场的最大团集合为 $C$，其条件概率为

$$P(y|x,w)=\frac{1}{Z(x,w)}\exp\left(\sum_{Q\in C}w_Q^\mathrm{T}f_Q(x,y_Q)\right)$$

条件随机场对多个变量在给定观测值后的条件概率进行建模，假设 $X=\{x_1,x_2,\cdots,x_n\}$ 为观测序列，$Y=\{y_1,y_2,\cdots,y_n\}$ 为与之相应的标记序列，则条件随机场的目标是构建条件概率模型 $P(Y|X)$。

概率有向图模型的网络结构使用有向无环图（directed acyclic graph，DAG）表示变量之间的关系。常见的有向图模型有贝叶斯网络和隐马尔可夫模型。

贝叶斯网络（Bayesian network，BN）起源于贝叶斯统计学，是以概率论为基础的有向图模型，它为处理不确定知识提供了有效的方法。贝叶斯网络是用来表示变量间概率依赖关系的有向无环图，其中：节点表示随机变量，是对过程、事件、状态等实体的某些特征的描述；有向边表示变量间的概率依赖关系。贝叶斯网络提供了一种表示因果信息的方法。贝叶斯网络在统计学、决策分析、自然语言处理、推荐系统、图像识别、博弈论等领域具有广泛的应用价值。

贝叶斯网络具有两个重要的条件独立性：一是节点与其非后代节点条件独立；二是给定一个节点的马尔可夫覆盖，这个节点和网络中的所有其他节点是条件独立的。马尔可夫覆盖在贝叶斯网络的推理中起到非常重要的作用。贝叶斯网络具有如下特点：

（1）贝叶斯网络本身是一种不定性因果关联模型。贝叶斯网络与其他决策模型不同，它本身是将多元知识图解进行可视化的一种概率知识表达与推理模型，更为贴切地蕴含了网络节点变量之间的因果关系及条件相关关系。

（2）贝叶斯网络具有强大的不确定性问题处理能力。贝叶斯网络用条件概率表达各个信息要素之间的相关关系，能在有限的、不完整的、不确定的信息条件下进行学习和推理。

（3）贝叶斯网络具有良好的可理解性和逻辑性。它自然地将先验知识与概率推理相结合，从而贴近现实问题，有助于优化决策。

（4）贝叶斯网络能有效地进行多源信息表达与融合。贝叶斯网络可将与故障诊断和维修决策相关的各种信息纳入网络结构中，按节点的方式统一进行处理，能有效地按信息的相关关系进行融合。

（5）贝叶斯网络结合了先验知识，并用图形化模型的形式描述数据间的相互关

系，便于进行预测分析。

贝叶斯网络结构学习是从给定的数据集中学习出贝叶斯网络结构，即各节点之间的依赖关系；只有确定了结构，才能学习网络参数，即表示各节点之间依赖性的条件概率。根据训练数据是否存在缺失，结构学习分为完整数据结构学习和缺失数据结构学习。完整数据结构学习主要包括基于搜索评分的方法和基于约束的方法。根据已有的数据集学习贝叶斯网络结构，一种最简单的想法就是遍历所有可能的结构，然后用某个标准去衡量各个结构，进而找出最好的结构。这是评分搜索的基本思想。所有可能的结构可视为定义域，将衡量特定结构好坏的标准视为函数，寻找最好的结构的过程相当于在定义域上求函数的最优值，即最优化问题。但这里有两个关键点：一是定义域一般几乎无穷大，不可能遍历，即确定合适的搜索策略；二是衡量标准，即确定所谓的评分函数。基于约束的贝叶斯网络结构学习（constrain-based BN structure learning）方法是通过统计独立性测试来学习节点间的独立性和相关性，并根据独立性或相关性构建出相应的有向无环图结构。

基于约束的方法一般对于数据的要求较高，需要训练数据是无噪声且真实的，训练数据量需要足够大才能获得较好的独立性测试结构。而基于搜索评分的方法相对而言复杂度更高，尤其是当节点较多时，会使得搜索空间巨大，从庞大的搜索空间中搜索最优结构无疑是很耗时的。为了克服两类方法的缺陷，研究者们提出将这两类思想进行融合，即利用混合的方法对贝叶斯网络进行结构学习：首先通过独立性测试降低搜索空间的大小，然后再利用搜索评分的方法寻找最优的网络结构。典型的有MMHC（max-min hill climbing）算法。它将局部学习、CI测试及搜索评分方法进行融合，通过采用独立性测试学习出结构的框架，然后采用搜索评分的方式确定网络中的边及边的方向。

### 6.3.3 多层感知机

人工神经网络（artificial neural network，ANN），简称神经网络（NN），是基于生物学中的神经网络基本原理，在理解和抽象人脑结构与外界刺激响应机制后，以网络拓扑知识为理论基础，模拟人脑的神经系统对复杂信息的处理机制的一种数学模型。神经网络有不同的划分方法。神经网络按性能可分为连续型和离散型网络，或确定型和随机型网络；按拓扑结构可分为前向网络和反馈网络。前向（前馈）网络是网络中各个神经元接受前一级的输入，并输出到下一级，网络中没有反馈，可以用一个有向无环图表示。这种网络实现信号从输入空间到输出空间的变换，它的信息处理能力来自简单非线性函数的多次复合。网络结构简单，易于实现。反传网络是一种典型的前向网络，主要有自适应线性神经网络（adaptive linear neural network）、多层感知机、误差反传网络等。反馈网络是网络内神经元间有反馈，可以用一个无向的完备图表示。这种神经网络的信息处理过程是状态的变换，可以用动力学系统理论处理。系统的稳定性与联想记忆功能有密切关系。霍普菲尔德（Hopfield）网络、玻耳兹曼机均属于这种类型。

感知机（perceptron）是1957年由美国心理学家弗朗克·罗森布拉特（Frank Rosenblatt）提出的一种二分类的线性分类器模型。它包含两层：输入层为样本的特征向量，输出层为样本的类别，用+1或−1标记。

感知机能够解决线性可分的问题，但真实世界中，大量分类问题是非线性可分问题。一种有效的方法是在输入层和输出层之间引入隐含层，在每个隐含层通过激活函数处理非线性情况，从而将感知机转化为多层感知机来解决非线性可分问题。多层感知机是目前应用广泛的神经网络之一，这主要源于基于BP（back propagation，反向传播）算法的多层感知机具有以下重要能力。

① 非线性映射能力。多层感知机能学习和存储大量输入–输出模式映射关系，它能完成由 $n$ 维输入空间到 $m$ 维输出空间的非线性映射。

② 泛化能力。多层感知机训练后将所提取的样本对中的非线性映射关系存储在权值矩阵中，在之后的测试阶段，当向网络输入训练时未曾见过的非样本数据时，网络也能完成由输入空间到输出空间的正确映射。这种能力称为多层感知机的泛化能力，它是衡量多层感知机性能优劣的一个重要方面。

③ 容错能力。多层感知机的优势还在于允许输入样本中带有较大的误差甚至个别错误。因为对权值矩阵的调整过程也是从大量的样本对中提取统计特性的过程，反映正确规律的知识来自全体样本，所以个别样本中的误差不能左右对权值矩阵的调整。

但BP算法具有一定的局限性，误差曲面的平坦区域会使训练次数大大增加，从而影响收敛速度；而误差曲面的多极小点会使训练易陷入局部极小，从而使训练无法收敛于给定误差。以上两个问题都是BP算法的固有缺陷，其根源在于基于误差梯度下降的权值调整原则（该调整原则即所谓贪心算法的原则）每一步求解都取局部最优。此外，对于较复杂的多层感知机，标准BP算法能否收敛是无法预知的，因为训练最终进入局部极小还是全局极小与网络权值的初始状态有关，而初始权值是随机确定的。BP算法已有很多改进方法，包括加入动量项，采用较好的初始权值，激活函数输出的限制法，变步长法，改进误差函数等。学习率 $\eta$ 是对收敛速度有较大影响的参数。为了极小化总误差，学习率 $\eta$ 应选得足够小，但是小的 $\eta$ 学习过程将很慢；大的 $\eta$ 虽然可以加快学习速度，但可能导致学习过程的振荡从而收敛不到期望解；另外，学习过程可能收敛于局部极小点或在误差函数的平稳阶段停止不前。BP算法在提升学习率收敛速度方面主要有如下方式：加入惯性项；调整连接权值矩阵的每一行的学习率；依据学习率梯度局部调整学习率。

共轭梯度法（conjugate gradient method，CGM）是另外一种神经网络训练方法。共轭梯度法是介于最速下降法与牛顿法之间的一种方法，它仅须利用一阶导数信息，但克服了最速下降法收敛慢的缺点，又避免了牛顿法需要存储和计算海塞（Hessian）矩阵并求逆的缺点。共轭梯度法是一种典型的共轭方向法，它的每一个搜索方向是互相共轭的，而这些搜索方向仅是负梯度方向与上一次迭代的搜索方向的组合。共轭梯度法亦为二阶算法。共轭梯度法在目标函数二次性较强的区域有较好的收敛效果。

## 6.4　强化学习

强化学习（reinforcement learning，RL），又称再励学习、评价学习或增强学习，是机器学习的范式和方法论之一，用于描述和解决智能体（agent）在与环境的交互过程中，通过学习策略以达成回报最大化或实现特定目标的问题。

强化学习是智能体以"试错"的方式进行学习，通过与环境进行交互获得奖励以指导动作，目标是使智能体获得最大的奖励。强化学习理论受到行为主义心理学启发，侧重在线学习并试图在探索–利用（exploration–exploitation）间保持平衡。不同于监督学习和非监督学习，强化学习主要表现在强化信号（奖励或惩罚）上。强化学习通过由环境提供的强化信号对产生的动作做评价，从而获得学习信息并更新模型参数，而不是告诉系统如何产生正确的动作。由于外部环境提供的信息很少，强化学习强调靠自身的经历进行学习，在行动–评价的环境中获得知识，改进行动方案以适应环境。强化学习系统学习的目标是动态地调整参数，以达到强化信号最大。

智能体为适应环境而采取的学习具备以下特征：

（1）智能体不是静态、被动地等待，而是主动对环境做出试探。

（2）环境对试探动作的反馈信息具有好或坏的评价。

（3）智能体在行动–评价的环境中获得知识，改进行动方案以适应环境，取得预期结果。

### 6.4.1 强化学习模型及其基本要素

#### 1. 强化学习模型

强化学习受到生物能够有效适应环境的启发，以试错的机制与环境进行交互，通过最大化累积奖励的方式来学习到最优策略。强化学习强调如何基于环境而行动，以取得最大化的预期利益。强化学习模型由智能体（agent）、状态（state）、奖励（reward）、动作（action）和环境（environment）五部分组成。在强化学习中，算法称为智能体，它与环境发生交互，从环境中获取状态，并决定要做出的动作，环境会根据自身的逻辑给予智能体奖励。奖励有正向和反向之分，如图6-1所示。例如在游戏中，每击中一个敌人就是正向的奖励，掉血或者游戏结束就是反向的奖励。

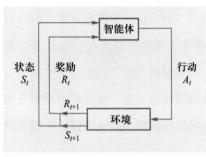

图6-1　强化学习模型

智能体：智能体是整个强化学习系统的核心。它能够感知环境的状态，并且能够根据环境提供的强化信号，通过学习选择一个合适的动作，以最大化长期的奖励值。

环境：环境会接收智能体执行的一系列的动作，并且对这一系列动作的好坏进行评价，将其转换成一种可量化的奖励（标量信号）反馈给智能体，而不会告诉智能体应该如何学习动作。

奖励：环境提供给智能体的一个可量化的标量反馈信号，用于评价智能体在某一个时间步（time step）所做动作的好坏。

历史（history）：历史就是智能体过去的一系列观测、动作和奖励的序列信息。

状态：状态指智能体所处的环境信息，包含智能体用于进行动作选择的所有信息。

可见，强化学习的主体是智能体和环境。智能体为了适应环境，最大化未来累积的奖励，做出一系列的动作，这个学习过程称为强化学习。智能体在与环境交互时，每一时刻循环发生如下事件序列：

（1）智能体感知当前的环境状态。

（2）根据当前的状态和奖励，智能体选择一个动作执行。

（3）当智能体选择的动作作用于环境时，环境状态转移至新的状态，并给出新的奖励。

（4）奖励反馈给智能体。

强化学习不同于监督学习。监督学习给出有标签的训练数据，每个样例都有一个标签或者动作。系统的主要动作是判断数据属于哪一类别。强化学习也不同于无监督学习。无监督学习是从无标签的数据中找出其中的结构化信息，而强化学习是最大化一个奖励信息而不是寻找隐藏的结构化信息。

强化学习具有如下特点：

（1）强化学习是通过智能体与环境不断地试错交互来进行学习，奖励可能是稀疏且合理延迟的，它不要求（或要求较少）先验知识，智能体在学习中所使用的反馈是一种数值回报形式，不要求有提供正确答案的教师，即环境返回的奖励是$r$，而不像监督学习中给出的教师信号$(s, a)$。

（2）强化学习是一种增量式学习，可以在线使用。

（3）强化学习可以应用于不确定性环境。

（4）强化学习的体系可扩展。强化学习系统已扩展到规划合并、智能探索、结构控制，以及监督学习的任务中。

2. 强化学习基本要素

一个强化学习系统，除了智能体和环境之外，还包括其他四个要素：策略（policy，$\pi$）、奖励函数（reward function，$R$）、值函数（value function，$V$）和环境模型（environment model），其中，环境模型可以有，也可以没有（model free）。

策略：确定智能体在给定时间的动作方式，表示状态到动作的映射。

奖励函数：也称回报函数，定义了强化学习问题的目标，智能体通过一系列的策略选择，最终通过奖励函数映射到一个奖励信号，产生关于一个动作好坏的评价。每一步骤结束后，环境给智能体一个数值信号作为反馈，叫作奖励。智能体的目标是最大化长期的奖励。

值函数：奖励函数计算当前策略的好坏，但没法衡量策略未来的好坏，因此，通过值函数预测未来的奖励值，从长远角度来评价策略的好坏。

环境模型：它是强化学习系统中可选的部分。环境模型用于模拟环境的行为方式，它将强化学习和动态规划等方法结合在一起。借助于环境模型，智能体可以在进行策略选择时考虑未来可能发生的情况，提前进行规划。

### 6.4.2 马尔可夫决策过程

在强化学习中，智能体与环境进行交互。在时刻$t$，智能体会接收到来自环境的状态$s$，基于这个状态$s$，智能体做出动作$a$，这个动作作用于环境，于是智能体可以接收到奖励，并且智能体到达新的状态。智能体与环境之间的交互产生了一个序列，称为序列决策过程。而马尔可夫决策过程就是一种典型的公式化的序列决策过程。

## 1. 马尔可夫过程

马尔可夫过程（Markov process）是一类随机过程。它的原始模型马尔可夫链，由俄国数学家安德雷·安德列耶维奇·马尔可夫（Andrey Andreyevich Markov）于1907年提出。马尔可夫过程是研究离散事件动态系统状态空间的重要方法，它的数学基础是随机过程理论。

**定义6-1** 马尔可夫性。

设 $\{X(t), t \in T\}$ 为一随机过程，$E$ 为其环境，若对任意的 $\{t_1 < t_2 < \cdots < t_n < t\}$，任意的 $x_1, x_2, \cdots, x_n, x_i \in E$，随机变量 $X(t)$ 在已知变量 $\{X(t_1)=x_1, \cdots, X(t_n)=x_n\}$ 之下的条件分布函数只与 $X(t_n)=x_n$ 有关，而与 $X(t_1)=x_1, \cdots, X(t_{n-1})=x_{n-1}$ 无关，即条件分布函数满足等式

$$F(x, t \mid x_n, x_{n-1}, \cdots, x_2, x_1, t_n, t_{n-1}, \cdots, t_1) = F(x, t \mid x_n, t_n)$$

即

$$P\{X(t) \leqslant x \mid X(t_n)=x_n, \cdots, X(t_1)=x_1\} = P\{X(t) \leqslant x \mid X(t_n)=x_n\}$$

此性质称为马尔可夫性，亦称无后效性或无记忆性。

若 $X(t)$ 为离散型随机变量，则马尔可夫性亦满足等式

$$P\{X(t)=x \mid X(t_n)=x_n, \cdots, X(t_1)=x_1\} = P\{X(t)=x \mid X(t_n)=x_n\}$$

**定义6-2** 马尔可夫过程。

若随机过程 $\{X(t), t \in T\}$ 满足马尔可夫性，则称为马尔可夫过程。

## 2. 马尔可夫决策过程

马尔可夫决策过程（Markov decision process，MDP）根据环境是否可感知的情况，可分为完全可观测 MDP 和部分可观测 MDP 两种。这里主要使用可观测的马尔可夫决策过程介绍相关基本原理。

马尔可夫决策过程是一个离散时间的随机过程，由六元组 $(S, A, D, P, r, J)$ 表示。其中：$S$ 为有限的环境状态空间；$A$ 为有限的系统动作空间；$D$ 为初始状态概率分布，当初始状态确定时，$D$ 在该初始状态下的概率为 1，当初始状态是以相等的概率从所有状态中选择时，则 $D$ 可以忽略；$P(s,a,s') \in [0,1]$ 为状态转移概率，表示在状态 $s$ 下选择动作 $a$ 后使环境状态转移到状态 $s'$ 的概率；$r(s,a,s')$：$S \times A \times S \to \mathbb{R}$ 为学习系统从状态 $s$ 执行动作 $a$ 转移到状态 $s'$ 后获得的立即回报（奖励）函数；$J$ 为决策优化目标函数。马尔可夫决策过程的特点是目前状态向下一个状态 $s'$ 转移的概率和回报只取决于当前状态 $s$ 和选择的动作 $a$，而与历史状态与动作无关，因此 MDP 的转移概率 $P$ 和立即回报 $r$ 也只取决于当前状态和选择的动作，与历史状态和历史动作无关。若转移概率函数 $P(s,a,s')$ 和回报函数 $r(s,a,s')$ 与决策时间 $t$ 无关，即不随时

间 $t$ 的变化而变化，则 MDP 称为平稳 MDP。

MDP 的决策优化目标函数 $J$ 一般分为 3 种类型：有限阶段总回报目标函数、无限折扣总回报目标函数和平均回报目标函数。

有限阶段总回报目标函数为

$$J = E\left[\sum_{t=0}^{N} r_{t+1}\right] \tag{6-1}$$

其中，$r_t$ 为 $t$ 时刻得到的立即回报；$N$ 表示智能体的生命长度，即马尔可夫链的长度。在多数情况下，智能体学习的生命长度不可知，且当 $N \to \infty$ 时，函数可能会发散。因此，有限阶段总回报目标很少考虑。

无限折扣总回报目标函数为

$$J = E\left[\sum_{t=0}^{\infty} \gamma^t r_{t+1}\right] \tag{6-2}$$

平均回报目标函数为

$$J = \lim_{N \to \infty} \frac{1}{N} E\left[\sum_{t=0}^{N} r_{t+1}\right] \tag{6-3}$$

其中，$\gamma \in (0,1]$ 为折扣因子，用于权衡立即回报和将来长期回报之间的重要性。平均回报是折扣回报的一个特例，当折扣因子为 1 时，这两种目标函数等价。折扣回报目标函数和平均回报目标函数在强化学习研究中均得到广泛应用，但不同形式的优化目标函数将产生不同的优化结果。折扣总回报目标函数在性能方面近似于平均回报目标函数。这里将以具有折扣回报目标函数的 MDP 为例介绍相关算法。

在马尔可夫决策过程中，智能体根据决策函数（即策略）来选择动作。策略（policy）定义了智能体在给定时刻的行为方式，直接决定了智能体的动作。一个平稳随机性策略的定义 $\pi: S \times A \to [0,1]$。一个平稳确定性策略的定义为从状态空间到动作空间的一个映射，$\pi: S \to A$，表示在状态 $s$ 下选择动作 $\pi(s)$ 的概率为 1，选择其他动作的概率均为 0，是随机性策略的一种特例。

MDP 对应的值函数可分为状态值函数 $V^{\pi}(s)$ 和状态-动作值函数（也称动作值函数）$Q^{\pi}(s,a)$。状态值函数 $V^{\pi}(s)$ 表示学习系统从状态 $s$ 根据策略 $\pi$ 选择动作所获得的期望总回报，即

$$V^{\pi}(s) = E^{\pi}\left[\sum_{k=0}^{\infty} \gamma^k r_{t+k+1} \middle| s_t = s\right] \tag{6-4}$$

其中，$E^{\pi}$ 表示在状态转移概率和策略 $\pi$ 分布上的数学期望。

对于策略$\pi$和状态$s$，式（6-4）可以表示为式（6-5），即贝尔曼（Bellman）方程，有

$$
\begin{aligned}
V^{\pi}(s) &= E^{\pi}\{r_{t+1}+\gamma r_{t+2}+\gamma^2 r_{t+3}+\cdots|s_t=s\}\\
&= E^{\pi}\{r_{t+1}+\gamma V^{\pi}(s_{t+1})|s_t=s\}\\
&= \sum_a \pi(s,a)\sum_{s'}P(s,a,s')(R(s,a,s')+\gamma V^{\pi}(s'))|s_t=s,s_{t+1}=s' \quad (6\text{-}5)
\end{aligned}
$$

其中，$R(s,a,s')=E[r_{t+1}+\gamma r_{t+2}+\gamma^2 r_{t+3}+\cdots|s_t=s,a=a_t=\pi(s_t),s_{t+1}=s']$表示在状态$s$下选择动作$a$，使环境状态转移到状态$s'$的期望回报。

从贝尔曼方程可知，在状态转移概率和回报函数模型已知的情况下，容易求得$V^{\pi}(s)$。

MDP的动作值函数$Q^{\pi}(s,a)$表示学习系统从状态–动作对$(s,a)$出发，根据策略$\pi$选择动作所获得的期望回报，即

$$
Q^{\pi}(s,a)=E^{\pi}\left[\sum_{t=0}^{\infty}\gamma^k r_{t+k+1}|s_t=s,a_t=a\right] \quad (6\text{-}6)
$$

$V^{\pi}(s)$和$Q^{\pi}(s,a)$之间存在一定的关联性。对于一个确定性策略$\pi$，有$V^{\pi}(s)=Q^{\pi}(s,\pi(s))$；对于一个随机性策略$\pi$，有$V^{\pi}(s)=\sum_{a\in A}\pi(s,a)Q^{\pi}(s,a)$。因此，给定一个策略，无论是确定性策略还是随机性策略，动作值函数$Q^{\pi}(s,a)$均可用状态值函数$V^{\pi}(s)$来表示，即

$$
Q^{\pi}(s,a)=R(s,a)+\gamma\sum_{s'\in S}P(s,a,s')V^{\pi}(s') \quad (6\text{-}7)
$$

其中，$R(s,a)=\sum_{s'\in S}P(s,a,s')R(s,a,s')$为在状态$s$下选择动作$a$的期望回报。

状态值$V^{\pi}$（或动作值$Q^{\pi}$）是对回报函数的一种预测，其目的是为了获得更多的回报。因此，在选择动作时，通常依据值函数而不是回报函数做出决策：选择那些能带来最大值函数的动作。

智能体的最终目标是发现最优策略$\pi^*$。对于任意MDP，至少存在一个平稳确定性的最优策略，最优策略可以不唯一。最优策略$\pi^*$可以通过最优值函数获得。假设$\pi^*$对应的最优状态值函数和动作值函数分别为$V^*$和$Q^*$，则对于任意$s\in S$，任意$\pi'$，有

$$
V^*(s')\geq V^{\pi'},Q^*(s,\pi^*(s))\geq Q^{\pi'}(s,\pi'(s)) \quad (6\text{-}8)
$$

最优状态值函数$V^{\pi}$也满足贝尔曼最优方程，定义为

$$
V^{\pi}(s)=\max_{\pi}V^{\pi}(s)=\max_{a\in A}\sum_{s'\in S}P(s,a,s')(R(s,a,s')+\gamma V^*(s')) \quad (6\text{-}9)
$$

类似地，对于任意的$s\in S$，$a\in A$，最优动作值函数$Q^*$定义为

$$Q^*(s,a) = \max_{\pi} Q^{\pi}(s,a)$$

$$= \sum_{s' \in S} P(s,a,s') \left[ R(s,a,s') + \gamma \max_{a' \in A} Q^*(s',a') \right] \quad （6-10）$$

由此，可以得出最优策略

$$\pi^*(s) = \underset{a \in A}{\operatorname{argmax}} \sum_{s' \in S} P(s,a,s')(R(s,a,s') + \gamma V^*(s')) \quad （6-11）$$

$$\pi^*(s) = \underset{a \in A}{\operatorname{argmax}} Q^*(s,a) \quad （6-12）$$

如果给定动作值函数$Q^*$，则很容易确定最优策略；而如果给定状态值函数$V^*$，则需要已知MDP的状态转移概率和回报函数模型才能确定最优策略。

### 6.4.3 Q学习与SARSA学习

#### 1. Q学习

Q学习（Q-learning）是由克里斯托弗·瓦特金斯（Christopher J. C. H. Watkins）提出的一种模型无关、离线策略TD的强化学习算法。不同于TD算法，Q学习迭代的是状态–动作对的值函数，而不是$V(s)$；Q学习中须采用贪心策略选择动作，无须依赖模型最优。Q学习迭代时采用状态–动作对的奖励和$Q(s,a)$作为估计函数。因此，智能体在每一次学习迭代时都需要考察每一个行为，这样可确保学习过程收敛。

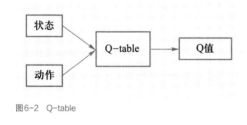

图6-2 Q-table

Q学习中的Q函数$Q(s,a)$就是在某一时刻的$s$状态下，采取动作$a$能够获得收益的期望。环境会根据智能体的动作反馈相应的奖励，所以算法的主要思想就是将状态与动作构建成一张Q-table来存储Q值（见图6-2），然后根据Q值（Q-value）选取能够获得最大收益的动作。

Q学习算法的基本形式为

$$Q^*(s,a) = \gamma \sum_{s \in S'} P(s,a,s')(r(s,a,s') + \max_{a'} Q^*(s',a')) \quad （6-13）$$

其中，$Q^*(s,a)$表示智能体在状态$s$下采用动作$a$所获得的最优奖励折扣，即最优策略是在$s$状态下选取Q值最大的动作。

Q学习的Q函数更新公式为

$$Q(s_t,a_t) \leftarrow Q(s_t,a_t) + \alpha(r_{t+1} + \gamma \max_a Q(s_{t+1},a) - Q(s_t,a_t)) \quad （6-14）$$

Q学习首先初始化Q值；然后，智能体在$s_t$状态下，根据$\varepsilon$贪心策略确定动作$a_t$，并得到经验知识和训练样本$(s_t,a_t,s_{t+1},r_{t+1})$；其次，根据此经验，依据式（6-14）更新

Q值。当智能体访问到目标状态时，算法终止一次迭代循环。算法继续从初始状态开始新的迭代循环，直至学习结束，具体算法如算法6-9所示。

算法6-9　单步Q学习算法

初始化：给定任意$Q(s,a)$，参数$\alpha$、$\gamma$的初值

repeat

　　给定起始状态$s$

　　repeat（对于episode的每一步）

　　　　根据$\varepsilon$贪婪策略选择动作$a_t$，得到立即回报$r_t$和下一个状态$s_{t+1}$；

　　　　$Q(s_t,a_t) \leftarrow Q(s_t,a_t) + \alpha(r_t + \gamma \max_a Q(s_{t+1},a) - Q(s_t,a_t))$；

　　　　$s_t \leftarrow s_{t+1}$；

　　until $s_t$是终止状态

until 所有的$Q(s,a)$收敛

输出最终策略：$\pi(s) = \underset{a \in A}{\arg\max}\, Q(s,a)$

由于在一定条件下Q学习只采用$\varepsilon$贪心策略即可保证收敛（即保证每个状态被访问的概率大于0），因此，Q学习是目前最有效的模型无关强化学习算法。同时，Q学习中的行为策略与评估策略是不一致的，所以其属于离线策略学习方法。同样地，Q学习也可根据TD($\lambda$)算法的方式扩充到Q($\lambda$)算法。

2. SARSA学习

G. A. Rummery和Mahesan Niranjan在1994年提出了SARSA（state-action-reward-state-action）学习算法，它是一种在线策略Q学习算法。SARSA采用实际的Q值进行迭代，它根据执行某个策略所获得的经验来更新值函数。在Q学习算法中，学习系统的行为选择策略和值函数的迭代是相互独立的，而SARSA学习算法以严格的TD学习形式实现行为值函数的迭代，即行为决策与值函数的迭代是一致的。SARSA学习算法在一些学习控制问题的应用中被证明具有优于Q学习算法的性能。单步SARSA学习算法如算法6-10所示。

算法6-10　单步SARSA学习算法（在线TD）

初始化：给定任意$Q(s,a)$，参数$\alpha$、$\gamma$的初值

repeat

　　给定起始状态$s$，并根据$\varepsilon$贪婪策略在状态$s$选择动作$a$

　　repeat（对于episode的每一步）

根据 $\varepsilon$ 贪婪策略，在状态 $s$ 选择动作 $a$，得到回报 $r$ 和下一个状态 $s'$；

在状态 $s'$，根据 $\varepsilon$ 贪婪策略得到动作 $a'$；

$Q(s,a) \leftarrow Q(s,a) + \alpha[r + \gamma Q(s',a') - Q(s,a)]$；

$s \leftarrow s'$，$a \leftarrow a'$；

　　until $s$ 是终止状态

　until 所有的 $Q(s,a)$ 收敛

输出最终策略：$\pi(s) = \underset{a \in A}{\mathrm{argmax}} Q(s,a)$

在 SARSA 学习算法中，行为探索策略的选择对算法的收敛性具有关键作用。Satinder Singh 提出了两类行为探索策略：渐进贪心无限探索（greedy in the limit and infinitel exploration，GLIE）策略和 RRR 策略（restricted rank–based randomized policy），以实现对 MDP 最优值函数的逼近。G. A. Rummery 将 TD($\lambda$) 与单步 SARSA 学习结合，得到一种增量式在线策略学习方法 Sarsa（$\lambda$），可以充分利用经验数据，提高学习效率。

SARSA 与 Q 学习的最大区别在于：

（1）SARSA 是用 $\varepsilon$-greedy 得到动作 $a$ 的回报 $r$ 和下一个状态 $s'$，并对 $s'$ 也使用 $\varepsilon$-greedy 得到动作 $a'$ 和状态动作值函数 $Q(s',a')$，并计算 TD 目标 $r + \gamma Q(s',a')$。

（2）Q 学习是用 $\varepsilon$-greedy 得到动作 $a$ 的回报 $r$ 和下一个状态 $s'$（这部分和 SARSA 一样），计算 TD 目标 $r + \gamma \max a'Q(s',a')$，可见这里不再是通过 $\varepsilon$-greedy 选出的 $a'$ 来计算 $Q(s',a')$，而是用 $\max a'Q(s',a')$，也就是强制选择使 Q 最大的那个动作带来的 Q 值，而非随机策略。

### 6.4.4　深度 Q 学习

深度强化学习将深度学习的感知能力和强化学习的决策能力相结合，并能够通过端对端的学习方式实现从原始输入到输出的直接控制。深度强化学习方法自提出以来，在许多需要感知高维度原始输入数据和决策控制的任务中，已经取得了实质性的突破。

深度学习与强化学习相结合，需要面临如下问题：

（1）深度学习需要大量带标签的样本进行监督学习；强化学习只有奖励返回值，而且伴随着噪声、延迟、稀疏（很多状态的奖励是 0）等问题。

（2）深度学习的样本独立；强化学习的前后状态相关。

（3）深度学习的目标分布固定；强化学习的目标分布一直变化，例如，玩游戏

时，一个关卡和下一个关卡的状态分布是不同的，训练好了前一个关卡，下一个关卡又要重新训练。

（4）使用非线性网络表示值函数时会出现不稳定等问题。

深度Q学习网络（deep Q-learning network，DQN）通过如下方式解决上述问题：

（1）通过Q学习，使用奖励来构造标签（对应问题1）。

（2）通过经验回放（experience replay）的方法来解决相关性及非静态分布问题（对应问题2、3）。

（3）使用一个卷积神经网络（MainNet）产生当前Q值，使用另外一个卷积神经网络（TargetNet）产生 Target Q值（对应问题4）。

1. 构造标签

深度Q学习中的卷积神经网络的作用是对在高维且连续状态下的Q-table做函数拟合，而对于函数优化问题，监督学习的一般方法是先确定损失函数，然后求梯度，使用随机梯度下降等方法更新参数。深度Q学习则基于Q学习来确定损失函数。

Q学习的更新公式为

$$Q(s_t,a_t) \leftarrow Q(s_t,a_t) + \alpha(r_{t+1} + \gamma \max_a Q(s_{t+1},a) - Q(s_t,a_t))$$

DQN的损失函数为

$$L(\theta) = E[(\text{Target}Q - Q(s,a;\theta))^2]$$

其中，$\theta$是网络参数，目标为$\text{Target}Q = r + \gamma \max Q(s',a';\theta)$。

损失函数是基于Q学习更新公式的第二项确定的，两个公式意义相同，都是使当前的Q值逼近 Target Q值。

求$L(\theta)$关于$\theta$的梯度，更新网络参数$\theta$。损失函数的求解示意如图6-3所示。

2. 经验回放

在训练神经网络时，假设训练数据是独立同分布的，但是强化学习数据采集过程中的数据是具有关联性的，利用这些时序关联的数据进行训练时，神经网络无法稳定。此时，可利用经验回放打破数据间的关联性。经验回放的功能主要是解决相关性及非静态分布问题。具体做法是把每个时间步中智能体与环境交互得到的转移样本$(s_t,a_t,r_t,s_{t+1})$存储到回放记忆（replay memory）单元，训练时随机拿出一些（minibatch）进行训练（利用均匀随机采样的方法从记忆单元中抽取数据，利用抽取到的数据训练神经网络。训练时的随机抽取避免了相关性问题）。

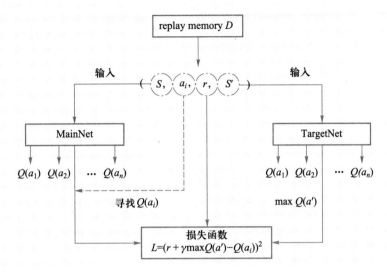

图6-3 损失函数求解示意

### 3. 目标网络

DQN有两个版本（NIPS 206.4、Nature 2015）。在Nature 2015版本中，DQN使用另一个网络（这里称为TargetNet）产生Target Q值。具体地，$Q(s,a;\theta_i)$表示当前网络MainNet的输出，用来评估当前状态–动作对的值函数；$Q(s,a;\theta_i^-)$表示TargetNet的输出，代入求Target Q值的公式中得到目标Q值。根据损失函数更新MainNet的参数，每经过$N$轮迭代，将MainNet的参数复制给TargetNet。引入TargetNet后，在一段时间中目标Q值保持不变，一定程度上降低了当前Q值和目标Q值的相关性，提高了算法稳定性。

深度Q学习算法如算法6-11所示。

算法6-11 深度Q学习（Nature 2015版）

> 1. 初始化replay memory $D$，capacity设为$N$
>
> 2. 使用随机权重$\theta$初始化动作值函数$Q$
>
> 3. 使用权重$\theta^-=\theta$初始化目标动作值函数$\hat{Q}$
>
> 4. For $episode = [1,\cdots,M]$ do
>
> （1）初始化事件的第一个状态（$x_1$是第一张图片）$s_1 =\{x_1\}$，并通过预处理得到状态对应的特征输入$\phi_1=\phi(s_1)$
>
> （2）For $t= [1,\cdots,T]$ do
>
> ① 根据概率$\varepsilon$随机选择一个动作$a_t$
>
> ② 如果小概率事件没有发生，就用贪婪策略选择当前行为值函数最大的那个动作：$a_t = \mathrm{argmax}_a(Q(\phi(s_t),a;\theta))$

③ 在模拟器中执行动作 $a_t$，得到回报 $r_t$ 以及图片 $x_{t+1}$

④ 令 $s_{t+1}=s_t,a_t,x_{t+1}$，预处理 $\phi_{t+1}=\phi(s_{t+1})$

⑤ 将 transition $(\phi_t,a_t,r_t,\phi_{t+1})$ 存入 $D$

⑥ 从 $D$ 中随机采样出一个小批量的 transitions $(\phi_j,a_j,r_j,\phi_{j+1})$

⑦ 令

$$y_j=\begin{cases} r_j, & \text{如果在 } j+1 \text{ 步结束} \\ r_j+\gamma\max_{a'}\hat{Q}(\phi_{j+1},a';\theta^-), & \text{否则} \end{cases}$$

⑧ 对 $(y_j-Q(\phi_j,a_j;\theta))^2$ 的参数 $\theta$ 进行一个梯度下降 step 的更新

$$\theta_{t+1}=\theta_t+\alpha[r+\gamma\max_a(\hat{Q}(s',a';\theta^-))-Q(s,a;\theta)]\nabla Q(s,a;\theta)$$

⑨ 每 $C$ 个 step，令 $\hat{Q}=Q$，即令 $\theta^-=\theta$

（3）End For

5. End For

## 6.5 应用示例

本章将以机器学习领域中最为基础的分类任务为应用示例。

分类是一项需要使用机器学习算法学习如何以问题域为示例分配类标签的任务。一个简单易懂的例子是将电子邮件分为"垃圾邮件"和"非垃圾邮件"。

从建模的角度来看，分类需要一个训练数据集，其中包含许多可供学习的输入和输出示例。模型使用训练数据集并计算如何将输入数据映射到最符合的特定类别标签。因此，训练数据集必须具有一定的代表性，并且每一个类别都应有许多的样本。类别标签通常是字符串，例如"垃圾邮件""非垃圾邮件"。必须先将类别标签映射为数值，然后才能用于建模算法。该过程通常称为标签的编码，标签编码将唯一的整数分配给每个类标签，例如"垃圾邮件"= 0，"非垃圾邮件"= 1。

对于分类预测问题进行建模，有许多不同类型的分类算法可供使用。关于如何对某一问题选择一个最合适的算法，目前没有很好的理论。通常建议通过受控试验来探究什么样的算法和算法配置在给定的分类问题上能实现最佳性能。

分类模型的好坏通常用分类预测算法的结果进行评估。分类准确率是一种流行的度量标准，用于根据预测的类别标签评估模型的性能。分类准确率并不完美，但对于许多分类任务来说是一个很好的起点。

　　某些分类任务可能会要求预测每个样本属于各个类别的概率而不是给出一个类别标签，对于应用程序或用户随后的预测而言，这增加了额外的不确定性。用于评估预测概率的常用方法是ROC曲线。

## 6.6　小结

　　机器学习主要研究建立能够根据经验自我提高处理性能的计算机程序。主要包括：

　　（1）机器学习的诸多概念来源于人工智能、概率和统计、计算复杂性、信息论、心理学和神经生物学、控制论及哲学等不同的学科。

　　（2）一个完整定义的学习问题需要一个明确界定的任务、性能度量标准及训练经验的数据源。

　　（3）机器学习算法的设计过程包括许多选择，具体涉及选择训练经验的类型、学习的目标函数、目标函数的表示形式，以及从训练样例中学习目标函数的算法。

　　（4）学习的过程即搜索的过程，搜索包含可能假设的空间，使得到的假设最符合已有的训练样例和其他先验的约束或知识。

　　（5）机器学习算法在很多应用领域已被证明具有实用价值。

### 练习题

1. 叙述EM算法的步骤，并证明EM算法能收敛到局部最优。

2. 考虑高斯混合模型的一个特殊情况，其中分量的协方差矩阵都被约束为具有相同值的协方差值。推导在这种模型下使似然函数最大化的EM方程。

3. 分析$k$-means算法的局限性。

4. 阐述谱聚类算法的基本思想，并列举常用的谱聚类算法。

5. 设计两种SVM实现多分类的方案。

6. 对于样本空间中的超平面$w^Tx+b=0$，有$w=(-1,3,2)$，$b=1$，判断下列向量是否为支持向量，并求出对应的间隔。

   （1）$x_1=(4,-2,2)$；（2）$x_2=(2,5,-6.5)$；（3）$x_3=(4,-2,4)$。

7. 考虑形式如 $y_k(\boldsymbol{x}, \boldsymbol{w}) = \sigma\left(\sum_{j=1}^{M} w_{kj}^{(2)} h\left(\sum_{i=1}^{D} w_{ji}^{(1)} x_i + w_{j0}^{(1)}\right) + w_{k0}^{(2)}\right)$ 的
两层网络函数，其中隐藏单元非线性激活函数 $g(\cdot)$ 为
$\sigma(a) = \{1 + \exp(-a)\}^{-1}$。证明存在一个等价网络，它计算完全
相同的函数，但具有由 $\tanh(a)$ 给出的隐藏单元激活函数，
其中 tanh 函数由 $\tanh(a) = \dfrac{e^a - e^{-a}}{e^a + e^{-a}}$ 定义。

（提示：首先找到 $\sigma(a)$ 和 $\tanh(b)$ 之间的关系，然后证明两个网
络的参数因线性变换而不同。）

8. 阐述强化学习、监督学习和无监督学习的区别。

9. 阐述基于策略迭代和基于价值迭代的强化学习方法的区别，
并分别列举这两类中的代表性方法。

## 7.1 概述

目前，人工智能的发展已经进入了深度学习的阶段，即现有大部分的人工智能任务正在或即将采用深度学习的思想和架构解决相关问题。什么是深度学习？深度学习的基本思想是什么？深度学习的通常架构有哪些？常见的深度学习方法有哪些？本章将就这些问题进行讲解。

### 7.1.1 深度学习的概念

深度学习的英文名称是deep learning。深度学习也常被称为特征学习（feature learning）或无监督的特征学习（unsupervised feature learning）。实际上，后两个名称更能体现深度学习的本质。很多人以为深度学习的重点在学习上，只是程度更深，这种理解是不准确的。虽然"深度学习"一词并不十分准确，但是已经被广泛使用，因此也就用这一名词代表一类学习方法。

传统的学习任务，无论是有监督的学习还是无监督的学习，都涉及如何表示一个数据点或待处理的对象。例如，一张图片可以用像素点的向量表示，也可以用SIFT特征向量表示；又如，一个单词可以用字符串表示，也可以用one-hot向量表示，还可以用流行的word embedding向量表示法表示。这通常就是学习任务中十分重要的步骤，即特征表示或表示学习。在对数据点进行特征表示之后，就可以用特征代表数据点参与后续的计算，例如分类、聚类、推荐等。整体上，常见的学习任务都具有两个步骤：特征表示和选择与任务相关的计算模型。例如，对于分类任务，先进行特征学习，再用支持向量机、朴素贝叶斯等分类模型学习得到分类函数，如图7-1所示。

为了得到数据点最有效的特征表示，研究人员进行了大量探索。传统上，这些特征都是人为进行设计的。例如，在图像处理领域，像素可以作为特征，但是这种特征表示方法比较低效，人们陆续提出了SIFT、HOG、LBP等特征。显然，人为设计

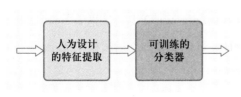

图7-1 传统分类方法处理流程

特征的方式具有如下缺点：① 依赖运气；② 难以设计；③ 耗时。因此，若能自动、尽可能地学习到数据点的特征表示，一方面由于学习得到的特征表示比较好，不再是随机设计出来的特征，因此后续任务的效果可以得到提升；另一方面，因为采用自动无监督地学习，所以能够非常高效地获得数据的特征，克服了手工方法依赖运气和耗时等缺点。

如前所述，体现深度学习本质特征的名称是无监督的特征学习，因此，深度学习本质上就是有关无监督地学习数据点的特征表示技术的总称。

### 7.1.2 深度学习的基本思想

深度学习是如何实现无监督特征学习的呢？如图 7-2 所示，假设有一个系统 $S$，它有 $n$ 层（$S_1,\cdots,S_n$），输入是 I，输出是 O，整个过程可形象地表示为 $I => S_1 => S_2 => \cdots => S_n => O$，如果输出 O 等于输入 I，即输入 I 经过这个系统变化之后没有任何的信息损失，保持不变，则意味着输入 I 经过每一层 $S_i$ 都没有任何的信息损失，即在任何一层 $S_i$，它都是原有信息（即输入 I）的另外一种表示。现在回到深度学习，假设有一系列输入 I（如一批图像或者文本），设计一个系统 $S$（有 $n$ 层），通过调整系统中的参数，使得它的输出仍然是输入 I，那么就可以自动地获得输入 I 的一系列层次特征，即 $S_1,S_2,\cdots,S_n$。

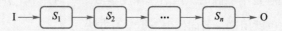

图7-2 特征的自动学习过程

注意，上面的假设是输出严格地等于输入，实际上这个限制太严格，可以略微放松，例如只要使输出与输入的差别尽可能小即可，即 $\arg\min\|O-I\|$。这个限制条件的放松会导致另外一类不同的深度学习方法。以上就是深度学习的基本思想。

通常，上述思想可以用另外一个更常见的抽象形式来表达，如图 7-3 所示。这个系统有两个主要组件：编码器和解码器。编码器的主要作用是把输入数据非线性地变换为某种其他的表示，本质上就是把输入数据编码为某种中间表示；而解码器的主要作用就是把编码过的信息重新解码恢复为原始形态，即把编码器编码得到的某种表示重新恢复或近似恢复为编码器的输入数据，亦即 $O = I$ 或 $\arg\min\|O-I\|$。这里学习得到的中间表示就是输入数据的特征，可以用来参与后续模块或步骤的计算，从而解决实际的问题。

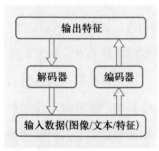

图7-3 更抽象的特征自动学习

注意，在具体运用深度学习时，特征的表示学习与后续应用特征表示的特定任务既可以分开处理，也可以一起处理（更常见）。特别是对于一起处理的情形，一般会更加关注特定任务的处理，而容易忽视特征的自动学习部分，从而难以体会到深度学习的基本思想。

### 7.1.3 深度学习的经典方法

#### 1. AutoEncoder

最简单的一种方法是利用人工神经网络（ANN）的特点。人工神经网络本身就是具有层次结构的系统，如果给定一个神经网络，依据7.1.2节中介绍的深度学习的基本思想，假设其输出（O）与输入（I）相同，训练调整其参数，得到每一层的权重，自然就得到了输入I的几种不同表示（每一层代表一种表示），即这些表示就是输入数据I的不同的特征表示。研究发现，在原有的特征中加入这些自动学习得到的特征可以大大提高任务的精确度，甚至在分类问题中比最好的分类算法的效果还要好。这种方法被称为AutoEncoder（自编码器）。通过继续加上一些约束条件，这一方法可以产生很多变种，得到新的深度学习方法。例如，如果在AutoEncoder的基础上加上L1的正则化限制（L1主要约束每一层的所有节点中权重大部分都为0，只有少数不为0，这就是Sparse名字的来源），就可以得到Sparse AutoEncoder方法。

#### 2. Sparse Coding

依据深度学习的基本思想，如果把输出必须和输入相等的限制放松，同时利用线性代数中基的概念，即 $O = W_1*B_1 + W_2*B_2 + \cdots + W_n*B_n$，$B_i$ 是基，$W_i$ 是系数，则可以得到这样一个优化问题：

$$\min |I-O|$$

通过求解这个最优化式子，可以求得系数 $W_i$ 和基 $B_i$，这些系数和基就是输入I的另外一种近似表达，因此，它们可以作为特征来表达输入I。这个过程是自动学习得到的，同时也不借助任何神经网络或其他结构。如果在上述式子中加上L1的正则化限制，得到

$$\min |I-O| + \lambda*(|W_1| + |W_2| + \cdots + |W_n|)$$

则这种方法被称为Sparse Coding（稀疏编码）。

形式化地，Sparse Coding可以描述如下：

训练：给定一个数据集合 $X$，学习一个基的字典 $[\varphi_1, \varphi_2, \cdots, \varphi_k]$。

编码：对数据向量 $X=\{x_1, x_2, \cdots, x_m\}$，通过L1正则化（LASSO）找到稀疏因子向量 $\boldsymbol{a}$，即

$$\min_{a,\phi}=\sum_{i=1}^{m}\left\|x_i-\sum_{j=1}^{k}a_{i,j}\phi_j\right\|^2+\lambda\sum_{i=1}^{m}\sum_{j=1}^{k}|a_{i,j}|$$

学习时，可以通过迭代优化的方法求解该优化函数，具体如下：

（1）固定基的字典 $\varphi_1,\varphi_2,\cdots,\varphi_k$，优化 $a$（这是一个标准的LASSO问题）。

（2）固定稀疏因子向量 $a$，优化基的字典 $\varphi_1,\varphi_2,\cdots,\varphi_k$（这是一个凸二次规划问题）。

反复迭代，稳定后得到优化的参数值。

图7-4所示是一个学习得到的例子。

图7-4　Sparse Coding演示

图7-4中下半部分左边的数据 $X_i$ 可以表示为 $a_i=[0,0,\cdots,0,0.8,0,\cdots,0,0.3,0,\cdots,0,0.5,\cdots]$。

如果把Sparse Coding作为基本构建模块，多次累积这些模块组成一个层次化的模型，就可以获得层次化的 Sparse Coding（Hierarchical Sparse Coding），如图7-5所示。

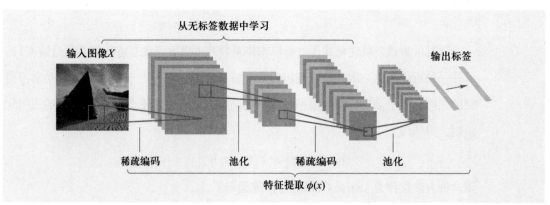

图7-5　层次化的Sparse Coding示意

通过层次化的Sparse Coding训练数据，可以得到从底层特征到高层特征不同的表示。图7-6给出了一个示例，可以看出学习得到的特征从底层到高层逐渐抽象。

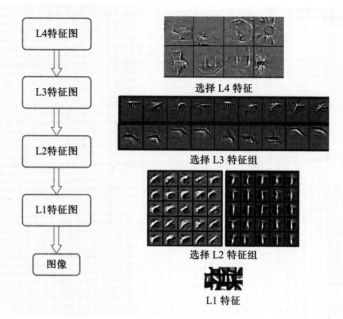

图7-6 层次化的Sparse Coding训练结果示意

### 3. 受限玻耳兹曼机

如图7-7所示，假设有一个二部图，每一层的节点之间没有链接，一层是可视层，即输入数据层（$v$），一层是隐藏层（$h$），如果所有的节点都是二值变量节点（只能取值0或者1），同时假设全概率分布$P(v,h)$满足玻耳兹曼（Boltzmann）分布，则称这个模型是受限玻耳兹曼机（restricted Boltzmann machine，RBM）。下面介绍为什么它是深度学习方法。首先，因为这个模型是二部图，所以在已知$v$的情况下，所有的隐藏节点之间是条件独立的，即$P(h|v)=P(h_1|v)\cdots P(h_n|v)$。同理，在已知隐藏层$h$的情况下，所有的可视节点都是条件独立的，同时又由于所有的$v$和$h$满足玻尔兹曼分布，因此，当输入$v$时，通过$P(h|v)$可以得到隐藏层$h$，而得到隐藏层$h$之后，通过$P(v|h)$又能得到可视层。通过调整参数，使得从隐藏层恢复得到的可视层$v'$与原来的可视层$v$一样，那么得到的隐藏层就是可视层的另外一种表达，因此隐藏层可以作为可视层（即输入数据）的特征，所以它是一种深度学习方法。

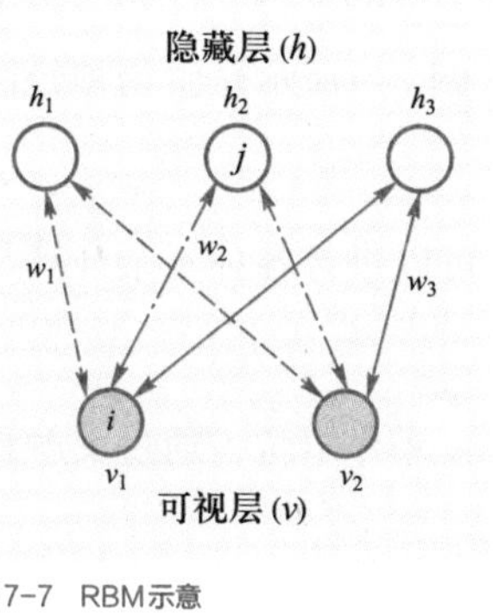

如果增加隐藏层的层数，就可以得到深度玻耳兹曼机（deep Boltzmann machine，DBM），如图7-8（b）所示。注意，学习参数时需要两层学习，先学习$v$和$h^1$两层之间的参数，$h^1$相当于新的$v$，从而可以学习$h^1$和$h^2$两层之间的参数，以此类推。如果在靠近可视层的部分使用贝叶斯信念网络（即有向图模型，当然这里依然限制层中节点之间没有链接），而在最远离可视层的部分使用RBM，则

图7-7 RBM示意

可以得到深度信念网（deep belief net，DBN），如图7-8（a）所示。

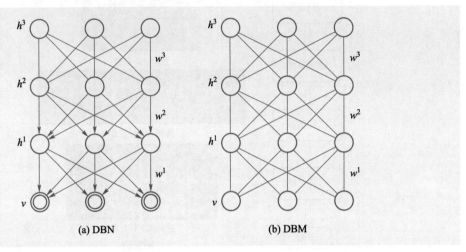

图7-8　DBN和DBM模型示意

通过以上几个经典的深度学习方法，可以很好地体会深度学习的核心思想。除了本章介绍的这些经典深度学习方法，还有其他一些经典的深度学习方法，这里不再赘述。总之，深度学习本质上能够自动地学习到数据的另外一种表示方法，这种表示可以作为特征加入原有问题的特征集合，从而提高学习方法的效果，这是当前业界的研究热点。

通过上述介绍可知，深度学习所依赖的物理结构不仅只有神经网络一类，还有其他多种形式。然而，由于神经网络的简单性和可塑性，使得以神经网络为物理结构的深度学习占据了主流地位，因此本章后续将主要介绍几类以神经网络为基础的重要和经典的深度学习方法。

## 7.2　人工神经网络

神经网络一般是指生物学意义上的物理系统，而在人工智能领域的神经网络指人工神经网络，它是仿照生物神经网络的原理而产生的。图7-9所示是生物神经网络及其神经元的示意。

人的大脑依赖于800多亿个神经元组成的神经网络，可以进行各种复杂计算与记忆。研究发现，生物神经网络运作的基本原理如下：

（1）通过神经元接收外界信号，当达到特定阈值时触发动作电位，通过突触释放神经递质，传递兴奋或抑制的信号，影响突触后的神经元。

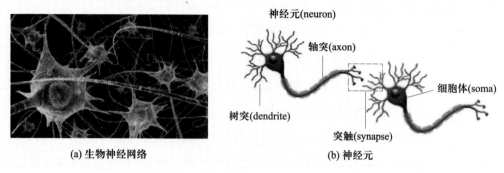

(a) 生物神经网络　　　(b) 神经元

图7-9　生物神经网络及其神经元的示意

（2）神经元与神经元之间是相互连接的，一个神经元发生变化后会影响后一个神经元，通过神经元之间复杂的消息传递，从而实现大脑的运算与记忆。

（3）神经元之间的连接能力，可以通过不断地在不同神经元之间构建新的突触连接或对现有突触进行改造来进行调整。

### 7.2.1　人工神经网络

受生物神经网络运行原理的启发，人们创造了人工神经网络。人工神经网络的神经元的基本结构如图7-10所示。

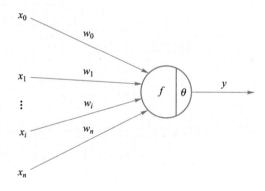

图7-10　神经元的基本结构

输入向量 $x$ 和输出 $y$ 之间的关系，可以通过如下公式描述：

$$y = f\left(\sum_{i=0}^{n} w_i x_i - \theta\right)$$

公式中各元素的含义如下：

$x_1, x_2, \cdots, x_i, x_n$：输入数据，模拟生物神经网络中来自其他神经元的输入。

$w_1, w_2, \cdots, w_3, w_n$：权重，模拟生物神经网络中每个神经元对外接收的不同突触强度，相当于为每个输入信号赋予不同的权重。

$x_0$ 和 $w_0$：偏置（bias）及其权重，模拟生物神经网络中神经元的基准敏感性，即每个神经元的敏感性不同，用偏置来调整、汇总信号值的大小。

$\sum$：求和函数，模拟生物神经网络中神经元对外接收的信号的累加和。

$f$：激活函数，模拟生物神经网络中信号量达到某个阈值后产生的动作电位，当达到某阈值后就会"激活"动作电位。通常可以使用sigmoid函数、tanh函数等。

$y$：输出值，模拟生物神经网络中神经元对外释放的信号。

这是最简单的神经元模块，更加复杂的神经元模块的原理与结构与此类似，这里不再赘述。通过该神经元模块，可以像搭积木一样构建更为复杂的神经网络模型。在介绍更为复杂的神经网络模型之前，先通过上述单个的神经元模块，也就是最简单的神经网络模型来处理二分类问题，以便更加清晰地理解神经网络的原理。下面先介绍要处理的问题和数据，然后进行模型推导，学习得到参数。

例如，在下面的训练数据上，运用单个神经元训练一个能处理二分类问题的分类器。

| 训练集 | | |
|---|---|---|
| $x_1$ | $x_2$ | $x_2$ |
| 0 | 0 | 0 |
| 0 | 1 | 0 |
| 1 | 0 | 0 |
| 1 | 1 | 1 |

首先，设定神经元的激活函数：

$$f(x) = \begin{cases} 1, x > 0 \\ 0, x \leqslant 0 \end{cases}$$

其次，针对某一个输入 $X$，假设 $y'$ 是通过模型得到的输出值，而 $y$ 是应该输出的值，训练的目标是对于每一个输入数据 $X$，尽可能地使模型的输出值 $y'$ 与 $y$ 相同。因此，基于单个神经元的二分类的分类器可以形式化表示如下：

$$y' = f\left(\sum_{i=0}^{n} w_i x_i\right)$$

优化目标函数如下：

$$\operatorname{argmin}|y - y'|$$

以上函数含有绝对值，难以求解，因此将其转换为

$$\operatorname{argmin}(y - y')^2$$

为了求解参数向量 $w$，可以通过顺序增量学习规则（sequential delta learning rule）和误差逆传播算法（back propagation algorithm，BP），得到如下的参数求解

迭代公式：

$$w \leftarrow w + \eta * (y - y') * x^t$$

这里，模型的偏置是$x_0$，可以设置一个初始值，这样输入向量$X$的所有维度就都有值了，然后可以通过上述迭代公式进行计算，直到参数向量$w$处于稳态或变化不大的状态，就求得了参数向量$w$的值，也就是模型已经训练好了。给定一个新的输入数据$X_{new}$，就可以通过训练得到的模型给出其分类标签$y'_{new}$。

### 7.2.2 "深度"的含义

7.2.1节介绍了人工神经网络经典的神经元结构，通过组合这些基本的神经元可以形成更加复杂的神经网络。典型的神经网络结构如图7-11所示。

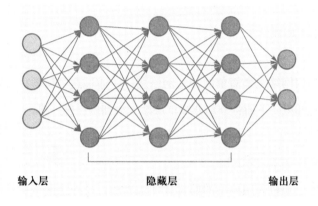

输入层        隐藏层        输出层

图7-11 典型的神经网络结构

从图7-11可知，通常的神经网络有三种类型的层：输入层、隐藏层和输出层。输入层和输出层都是接口，一个系统总要有输入数据的接口，也要有把处理结果输出的接口；而隐藏层最主要的目的就是做非线性变换，从而建立输入变量与输出变量之间的关系。最简单的神经网络结构是只有三层的神经网络，即只有一层隐藏层。而通常所讲的深度学习之"深度"，指的是在输入层与输出层之间有更多的隐藏层。

为什么深度学习自2013年开始流行，而不是20世纪80年代？为什么当年的人工神经网络会进入冷冻期呢？主要有如下三个原因：

（1）训练算法因素。20世纪80年代的神经网络，参数学习方法还不完善，不能有效地训练、学习得到隐藏层较多情况下的参数，这主要是因为用于学习参数的梯度反向传播算法在隐藏层较多的情况下几乎不能传播任何信息，即值几乎为0。直到2006年杰弗里·欣顿（Geoffrey Hinton）提出了一种新的解决方案，才使得构建隐藏层数较多并能成功学习得到参数的神经网络成为现实。

（2）数据量因素。20世纪80年代的数据较少，即使有隐藏层数很多的深度神经网络，也没有足够的数据训练网络以便获取模型的参数。

（3）计算能力因素。神经网络层数增多，代表参数量变大，要学习这些参数所需的计算量就变大了。20世纪80年代的计算能力非常有限，致使不可能有任何深度神经网络被训练出来，而近年来高速计算能力飞速发展，使得研发大规模深度神经网络成为可能。

为什么深度学习的效果比较好？ 如前所述，可以把神经网络看作输入 $x$ 与输出 $y$ 的非线性变换，即 $y = f(x)$，$f$ 是一个非线性变换函数，隐藏层越多，这个非线性变换函数的建模能力就越强。例如，对于分类任务来说，目标是学习一个分割平面或曲面，建模能力越强，平面或曲面分割就越精细，分类能力也就越强。

## 7.3 感知机网络

感知机网络是最简单的神经网络之一。通过这个模型，可以清晰地理解神经网络的基础知识。下面将分别介绍单层感知机和多层感知机。

### 7.3.1 单层感知机

单层感知机采用典型的监督式训练算法，是神经网络构建的基础，下面进行详细讲解。

单层感知机解决的是二分类问题，问题可以描述如下：假如平面中存在 $n$ 个数据点，每个数据点的标签是"0"或"1"，需要训练一个分类曲线，使得该分类曲线不仅能很好地将这 $n$ 个数据点区分开，而且对于未参与训练的数据点也能很好地分类（泛化能力）。此后，对于新的数据点，就可以通过训练好的分类器打标签，从而知道该数据点属于哪个类别。

如何解决这个问题呢？ 直觉地，如图7-12所示，可以在平面上寻找一条合理的直线，使得这条直线可以较好地分开两种类别的数据点，这条直线就是要训练的模型，而对于新数据点的分类，只需看这个新数据点与直线的位置关系就可以判定。例如，在图7-12中，如果新数据点位于直线的上方，那么就属于一类；如果位于下方，那么就属于另

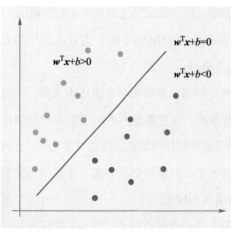

图7-12 线性分类示意

一类。

下面形式化地把这一过程建模出来。

### 1. 模型描述

二维平面中的一条直线可以用公式$f(x)=w^{\mathrm{T}}x+b$描述，$x$是输入数据，参数是$w$和$b$。输出的实例用+1和−1两个值表示，同时通过一个表示权重的向量$w$和一个偏移量$b$来建模直线；进一步地，通过一个激活函数建立输入与输出之间的关系。选用最简单的符号函数作为激活函数：

$$f(x)=\mathrm{sign}(w\cdot x+b)$$

其中sign是符号函数，有

$$\mathrm{sign}(x)=\begin{cases}+1, & x\geqslant 0\\ -1, & x<0\end{cases}$$

如果表示为神经网络的形式，如图7-13所示。

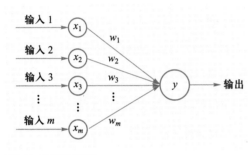

图7-13　单层感知机网络

### 2. 损失函数与参数训练

感知机的潜在假设是"数据是线性可分的"，其目标是求得一个使两个类别（+1和−1）的数据点能完全正确分开的分割线。为了训练出模型的参数，首先需要定义损失函数，然后求取使得损失函数最小的模型参数。

感知机选择的损失函数是误分类点到分割直线的距离之和。具体地，空间中任一点$x_0$到超平面$f(x)=w\cdot x+b$的距离公式为

$$D=\frac{|w\cdot x_0+b|}{||w||}$$

对于误分类的数据点$(x_i,y_i)$，满足下式：

$$-y_i(w\cdot x_i+b)>0$$

该方法成比例地缩放参数而不改变分割超平面的位置，类似支持向量机的思想。

为方便计算，统一将法向量的模长设置为1，因而不考虑$\frac{1}{||w||}$。因此，感知机的损失函数可以定义为

$$L(w,b)=-\sum_{x_i\in M}y_i(w\cdot x_i+b)$$

其中，$M$是误分类数据点的集合。

有了损失函数之后，通过观察可知，这个损失函数是可微的，因此，可以用随机梯度下降的方法求得使该损失函数最小的参数。具体地，首先设置一个初始点，

即给参数 $<w,b>$ 选取一个初始值 $<w_0,b_0>$；然后，从误分类数据点集合中任选一个数据点（$x_i,y_i$），其损失函数为

$$L(w,b) = -y_i(w \cdot x_i + b)$$

计算该数据点的损失函数的梯度，即对损失函数求偏导：

$$\nabla_w L(w,b) = -y_i x_i$$
$$\nabla_b L(w,b) = -y_i$$

依据梯度下降方法的原理，参数更新公式为

$$w \leftarrow w + \eta y_i x_i$$
$$b \leftarrow b + \eta y_i$$

其中，$\eta$ 是学习率，可以人为设定也可自动设定，$\eta \in (0,1]$。学习率越大，则每次迭代 $w$ 和 $b$ 的变化越大。不断迭代，直至 $M$ 集合为空，即没有误分类点为止。算法迭代结束时，损失函数为0，此时得到最终参数 $<w,b>$。值得注意的是，随机梯度下降方法不能保证每次迭代一定使误分类点的个数减少，也有可能使误分类点增加。但是已经有理论（Novikoff 定理）证明了"对于线性可分的数据，经过有限次的迭代，可以找到将训练数据集完全正确分开的分离超平面"，即感知机模型的随机梯度下降有理论保障其收敛性。如果数据本身不是线性可分的，那么感知机算法不会收敛，迭代会一直振荡。另外，由于梯度下降算法的特性，不能保证一定能得到全局最优解，因此初始点 $<w_0,b_0>$ 的选择会影响到最后的参数学习结果，即初始参数值不同，学习得到的参数值可能不同。

综上，感知机学习算法的执行步骤如下：

（1）初始化 $t=1$；设置所有的参数为0，即 $<w_1,b_1>=0$。

（2）给定一个数据点 $x$，当且仅当 $w'x>0$，预测其标签是 +1。

（3）对一个错误分类的数据点，更新参数如下：

$$w_{t+1} = w_t + \eta y_i x_i$$
$$b_{t+1} = b_t + \eta y_i$$

$t=t+1$，跳转到步骤（3），直至没有错误分类数据点，循环结束。

3. 感知机的缺点

感知机模型假设数据必须是线性可分的，即学习得到的分割函数是线性的。而实际中，线性可分的场景是非常少的，大部分场景都是线性不可分的。通过将感知机作为基本模块进行更为复杂的组合，可以得到更强大的学习模型。下面介绍更强大的多层感知机模型，这也是更为复杂的神经网络模型。

### 7.3.2　多层感知机

多层感知机，又称为全连接多层神经网络（fully connected multi-layer neural network），实际上就是将大量的单层感知机用不同的方法进行连接并作用在不同的激活函数上。

图7-14所示是多层感知机的架构示意。

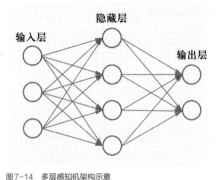

图7-14　多层感知机架构示意

多层感知机的基本构成如下：

（1）一个输入层，一个输出层，一个或多个隐藏层。图7-14所示的神经网络中有一个三神经元的输入层、一个四神经元的隐藏层和一个二神经元的输出层。

（2）每一个神经元都是一个感知机。

（3）输入层的神经元是隐藏层神经元的输入，同时，隐藏层神经元也是输出层神经元的输入。隐藏层可以大于1层，在隐藏层之间，前一个隐藏层的输出就是下一个隐藏层的输入。

（4）由于是全连接网络，所以某一层的某个神经元的输入是前一层所有神经元的输出，且神经元之间的连接都有权重 $w$。

（5）输入数据通过神经元之间的连接、权重和后续的激活函数，不断地计算并被向前传播，直到输出层输出结果。

#### 1. 激活函数与隐藏层数

如果神经网络的激活函数是线性的，那么无论隐藏层有多少层，都不会改变输入和输出之间的关系还是线性的事实，这样的神经网络的建模能力十分弱小。因此，神经网络应使用非线性的激活函数，常见的有对数函数、双曲正切函数、阶跃函数、整流函数等。

关于隐藏层的层数，理论上来讲，具有有限神经元数量的隐藏层可以逼近任何函数，即含有一层有限神经元的隐藏层的神经网络就可以拟合任何函数。那为什么需要使用多个隐藏层和深度学习呢？目前，较好的解释是多个隐藏层可以学习得到抽象特征，这是单层或少数几层神经网络学习不到的，这与人类大脑对世界的抽象能力有些类似。

#### 2. 模型训练

为了训练得到模型的参数，这里介绍著名的反向传播算法，其基本的处理流程如下：

首先，输入数据，通过神经网络的结构进行前向传播，直到输出位置。

然后，计算输出值与标准值之间的差异，通常使用均方误差（MSE），即

$$E = \frac{1}{2}(y-t)^2$$

其中，$t$是标准值，$y$表示通过前向传播得到的输出值。

传统地，在知道上述优化函数后，参数学习可以通过随机梯度下降的方法来最小化，从而求得参数值；然而，由于神经网络的参数特别多，这种优化方法非常低效。反向传播算法提供了一种利用输出误差来修正两个神经元之间权重的方法，从而有效地提升了参数学习的效率。具体地，对一个给定节点间的权重修正按如下公式进行：

$$\Delta w_i = -\alpha \frac{\partial E}{\partial w_i}$$

其中，$E$是输出误差，$w_i$是输入$i$的权重。该公式本质上就是修正梯度的方向，与随机梯度下降算法的本质相同。

整个训练过程，本质上就是先前向传播，看计算出来的预测值与实际值是否一致，如果有偏差，再反向传播，逐层修正边的权重。如此反复，直到没有偏差、偏差足够小或偏差变化不大，此时迭代循环结束，可认为学习得到了参数。

3. 隐藏层增加面临的问题

通常，神经网络有多个隐藏层，层数多的隐藏层比层数少的隐藏层能学习到更高抽象度的特征，从而实现更好的性能。增加隐藏层的层数会面临以下两个问题。

（1）梯度消失问题。反向传播算法有一个缺陷，就是当层数稍多一些时，梯度在反向传播过程中其值基本接近于0。也就是说，没有任何信息可以通过反向传播传回来，从而实现边权重的调整，相当于虽然增加了层数，但是调整不了边权重，这就是传统神经网络研究面临的梯度消失问题，也是20世纪80年代神经网络无法流行起来的重要原因之一。

（2）过拟合问题。过拟合是任何机器学习方法都可能面临的难题，神经网络模型也不能避免。过拟合的本质，就是采用一个过于复杂的模型，使其在训练数据上效果特别好，但是预测能力却非常差。也就是说，过于复杂的模型其实并没有学习到数据内在的规律，而仅仅因为模型非常复杂，使得其可以完全拟合训练数据，看起来效果很好。对于隐藏层数非常多的神经网络，由于其参数非常多，属于非常复杂的模型，因此也面临过拟合难题。

## 7.4　卷积神经网络

全连接神经网络的缺陷在于全连接层的参数太多，参数增多除了会导致计算速度减慢，还很容易导致过拟合问题。因此，需要一个更合理的神经网络结构来有效地减少神经网络中参数的数目。卷积神经网络（convolutional neural network，CNN）由于其特殊的机制，可以有效缓解这一问题。

卷积神经网络是非常著名且有效的神经网络模型，在人脸识别、手写数字识别、目标跟踪等很多任务中性能卓越。当前，知名的卷积神经网络非常多，如2012年的AlexNet、2014年的VGGNet、GoogLeNet 和2015年的ResNet等。虽然这些网络的结构不同，但是它们都具有一些相同的组成模块。总结起来，卷积神经网络通常具有输入层、卷积层、池化层和全连接层，其大概结构如图7-15所示。

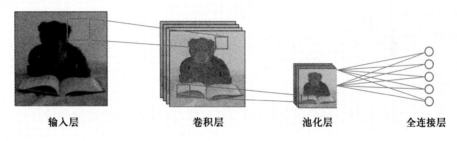

输入层　　　　　卷积层　　　　池化层　　　全连接层

图7-15　卷积神经网络结构概览

下面将对这些层逐一进行讲解。

### 7.4.1　输入层

该层的主要作用是对原始输入图像数据进行相应的预处理，主要包括以下内容。

去均值：把输入数据的各个维度都中心化为0，如图7-16（b）所示，其目的是把样本的中心拉回到坐标系原点。

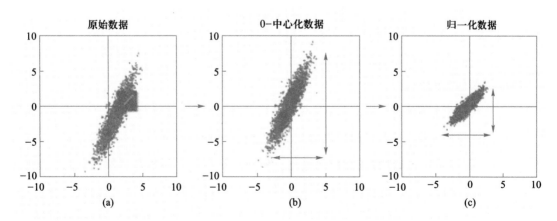

图7-16　去均值与归一化

归一化：将幅度归一化到同样的范围，如图7-16（c）所示，即减少各维度数据取值范围的差异带来的干扰。

去相关：通常用主成分分析（PCA）降维，从而去除相关变量，如图7-17(b)所示。

白化：主要是对数据各个特征轴上的幅度进行归一化，如图7-17（c）所示。

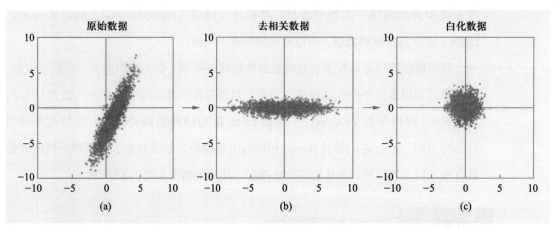

图7-17　去相关与白化

### 7.4.2　卷积层

卷积层最核心的部分就是卷积操作，这也是卷积神经网络名称的由来。

如图7-18所示，输入是一个长度和宽度均为3的图像，表达为二维数组，记为3×3或（3，3）；核数组的长度和宽度分别为2，记为2×2，该数组在卷积计算中又称为卷积核或过滤器（filter）。图7-18中的阴影部分为第一个输出元素及其计算所使用的输入和核数组元素，即输出中的19是通过0×0+1×1+3×2+4×3=19计算得到的，其他输出值类似可得，这就是卷积操作。

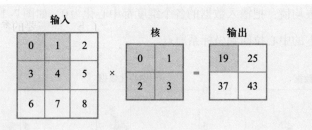

图7-18　卷积操作示例（长和宽方向的步长均为1）

在上面的例子中，卷积核在长和宽方向上移动的幅度都是1。为了更灵活地进行卷积操作，步长可以根据情况任意设定。如图7-19所示，长和宽方向的步长分别为2和3，从而得到相应的输出。另外，图7-19中还涉及另外一个概念，即填充（padding），也就是在输入数据的长和宽的两侧填充元素（通常是0元素，zero padding）。当$P=1$时，在图像周围填充一圈；当$P=2$时，在图像周围填充两圈。

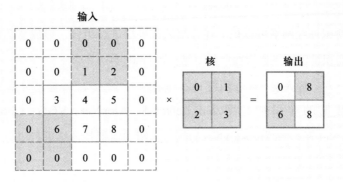

图7-19 卷积操作示例（长和宽方向的步长分别为2和3）

### 7.4.3 池化层

池化层的主要作用是为了缓解卷积层对位置过度敏感的问题。具体来说，池化函数通过使用某一位置的相邻输出的总体统计特征来代替该位置的输出，从而根据特征矩阵的局部统计信息进行下采样，在保留有用信息的同时减小特征矩阵的大小。显然，池化层可以非常有效地缩小特征矩阵的尺寸，从而减少最后全连接层中的参数量。同时，使用池化层既可以加快计算速度，也有防止过拟合的作用。

通常，池化层不包含需要学习的参数，人为设定相应参数值即可。常见的池化函数有最大池化（max pooling）函数和平均池化（average pooling）函数。最大池化函数把相邻矩形区域内的最大值作为输出，如图7-20所示；平均池化函数把相邻矩形区域内的均值作为输出。

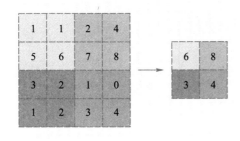

图7-20 最大池化函数

池化层通常具有三个作用：① 增加特征平移不变性，提高模型对输入数据微小变动的包容能力；② 有效减小特征矩阵的大小，由于进行了下采样，极大地减少了下一层需要的参数量和计算量，并降低了过拟合风险；③ 下采样是非线性的，提升了模型的拟合能力。

### 7.4.4 全连接层

全连接层与之前介绍的全连接网络差别不大，都需要进行神经元之间的全连接。具体地，全连接层之前的层学习得到的特征矩阵在全连接层中会失去空间拓扑结构，被展开连接为向量进行输入。因此，卷积层和池化层进行特征提取，而全连接层则是对提取的特征进行非线性组合以得到输出，即全连接层本身不被期望具有特征提取能力，而是试图利用现有的高阶特征完成学习目标。

### 7.4.5 经典的卷积神经网络

卷积神经网络可以把上述介绍的各种层进行组合，形成新的神经网络模型。常见的卷积神经网络通常按照如下结构进行组合：

输入层 ->(卷积层+ -> 池化层？)+ -> 全连接层+ -> 输出层

常见的卷积神经网络有LeNet-5、AlexNet、VGG、GoogLeNet、ResNet、DenseNet等。下面以AlexNet为例，介绍如何把各种层进行组合得到一个卷积神经网络。

如图7-21所示，AlexNet模型包含6 000万个参数和65万个神经元，包含5个卷积层，其中几层后面跟着最大池化（max pooling）层，以及 3 个全连接层，最后还有一个1 000路的softmax层。为了加快训练速度，AlexNet 使用了ReLU非线性激活函数及一种高效的基于GPU（图形处理单元）的卷积运算方法。为了减少全连接层的过拟合，AlexNet采用了Dropout防止过拟合方法，该方法被证明非常有效。

AlexNet的网络结构如下：

（1）输入层：原始图像大小为$224 \times 224 \times 3$（RGB模式），训练时经过预处理变为$227 \times 227 \times 3$。

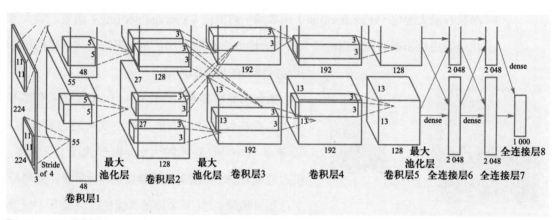

图7-21　AlexNet的模型结构

（2）第一层（带池化的卷积层）：

① 96个卷积核，卷积模板大小为$11 \times 11 \times 3$，步长为4，输出96个特征图（feature map），每个特征图的大小为$((227-11)/4+1) \times ((227-11)/4+1)=55 \times 55$。

② 经过ReLU激活函数。

③ 经过最大池化层，池化模板大小为$3 \times 3$，步长为2，池化后的特征图大小为$((55-3)/2+1) \times ((55-3)/2+1)=27 \times 27$。

④ 经过局部响应归一化（local response normalization，LRN），归一化尺寸大

小为 $5 \times 5$，归一化后的特征图大小不变，仍为 $27 \times 27$。

⑤ 最终输出的张量大小为 $27 \times 27 \times 96$，被分成2组，每组各48个特征图，分别在一个独立的GPU上进行运算。

（3）第二层（带池化的卷积层）：

① 由于输入被分为2组，因此这一层的所有运算也被分成2组，每种各128个卷积核。卷积模板大小为 $5 \times 5 \times 48$，步长为1，采用零填充，输出128个特征图，每个大小为 $27 \times 27$。

② 经过ReLU激活函数。

③ 经过最大池化层，池化模板大小为 $3 \times 3$，步长为2，池化后的特征图大小为 $((27-3)/2+1) \times ((27-3)/2+1) = 13 \times 13$。

④ 经过局部响应归一化，归一化尺寸大小为 $5 \times 5$，归一化后的特征图大小不变，仍为 $13 \times 13$。

⑤ 最终输出的张量大小为 $13 \times 13 \times 256$，被分成2组，每组各128个特征图，分别在一个独立的GPU上进行运算。

（4）第三层（带池化的卷积层）：

① 384个卷积核，卷积模板大小为 $3 \times 3 \times 256$，步长为1，采用零填充，输出384个特征图，每个大小为 $13 \times 13$。

② 经过ReLU激活函数。

③ 最终输出的张量大小为 $13 \times 13 \times 384$，被分成2组，每组各192个特征图，分别在一个独立的GPU上进行运算。

（5）第四层（带池化的卷积层）：

① 由于输入被分为2组，因此这一层的所有运算也被分成2组，每组各192个卷积核，卷积模板大小为 $3 \times 3 \times 192$，步长为1，采用零填充，输出192个特征图，每个大小为 $13 \times 13$。

② 经过ReLU激活函数。

③ 最终输出的张量大小为 $13 \times 13 \times 384$，被分成2组，每组各192个特征图，分别在一个独立的GPU上进行运算。

（6）第五层（带池化的卷积层）：

① 由于输入被分为2组，因此这一层的所有运算也被分成2组，每组各128个卷积核，卷积模板大小为 $3 \times 3 \times 192$，步长为1，采用零填充，输出128个特征图，每个大小为 $13 \times 13$。

② 经过ReLU激活函数。

③ 经过最大池化层，池化模板大小为 $3 \times 3$，步长为 2，池化后的特征图大小为 $((13-3)/2+1) \times ((13-3)/2+1)=6 \times 6$。

④ 最终输出的张量大小为 $6 \times 6 \times 256$，被分成 2 组，每组各 128 个特征图，分别在一个独立的 GPU 上进行运算。

（7）第六层（全连接层）：

① 4 096 个节点，ReLU 激活函数，采用 Dropout 防止过拟合方法。

② 最终输出 4 096 个节点，分为 2 组，每组各 2 048 个节点，分别在一个独立的 GPU 上进行运算。

（8）第七层（全连接层）：

① 4 096 个节点，ReLU 激活函数，采用 Dropout 防止过拟合方法。

② 最终输出 4 096 个节点，分为 2 组，每组各 2 048 个节点，分别在一个独立的 GPU 上进行运算。

（9）第八层（全连接层/输出层）：1 000 个节点（对应 1 000 个待分类类别）。

## 7.5 注意力机制

在大模型时代，由 Transformer 模型作为通用底层架构的注意力机制，在自然语言处理、图像处理、语音信息处理等领域发挥着巨大作用。本节将对注意力机制进行简要介绍，讲解其基本原理，使读者能够理解其功用。

### 7.5.1 什么是注意力机制

注意力机制，本质上就是不对输入数据同等看待，而是对输入数据进行权重分配，这很符合人的直觉。例如，输入一个句子，句子中词的权重是不同的，其中的名词更加重要；输入一张图片，图片中的每个像素也不是同等重要的，其中的人物、动物等对象更加重要。因此，注意力机制本质上提供了一种对输入数据进行权重分配的方案，这需要从数据中学习得到。最早的注意力机制被应用在编码器–解码器（encoder–decoder）框架中，在对编码器所有时间步的隐藏状态做加权平均后输入下一层，如图 7-22 所示。

具体地，注意力机制可以抽象地写为

$$O=\mathrm{softmax}(\boldsymbol{Q}\boldsymbol{K}^{\mathrm{T}})\boldsymbol{V}$$

其中：$\boldsymbol{Q}$ 是查询项矩阵；$\boldsymbol{K}$ 是所对应的键；$\boldsymbol{V}$ 是输入，是待加权平均的值。

由此可知，注意力机制可以理解成一个由查询项矩阵 $\boldsymbol{Q}$ 与所对应的键 $\boldsymbol{K}$ 及输入值$V$构成的单层感知机（见7.3.1节）。

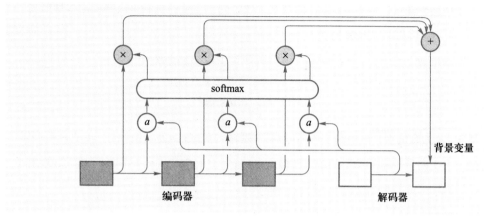

图7-22　编码器–解码器框架

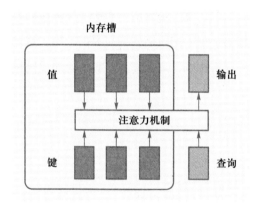

图7-23　注意力机制

可以从以下两个视角更深入地理解注意力机制。

（1）工程视角。注意力机制把输入$V$（values）在数据库（内存槽）中通过键$K$（keys）转化为输出$O$，如图7-23所示。因此，理解注意力机制的核心就是掌握构建数据库$Q$和键$K$的方法。

（2）理论视角。理论上，可以把注意力机制和前述卷积神经网络（CNN）中的池化操作类比，也就是说，卷积神经网络中的池化操作本质上是一种特殊的加权平均的注意力机制，即注意力机制是一种对输入数据进行权重分配的池化方法。

### 7.5.2　注意力机制的形式化

#### 1. 注意力机制的提出

论文"Neural Machine Translation by Jointly Learning to Align and Translate"首次提出了注意力机制。注意力机制主要用于在翻译模型中解决翻译对齐问题。在该工作中，$Q$和$K$的计算表示如下：

$$C_{t'} = \sum_{t=1}^{T} \alpha_{t't} h_t \tag{7-1}$$

$$\alpha_{t't} = \mathrm{softmax}\left(\sigma\left(s_{t'-1}, h_t\right)\right) \tag{7-2}$$

$$\sigma\left(s_{t'-1}, h_t\right) = v^{\mathrm{T}} \tanh\left(W_s s_{t'-1} + W_h h_t\right) \tag{7-3}$$

这里，$C_{t'}$表示输出变量，$h_t$为隐藏层，$\alpha_{t't}$表示一个权重的概率分布，即通过$Q$和$K$计算softmax值，这里的查询项矩阵$Q$采用的是$\tanh(W_s s_{t'-1} + W_h h_t)$。式（7-1）中的$h_t$是输入数据，即前文的输入 $V$；式（7-2）可以计算得到权重概率分布。由于 $\sigma$ 本质上是一个单层感知机，变更 $\sigma$ 函数，即令其参数不同，注意力机制可以变换出多种形式。

2. 注意力机制的抽象形式

根据式（7-1）~式（7-3），可以将注意力机制抽象为如下形式：

$$C_t = \sum_{t=1}^{T} \sigma(q, k_t) h_t$$

其中：$q$ 为查询项；$k$ 为键值项；$h$ 为隐含层输入变量；$\sigma$ 为变换函数；$C$ 表示模型输出的上下文向量（context vector）即输入 $h$，通过其对应的键值 $k$ 查询 $q$，通过 $\sigma$ 输出 $C$。

### 7.5.3 注意力机制的变种形式

1. 层次注意力

注意力机制的一个变种是层次注意力。层次注意力主要用于解决多层次注意力建模问题。例如在文本分类中，可以把词作为一层，把段落作为更高的一层，这样就形成了多层结构，而且下面一层对上面一层有影响，可以建立一种堆叠的层次注意力模型，如图7-24所示。

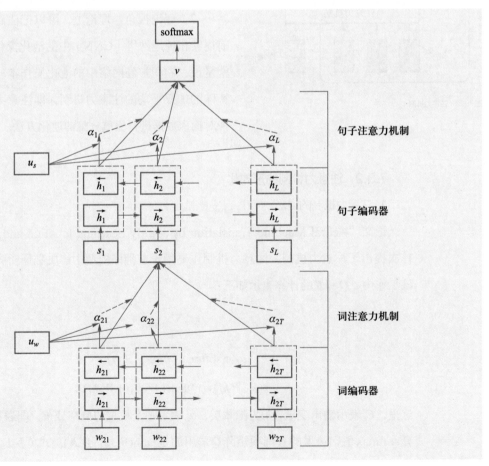

图7-24　层次注意力机制

层次注意力机制本质上是多个注意力模型的堆叠，形成层次结构的注意力，其公式表达为

$$C_t^{(i+1)} = \sum_{t'=1}^{T} \sigma^{(i)}(q^{(i)}, k_t^{(i)}) h_t^{(i)} \tag{7-4}$$

$$h_t^{(i)} = v_t^{(i+1)} c_i^{(t)} \tag{7-5}$$

$$h_0 = W_t^{(0)} X \tag{7-6}$$

其中，$q$ 为查询项，$k$ 为键值项，$h$ 为隐含层输入变量，$\sigma$ 为变换函数，$c$ 表示模型输出的上下文向量，$i$ 表示层级。可以看出，上层的注意力以下层的输出作为输入，逐层堆叠。

**2. 循环注意力**

前面讲到，所谓的循环注意力模型就是最早提出的序列到序列（seq2seq）翻译模型，如图7-25所示。

其核心思想是将上一个输出状态 $s_{t-1}$ 一起输入 $\sigma$ 函数。其中，$\alpha_{t',t}$ 就是注意力模型中的权重项，$s$ 表示解码器中的隐藏层变量，$h$ 表示编码器中的隐藏层变量。

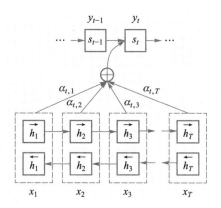

图7-25　循环注意力机制

## 7.6　小结

本章首先介绍了深度学习的基本思想、经典的深度学习模型结构，然后重点介绍了深度学习所涉及的神经网络，主要有单层感知机网络、多层感知机网络、卷积神经网络和注意力机制等。

## 练习题

1. 简述深度学习的基本思想。
2. 简述自动学习得到数据特征的基本原理。
3. 手工提取特征和自动提取特征的优缺点分别是什么？
4. CNN 通过哪些机制关注局部细节？
5. 单层感知机网络的架构和优化目标分别是什么？ 对比单层感知机，为什么需要多层感知机？
6. 注意力机制的原理是什么？为什么需要注意力机制？
7. "深度学习就是神经网络"这种说法正确吗？为什么？试进行分析。

# 第8章 计算机视觉

## 8.1 概述

计算机视觉，又称机器视觉，是计算机及相关设备对生物视觉的一种模拟，它是人工智能的一个重要分支。计算机视觉实际上是一个跨领域的交叉学科，包括计算机科学、数学、工程学、物理学、生物学和心理学等。

### 8.1.1 计算机视觉的基本概念

计算机视觉就是用各种成像系统代替视觉器官作为输入手段，由计算机代替大脑完成处理和解释。计算机视觉的最终研究目标就是使计算机能像人一样通过视觉观察和理解世界，具有自主适应环境的能力。因此，在实现最终目标以前，人们努力的中期目标是建立一种视觉系统，这个系统能依据视觉敏感和反馈的某种程度的智能完成一定的任务。计算机视觉可以而且应该根据计算机系统的特点来进行视觉信息的处理。

下面给出几个计算机视觉的定义。

巴拉德和布朗（Ballard & Brown，1982年）：计算机视觉是对图像中的客观对象构建明确而有意义的描述。

特鲁科和维里（Trucco & Verri，1998年）：计算机视觉是从一个或多个数字图像中计算三维世界的特性。

索克曼和夏皮罗（Sockman & Shapiro，2001年）：计算机视觉是基于感知图像做出对客观对象和场景有用的决策。

### 8.1.2 计算机视觉的典型任务

#### 1. 图像分类

图像分类是根据图像的语义信息对不同类别的图像进行区分，它是计算机视觉的核心，也是物体检测、图像分割、物体跟踪、行为分析、人脸识别等其他高层次视觉任务的基础，如图8-1所示。图像分类在许多领域都有广泛的应用，例如，安防领域的人脸识别和智能视频分析，交通领域的交通场景识别，互联网领域基于内容的图像检索和相册自动归类，医学领域的图像识别等。

图8-1 图像分类

### 2. 目标检测

目标检测任务的目标是给定一张图像或一个视频帧，利用计算机找出其中所有目标的位置，并给出每个目标的具体类别，如图8-2所示。

图8-2 目标检测

### 3. 语义分割

语义分割是计算机视觉的基本任务。在语义分割中，需要将视觉输入分为不同的语义可解释类别。它将整个图像分成像素组，然后对像素组进行标记和分类。例如，区分图像中属于汽车的所有像素，并把这些像素涂成蓝色。如图8-3所示，图像被分为人、树木、草地、天空等标签。

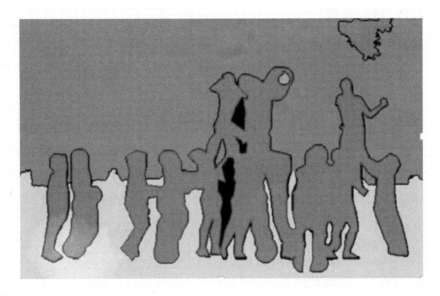

图8-3 语义分割

### 4. 实例分割

实例分割是目标检测和语义分割的结合，其任务是将目标从图像中检测出来（目标检测），然后给每个像素打上标签（语义分割）。在图8-4中，如果以人为目标，语义分割不区分属于相同类别的不同实例（所有人都标为相同的颜色），实例分割则区分同类的不同实例（使用不同颜色区分不同的人）。

图8-4 实例分割

### 5. 目标追踪

目标跟踪是指对图像序列中的运动目标进行检测、提取、识别和跟踪，获得运动目标的运动参数，进行处理与分析，实现对运动目标的行为理解，以完成更高级的检测任务。

## 8.2 特征表示

自然界的万事万物都有自己的特征。图像的特征是指通过观察或处理能够抽取的数据信息，每一幅图像都具有能够区别于其他图像的特征。有些特征是可以直观感受的，如亮度、色彩等；有些特征则需要通过变换或处理才能得到，如直方图、矩等。在不同的视觉任务中，需要的特征表示方法有所不同，如果经过处理后的特征表示较原始数据更好，则往往可以使得后续任务事半功倍。这也是特征表示的基本思路，即找到对于原始数据更好的表达，以服务后续任务。目前，特征表示主要有两类方法：传统的特征表示方法和深度特征表示方法。

### 8.2.1 传统的特征表示方法

传统的特征表示方法依靠人工完成特征提取，得到适合后续模型使用的特征表示，需要较强的专业知识和先验知识。传统的图像特征有颜色特征、形状特征、纹理特征及空间关系特征等。每一类特征都有其对应的表示方法。

1. 颜色特征

颜色特征是图像的基础视觉特征，无须大量计算，只需进行像素值的转换并进行统计分析即可。其特征表示方法主要是颜色直方图。图像的颜色直方图表示图像中颜色组成的分布，它显示了出现的不同类型的颜色及出现的每种颜色的像素数。颜色直方图和亮度直方图之间的关系是，颜色直方图也可以表示为"三色直方图"，每个直方图表示单独的红色、绿色、蓝色通道的亮度分布。

2. 形状特征

形状特征主要分为两类：轮廓特征和区域特征。轮廓特征针对的是物体的外边界；区域特征针对的是图像整个区域的形状。关于形状特征提取的典型方法有边界特征法、几何参数法、形状不变矩法、傅里叶形状描述法等。

（1）边界特征法通过对边界特征的描述来获取图像的形状参数。其中，霍夫变换（Hough transform）和边界方向直方图法是经典方法。霍夫变换是利用图像全局特性将边缘像素连接起来，组成区域封闭边界的一种方法，其基本思想是点线的对偶性。边界方向直方图法微分图像求得图像边缘，得出关于边缘大小和方向的直方图，通常的方法是构造图像灰度梯度方向矩阵。在边界方向直方图的基础上，可以进一步获得SIFT（尺度不变特征变换）特征和HOG（方向梯度直方图）特征。

（2）几何参数法形状的表达和匹配采用更为简单的区域特征描述方法，如采用有关形状定量测量（如矩、面积、周长等）的形状参数法。形状参数的提取必须以图像处理及图像分割为前提，参数的准确性必然受到分割效果的影响，对于分割效果很差的图像，形状参数甚至无法提取。

（3）形状不变矩法利用目标所占区域的矩作为形状描述参数。矩特性主要表征图像区域的几何特征，又称为几何矩，因为其存在旋转、平移等不变特征，所以又称为不变矩。

（4）傅里叶形状描述法的基本思想是用物体边界的傅里叶变换作为形状描述，利用区域边界的封闭性和周期性，将二维问题转换为一维问题。由边界点可导出三种形状表达：曲率函数、质心距离、复坐标函数。

3. 纹理特征

纹理特征是一种反映图像中同质现象的视觉特征，它体现了物体表面具有缓慢变化或者周期性变化的表面结构组织排列属性。纹理特征描述方法可以分为以下几类：

（1）统计方法。统计方法基于像素及其邻域的灰度属性，研究纹理区域的统计特性。统计特性包括像素及其邻域内灰度的一阶、二阶或高阶统计特性等。统计方法的典型代表是灰度共生矩阵（GLCM）的纹理分析方法，它是一种建立在估计图像的二阶组合条件概率密度基础上的方法。这种方法通过实验研究了共生矩阵中的各种统计特性，最后得出灰度共生矩阵的四个关键特征：能量、惯量、熵和相关性。尽管GLCM提取的纹理特征具有较好的鉴别能力，但是这个方法计算开销很大，尤其对于像素级的纹理分类更具有局限性。其他的统计方法还包括图像的自相关函数、半方差图等。

（2）几何法。几何法是建立在纹理基元理论基础上的一种纹理特征分析方法，其中的纹理基元即为基本的纹理元素。纹理基元理论认为，复杂的纹理可以由若干简单的纹理基元按照一定规律的形式重复排列构成。在几何法中，比较有影响的算法是Voronio棋盘格特征法。几何法的应用和发展极其受限，且后续研究很少。

（3）模型法。模型法以图像的构造模型为基础，采用模型的参数作为纹理特征。典型方法是随机场模型法，如马尔可夫（Markov）随机场（MRF）模型法和Gibbs随机场模型法。

（4）信号处理法。信号处理法建立在时域、频域分析与多尺度分析基础之上，先对纹理图像中的某个区域实行某种变换后，再提取保持相对平稳的特征值，以此特征值作为特征表示区域内的一致性及区域间的相异性。纹理特征的提取与匹配方法主要有灰度共生矩阵、Tamura纹理特征、自回归纹理模型、小波变换等。

（5）结构方法。结构方法认为纹理是由纹理基元的类型和数目，以及基元之间

"重复性"的空间组织结构和排列规则来描述的，且纹理基元几乎具有规范的关系。假设纹理图像的基元可以分离出来，则以基元特征和排列规则进行纹理分割。显然，确定与抽取基本的纹理基元，以及研究存在于纹理基元之间的"重复性"结构关系是结构方法要解决的问题。由于结构方法强调纹理的规律性，较适用于分析人造纹理，而真实世界的大量自然纹理通常是不规则的，且结构变化频繁，因此该类方法的应用受到很大程度的限制。

### 4. 空间关系特征

空间关系是指从图像中分割出来的多个目标之间的相互空间位置或相对方向关系，这些关系也可分为链接/邻接关系、交叠/重叠关系和包含/包容关系等。一般的空间位置信息可分为两类：相对空间位置信息和绝对空间位置信息。前一种关系强调的是目标之间的相对状况，如上下、左右关系等；后一种关系强调的是目标之间的距离大小及方位。空间关系特征的使用可加强对图像内容的描述区分能力，但空间关系特征常对图像或目标的旋转、反转、尺度变化等比较敏感。另外，在实际应用中，仅仅利用空间信息往往是不够的，不能有效、准确地表达场景信息，还需要其他特征来配合。

### 8.2.2　深度特征表示方法

为了适应复杂的图像处理任务，深度学习之前的特征表示融合了大量精心设计的特征提取方法，通常需要配合复杂的模型和训练流程才能满足任务要求，这些方法经过多年的发展，其精确度提升已经越来越缓慢。这些方法比较复杂，应用效果也不是特别好，所以与深度学习方法相比效果非常有限。传统图像处理方法复杂的原因之一就是这些方法大多基于手工设计的特征表示，底层设计的视觉信息不够。因此，目前在图像处理任务中，深度特征表示成为了主流。

在2012年的ImageNet图像识别挑战赛中，多伦多大学提出的AlexNet以超过第二名10%以上的准确率夺得冠军。这一模型的提出带来了特征表示的新思路。该模型没有采用手工设计的特征，而是通过卷积神经网络模拟人脑的工作模式，让模型自动训练学习特征表示。该方法激发了学者们的极大兴趣，出现了深度学习的研究热潮。马修·赛勒（Matthew D. Zeiler）和罗布·弗格斯（Rob Fergus）在论文中对深度学习网络中每一层提取的特征进行了可视化，直观表示了卷积神经网络提取特征的优势，其可视化结果如图8-5所示。

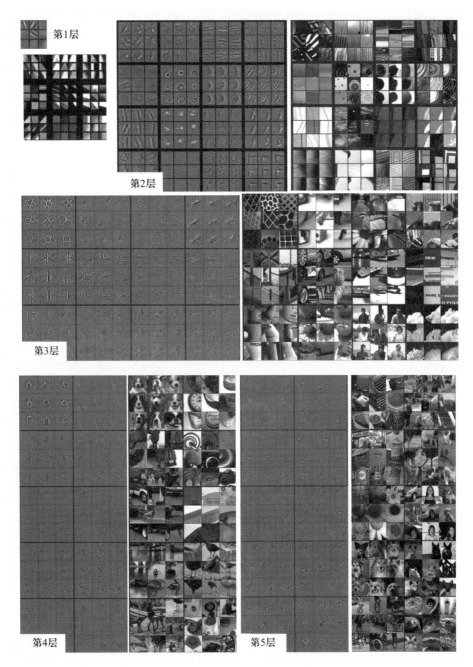

图8-5  特征可视化结果

在图8-5中，每个层（layer）中左侧（或上方）为特征可视化的结果，右侧（或下方）为原图。每一层的可视化结果都展示了网络的层次化特点。第2层展示了物体的边缘和轮廓，以及与颜色的组合。第3层拥有更复杂的不变性，主要展示了相似的纹理。第4层中不同组的重构特征存在重大差异性，开始体现出类与类之间的差异。第5层中的每组图片都展示了存在重大差异的一类物体。深度学习模型能够随着网络层次的不断提升，提取到越来越抽象的高层特征，而这些高层特征能够更全面、更准确地表示原始图像信息。

对于平移、旋转和缩放，卷积神经网络不同层的特征向量具有不同的不变性能力。在第1层，微小的变化都会导致输出特征的明显变化，但是越是高层，平移和缩放变化对最终结果的影响越小。卷积神经网络无法对旋转操作产生不变性，除非物体具有很强的对称性。这表明深度特征具有良好的平移和缩放不变性，但不具备旋转不变性。

与传统的特征表示方法相比，深度学习主要通过数据驱动进行特征提取，根据大量样本的学习得到深层的、数据集特定的特征表示，其对数据集的表达更高效和准确，所提取的抽象特征稳健性更强，泛化能力更好，并且可以是端到端的。缺点是样本集对特征提取的影响较大，对算力的要求较高。

## 8.3 目标检测

目标检测是很多计算机视觉任务的基础，无论是实现图像与文字的交互还是识别精细类别，它都提供了可靠的信息。目标检测的任务是找出图像或视频中的指定目标，同时检测出它们的位置和大小，它是机器视觉领域的核心问题之一。目标检测过程中有很多不确定因素，如图像中的目标数量不确定，目标有不同的外观、形状、姿态，加之成像时会有光照、遮挡等因素的干扰，导致设计检测算法有一定的难度。

目标检测目前有一阶段（one-stage）和两阶段（two-stage）两种，两阶段指的是检测算法需要分两步完成，首先获取候选区域，然后进行分类，如R-CNN（region with CNN feature，基于区域的卷积神经网络）系列；与之相对的是一阶段检测，一阶段检测不需要单独寻找候选区域，典型的有SSD（single shot multibox detector，单步多框检测器）、YOLO。

### 8.3.1 两阶段的目标检测方法

自从AlexNet获得2012年的ImageNet大规模视觉识别竞赛（ILSVRC 2012）挑战赛冠军后，用CNN进行分类成为主流。一种用于目标检测的方法是从左到右、从上到下滑动窗口，利用分类识别目标。为了在不同观察距离处检测不同的目标类型，需要使用不同大小和宽高比的窗口。

1. R-CNN

实用的方法是用候选区域（region proposal）方法获取感兴趣区域（region of

interest，ROI）。选择性搜索（selective search）就是一种典型的候选区域方法，其算法原理如下：

（1）将每个像素作为一组。

（2）计算每一组的纹理，并将两个最接近的组结合起来。为了避免单个区域吞噬其他区域，首先对较小的组进行分组。

（3）继续合并区域，直到所有区域都结合在一起。

目标检测有两个主要任务：分类和定位。为了完成这两个任务，R-CNN（见图8-6）借鉴了滑动窗口思想，采用对区域进行识别的方案，具体过程如下：

（1）用选择性搜索生成候选区域（约2 000个）。因候选区域的大小不同，通过变形，把候选区域变成统一大小227×227。

（2）将大小为227×227的候选区域输入卷积神经网络进行特征提取。

（3）用独立的支持向量机对候选区域进行特征分类。

（4）用BB回归（bounding box regression）校正原来的候选区域，生成预测窗口的坐标。

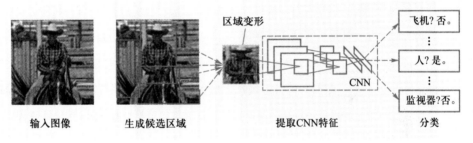

图8-6　R-CNN检测过程

### 2. Fast R-CNN

R-CNN需要非常多的候选区域以提升准确度，但其实有很多区域是彼此重叠的。如果有2 000个候选区域，且每一个候选区域都需要独立地输入卷积神经网络，那么对于不同的ROI，可能需要重复提取多次特征。因此，R-CNN的训练和预测速度非常慢。

Fast R-CNN（快速R-CNN）先使用卷积神经网络提取整个图像的特征，而不是对每个图像块提取多次特征，然后将创建候选区域的方法直接应用到提取到的特征图上。如图8-7所示，具体方法如下：

（1）用选择性搜索生成约2 000个候选区域。

（2）将整张图像输入卷积神经网络，提取特征图。

（3）把候选区域映射到卷积神经网络的最后一层卷积的特征图上。

166

（4）通过ROI池化层使得每个候选区域成为固定尺寸的特征图。

（5）利用softmax loss和smooth L1 loss函数对分类概率和BB回归进行联合训练。

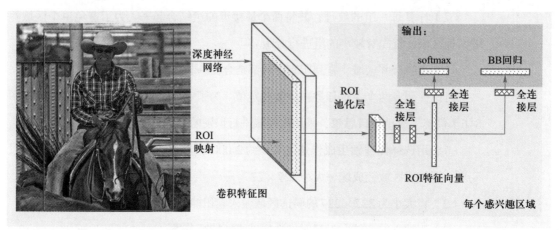

图8-7 Fast R-CNN

### 3. Faster R-CNN

Fast R-CNN 依赖于外部候选区域方法，如选择性搜索。这些算法在CPU上运行且速度很慢。在测试中，Fast R-CNN需要2.3 s来进行预测，其中2 s用于生成2 000个ROI。因此，区域生成的计算成为整个检测网络的瓶颈。

Faster R-CNN采用与Fast R-CNN相同的设计，只是它用区域提名网络（region proposal network，RPN）代替了候选区域方法。新的区域提名网络在生成ROI时效率更高，并且以每幅图像10 ms的速度运行。图8-8所示是Faster R-CNN的流程。

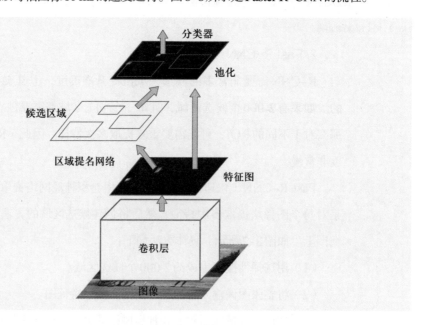

图8-8 Faster R-CNN的流程

### 8.3.2 一阶段的目标检测方法

#### 1. YOLO

针对两阶段的目标检测算法普遍存在的运算速度慢的缺点，一阶段方法YOLO（you only look once）被提出，也就是将目标分类和定位在一个步骤中完成。YOLO的核心思想是利用图像作为网络的输入，直接在输出层回归边界框（bounding box）的位置及其所属的类别。通过这种方式，YOLO可实现45帧/秒的运算速度，能满足实时性要求。

YOLO采用卷积网络提取特征，然后使用全连接层得到预测值。YOLO的网络结构可参考GoogLeNet模型，包含24个卷积层和2个全连接层，如图8-9所示。

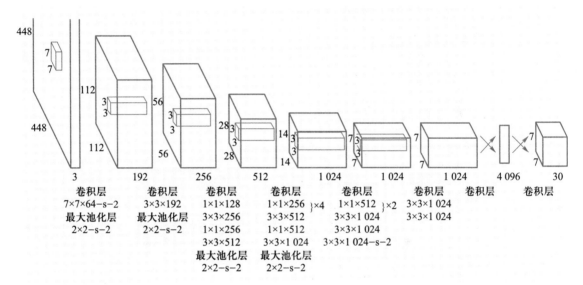

图8-9 YOLO算法原理示意

边界框的实现策略如下：YOLO将一幅图像分成 $S \times S$ 个网格，如果某个目标的中心落在这个网格中，则这个网格就负责预测这个目标。每个网格要预测 $B$ 个边界框，每个边界框除了要回归自身的位置之外，还要附带预测一个confidence 值。这个confidence值代表了所预测的边界框中含有目标的置信度和这个边界框预测的准确度这两重信息。confidence值的计算方法如下：

$$\text{confidence} = \Pr(\text{Object}) * \text{IOU}_{\text{pred}}^{\text{truth}}$$

其中，如果有目标落在一个网格中，则 $\Pr(\text{Object})$ 取1；否则取0。

每个网格会对应 $C$ 个概率值，找出最大概率 $P(\text{class}|\text{object})$ 对应的类，则认为网格中包含该物体或者该物体的一部分。在测试时，每个网格预测的类信息和边界框预测的confidence信息相乘，就得到每个边界框的 class-specific confidence score，如下公式所示：

$$\Pr(\mathrm{Class}_i|\mathrm{Object})*\Pr(\mathrm{Object})*\mathrm{IOU}^{\mathrm{truth}}_{\mathrm{pred}}=\Pr(\mathrm{Class}_i)*\mathrm{IOU}^{\mathrm{truth}}_{\mathrm{pred}}$$

YOLO算法将目标检测看成回归问题，所以采用的是均方差损失函数，但是对不同的部分采用了不同的权重值。确定权重值时，首先区分定位误差和分类误差。对于定位误差，即边界框坐标预测误差，采用较大的权重值。

由于每个网格需要预测多个边界框，但是其对应类别只有一个，因此在训练时，如果该网格内确实存在目标，那么只选择与真实值（ground truth）的交并比（intersection over union，IOU）最大的那个边界框来预测该目标，而认为其他边界框不存在目标。这样设置的结果是使一个单元格对应的边界框更加专业化，从而可以分别适用于不同大小、不同宽高比的目标，提升模型性能。

YOLO损失函数如图8-10所示。

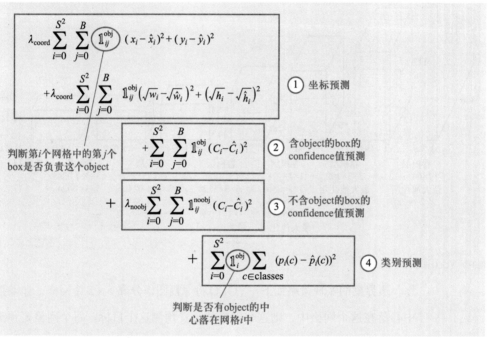

图8-10　YOLO损失函数

### 2. SSD

SSD（single shot multibox detector，单步多框检测器）使用VGG19网络作为特征提取器的单次检测器，在该网络之后添加自定义卷积层，并使用卷积核进行预测。SSD算法原理如图8-11所示。

具体步骤如下：

（1）将图片输入预训练好的分类网络中，获得不同大小的特征映射。

（2）抽取Conv4_3、Conv7、Conv8_2、Conv9_2、Conv10_2、Conv11_2层的特征图，分别在这些层中的每个点构造6个不同尺度的bbox，然后分别进行检测和分类，生成多个bbox。

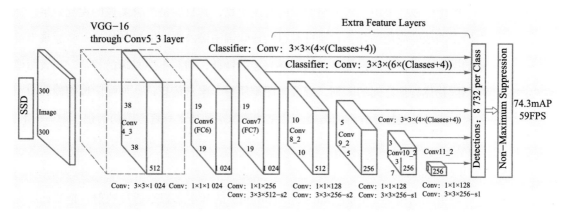

图8-11 SSD算法原理示意

（3）将不同特征图获得的bbox结合起来，使用非极大值抑制（non-maximum suppression，NMS）方法抑制掉一部分重叠或者不正确的bbox，生成最终的bbox集合，即目标检测结果。

## 8.4 目标识别

目标识别是一项基本的用于识别图像或视频中对象的视觉感知任务，是深度学习和机器学习算法的关键输出，也是计算机视觉应用的关键领域之一。人们观看一张照片或视频时，可以轻松地发现对象、场景和视觉细节。而机器本身无法识别物体，它本质上是在图像中查找和定位特定对象。目标识别就是在图像、视频中查找或识别对象实例的过程。因此，目标识别的目标是使计算机获得对图像所包含内容的理解能力。

目标识别有着广泛的用途。例如，在自动驾驶中使车辆能够识别停车牌或区分行人；用于生物分析、工业检验和机器人视觉等。

### 8.4.1 传统的目标识别方法

传统的目标识别算法一般由以下三个步骤组成：预处理、特征提取和目标识别。

#### 1. 预处理

预处理的目的是在最小限度影响目标本质特征的条件下，对图像的颜色、亮度和大小等表观特征进行处理，以便于提取正确的目标特征，降低后续识别算法的复杂度并提高效率。预处理主要有图像增强、灰度化、二值化、归一化等数字图像处理操作。

图像增强技术用于增强图像中的有用信息，其目的是改善图像的视觉效果。针对给定图像的应用场合，它通过有目的地强调图像的整体或局部特性，将原来不清晰的图像变得清晰或强调某些人们感兴趣的特征，抑制不感兴趣的特征，扩大图像中不同物体特征之间的差别，以改善图像质量、丰富信息量，加强图像判读和识别效果，满足某些特殊分析的需要。常见的图像增强技术有直方图均衡化、伽马校正、图像锐化、图像去噪等。

（1）直方图均衡化

直方图均衡化（histogram equalization）的基本思想是通过映射，把原始图像直方图的分布变换为均匀分布，这增加了像素灰度值的动态范围，从而可达到增强图像整体对比度的效果。均衡化前后的直方图如图8-12所示。其优点是思路简单，操作可逆，计算量不大，对大部分场景中的图像有用；缺点是可能导致图像细节丢失，噪声的对比度增大而有用信息的对比度减小。

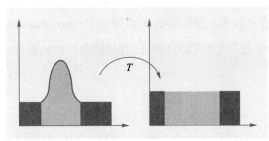

图8-12 均衡化前后的直方图

（2）伽马校正

伽马校正（gamma correction）又叫伽马非线性化（gammanon linearity）、伽马编码（gamma encoding），是针对影片或影像系统中光线的亮度（luminance）进行的非线性运算或反运算。对图像进行伽马编码的目的是对人类视觉的特性进行补偿，从而根据人类对光线或者黑白的感知，最大化地利用表示黑白的数据位或带宽。

（3）图像锐化

图像锐化会增加像素之间的对比度。锐化（sharpness）是两个元素的组合：分辨率（resolution）和锐度（acutance）。分辨率是客观的，它是图像文件的大小（以像素为单位）。在所有其他因素相同的情况下，图像的分辨率越高（像素越多）就越清晰。锐度稍微复杂一些，它是边缘对比度的主观测量。人类的视觉系统在观察具有更多对比度的图像时会更明显地感受到物体的边缘。锐度没有单位。

（4）图像去噪

由于环境、传输通道等因素的影响，图像在采集、压缩和传输过程中不可避免地会受到噪声的污染，从而导致图像信息的失真和丢失。由于存在噪声，后续的图像处理任务（例如，视频处理、图像分析和跟踪等）也可能受到影响。为了得到后续图像较好的处理效果，获得高质量的数字图像，很多时候需要对图像进行去噪处理，使得处理后的图像能够尽可能不丢失图像特征（边缘、角落和其他清晰的结构），又可以减少噪声信息。图像去噪算法中比较经典的有空域滤波、小波变换、BM3D等方法。

空域滤波可分为线性滤波与非线性滤波。最初采用线性滤波器去除空间域中的噪声，但它们无法保留图像纹理。均值滤波已被用于高斯降噪，但是，它可能会过度平滑具有高噪声的图像。为了克服这个缺点，进一步采用了维纳滤波，但它很容易模糊锐利的边缘。通过使用非线性滤波器，例如中值滤波和加权中值滤波，可以在没有任何识别的情况下抑制噪声。作为一种非线性、边缘保留和降噪的平滑滤波器，双边滤波被广泛用于图像去噪。每个像素的强度值被替换为来自附近像素的强度值的加权平均值。双边过滤器的缺点是它的效率较低，穷举实现需要 $O(Nr^2)$ 时间，当内核半径 $r$ 很大时，时间消耗非常大。

小波变换作为一种时频分析方法，具有多尺度、多分辨率分析的特点，为信号处理提供了一种新的强有力手段。小波变换在图像降噪领域的成功应用主要得益于其低熵性、多分辨率特性、去相关性和选基灵活性的优点。

小波降噪本质上是一个信号的滤波问题，实际上是特征提取和低通滤波的综合。小波降噪的处理流程是：首先对含有噪声的信号进行多尺度小波变换，在各尺度下尽可能提取出小波系数，最后利用逆小波变换重构信号。

BM3D降噪方法提高了图像在变换域的稀疏表示，它的优点是能够更好地保留图像中的一些细节。BM3D采用了不同的降噪策略，它通过搜索相似块并在变换域进行滤波，得到块评估值，最后对图像中每个点进行加权得到最终降噪效果。具体过程是：首先将一幅图像分割成尺寸较小的小像素片，选定参考片后，寻找与参考片相似的小像素片组成3D块；然后对所有相似块进行3D变换，将变换后的3D块进行阈值收缩，这也是去除噪声的过程，并进行3D逆变换；最后将所有的3D块加权平均后还原到图像中。

图像去噪是从有噪声的图像中去除噪声，从而还原真实图像。然而，由于噪声、边缘和纹理是高频成分，在去噪过程中很难区分，去噪后的图像不可避免地会丢失一些细节。

总的来说，在图像预处理的过程中得到有意义的信息以获得高质量的图像，便于进行特征提取等仍是一个重要的问题。

2. 特征提取

特征提取是从图像中提取具有代表性的特征，然后采用适当的计算方法利用这些特征进行分类。一般来说，提取得到的特征质量好坏对分类效果有着直接的影响。

底层特征提取主要有SIFT特征、LBP特征、HOG特征等提取方法。

SIFT特征（scale invariant feature transform）是一种用于检测和描述数字图像中的局部特征的算法。它定位关键点并以量化信息呈现（称为描述器），可以用来进行目标检测。此特征可以对抗不同变换（即同一个特征在不同变换下可能看起来不同）而保持不变。SIFT特征的提取步骤：① 生成高斯差分金字塔（DOG金字塔），尺度空间构建；② 空间极值点检测（关键点的初步查探）；③ 稳定关键点的精确定位；④ 稳定关键点方向信息分配；⑤ 关键点描述；⑥ 特征点匹配。

局部二值模式（local binary pattern，LBP）是一种简单、有效地描述图像局部纹理特征的算子。它通过对每个像素的邻域进行阈值处理来标记图像的像素，并将结果视为二进制数。它具有旋转不变性和灰度不变性等显著优点，常用于纹理特征提取。

梯度直方图（histogram of oriented gradient，HOG）是在计算机视觉和图像处理中用于目标检测的特征描述符。该方法计算图像局部中梯度方向的出现次数，类似于边缘方向直方图、尺度不变特征变换描述符和形状上下文，但不同之处在于它在均匀间隔单元的密集网格上计算，并使用重叠的局部对比度归一化来提高准确性。

3. 分类识别

（1）朴素贝叶斯

朴素贝叶斯是一种构建分类器的简单方法。该分类器模型给问题实例分配用特征值表示的类标签，类标签取自有限集合。它不是训练这种分类器的单一算法，而是一系列基于相同原理的算法：所有朴素贝叶斯分类器都假定样本的每个特征与其他特征不相关。例如，如果一种水果具有红色、圆形、直径大概7 cm等特征，该水果可以被判定为苹果。尽管这些特征相互依赖或者有些特征由其他特征决定，然而朴素贝叶斯分类器认为这些属性在判定该水果是否为苹果的概率分布上是独立的。

在许多实际应用中，朴素贝叶斯模型参数估计使用最大似然估计方法；换言之，在不使用贝叶斯概率或者任何贝叶斯模型的情况下，朴素贝叶斯模型也能奏效。朴素贝叶斯分类器的一个优势在于，只需根据少量的训练数据就能估计出必要的参数（变量的均值和方差）。由于假设变量独立，只需估计各个变量的方法，而不需要确定整个协方差矩阵。

（2）决策树

在机器学习中，决策树是一种预测模型，它代表的是对象属性与对象值之间的一种映射关系。树中的每个节点表示某个对象，每个分叉路径表示某个可能的属性值，而每个叶节点则对应从根节点到该叶节点的路径所表示的对象的值。决策树仅有单一输出，若要有复数输出，可以建立独立的决策树以处理不同输出。在数据挖掘中，决策树是一种经常使用的技术，可以用于分析数据，也可以用于预测。

决策树在以下几个方面拥有优势：易于理解和实现；数据准备往往比较简单或者不必要，其他技术则往往要求先把数据一般化，例如去掉多余或空白的属性；能够同时处理数据型和常规型属性，其他技术往往要求数据具有单一属性；是一个白盒模型，给定一个观察模型，根据所产生的决策树能够很容易地推出相应的逻辑表达式；易于通过静态测试对模型进行评测，有可能测量得到模型的可信度；能够在相对短的时间内对大型数据源得出可行且效果良好的结果。

（3）KNN分类器

在统计学中，K最近邻算法（KNN）是一种非参数分类方法，首先由Evelyn Fix和Joseph Hodges于1951年提出，后来由Thomas Cover扩展。KNN用于分类和回归，在这两种情况下，输入都由数据集中最接近的$k$个训练示例组成。

在KNN分类中，输出是类成员。一个对象通过其邻居的多数票进行分类，对象被分配到其$k$（$k$是一个正整数，通常很小）个最近邻居中最常见的类。如果$k=1$，则对象被简单地分配给该单个最近邻居的类。

由于该算法依赖距离进行分类，如果特征代表不同的物理单位或具有截然不同的尺度，那么对训练数据进行归一化可以显著提高其准确性。

（4）支持向量机

支持向量机（support vector machine，SVM）是一种二分类模型，它的基本模型是定义在特征空间中的间隔最大的线性分类器，间隔最大使它有别于感知机，如图8-13所示。SVM还包括核技巧，这使它成为实质上的非线性分类器。

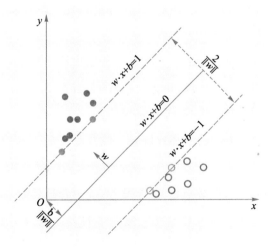

图8-13 SVM寻找最优决策边界，距离两个类别最近的样本最远 $\left(即最大化\dfrac{2}{\|w\|}\right)$

SVM的学习策略就是间隔最大化，这可形式化为一个求解凸二次规划的问题，也等价于正则化的合页损失函数的最小化问题。SVM学习算法就是求解凸二次规划的最优化算法。使用核方法的SVM是使用最为广泛的分类器，在传统图像分类任务中性能很好。

### 8.4.2 深度目标识别方法

在深度学习中，卷积神经网络是一类人工神经网络，最常用于分析视觉图像。它们也被称为平移不变或空间不变人工神经网络，基于卷积核或滤波器的共享权重架构，沿着输入特征滑动并提供称为特征映射的平移等变响应。与直觉相反，大多数卷积神经网络仅对平移是等变的，而不是不变的。它们在图像和视频识别、推荐系统、图像分类、图像分割、医学图像分析、自然语言处理、脑机接口和金融时间序列中有应用。

卷积神经网络是一系列层，每一层都通过一个可微函数将一个激活量转换为另一个激活量。一个简单的卷积神经网络如图8-14所示。卷积神经网络主要使用以下结构堆叠构建网络：卷积层、池化层、全连接层、激活函数层。

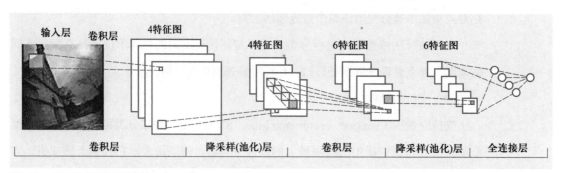

图8-14 一个简单的卷积神经网络结构

卷积层（convolution layer）：执行卷积操作，提取底层到高层的特征，发掘图像局部关联性质和空间不变性质。

池化层（pooling layer）：通过取卷积输出特征图中局部区块的最大值（max-pooling）或者均值（avg-pooling），执行降采样操作。降采样是图像处理中常见的一种操作，可以过滤掉一些不重要的高频信息。

全连接层（fully-connected layer，或者fc layer）：输入层到隐藏层的神经元是全部连接的。

非线性变化层（激活函数）：卷积层、全连接层后面一般都会接非线性变化层，例如sigmoid、tanh、ReLU等来增强网络的表达能力，在CNN中最常使用的是ReLU激活函数。

Dropout：在模型训练阶段随机让一些隐藏层节点权重不工作，提高网络的泛化能力，一定程度上防止过拟合。

### 1. VGG

VGG（visual geometry group）是牛津大学在2014年ILSVRC提出的模型，因此被称作VGG模型，其原理如图8-15所示。该模型相比于以往的模型，进一步加宽和加深了网络结构，它的核心是五组卷积操作，每两组之间做最大池化空间降维。同一组内采用多次连续的3×3卷积，卷积核的数目由较浅组的64增多到最深组的512，同一组内的卷积核数目是一样的。卷积之后接两层全连接层，之后是分类层。每组内卷积层有11、13、16、19层几种模型，图8-15展示的是一个16层的网络结构。VGG模型结构相对简洁，提出之后也有很多文章基于此模型进行研究，如在ImageNet上首次公开的超过人眼识别的模型就借鉴了VGG模型的结构。

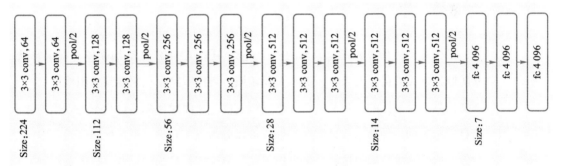

图8-15 VGG模型原理示意

### 2. ResNet

ResNet（residual network）是2015年ImageNet图像分类、图像物体定位和图像物体检测比赛的冠军。针对训练卷积神经网络时加深网络导致准确度下降的问题，ResNet提出了采用残差学习。在已有设计思路（BN、小卷积核、全卷积网络）的基础上，引入了残差模块。每个残差模块包含两条路径，其中一条路径是输入特征的直连通路，另一条路径对输入特征做两到三次卷积操作得到该特征的残差，最后再将两条路径上的特征相加。

残差模块如图8-16所示。左侧是基本模块连接方式，由两个输出通道数相同的3×3卷积组成；右侧是瓶颈模块（bottleneck）连接方式。之所以称为瓶颈，是因为上面的1×1卷积用来降维（即256->64），下面的1×1卷积用来升维（即64->256），这样中间3×3卷积的输入和输出通道数都较小（即64->64）。

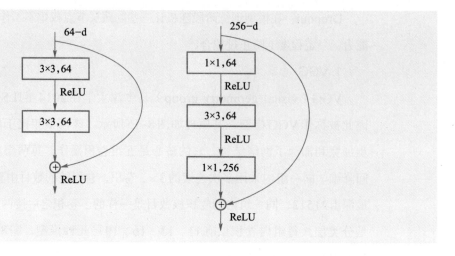

图8-16 残差块的不同结构

## 8.5 目标跟踪

目标跟踪是计算机视觉领域的一个重要问题，目前广泛应用在体育赛事转播、安防监控、无人机、无人车、机器人等领域。目标跟踪是利用视频或图像序列的上下文信息，对目标的外观和运动信息进行建模，从而对目标运动状态进行预测并标定目标位置的一种技术。目标跟踪任务可以分为以下几类：单目标跟踪是给定一个目标，追踪这个目标的位置；多目标跟踪是追踪多个目标的位置；行人重识别是利用计算机视觉技术判断图像或者视频序列中是否存在特定行人的技术。

虽然目标追踪的应用前景非常广泛，但还是有一些问题限制了它的应用。

（1）姿态变化。姿态变化是目标跟踪中常见的干扰问题，例如，当体育比赛中的运动员、路上的行人等发生姿态变化时，他们的特征及外观模型会发生改变，容易导致跟踪失败。

（2）尺度变化。尺度的自适应也是目标跟踪中的关键问题。当目标尺度缩小时，由于跟踪框不能自适应调整，会将很多背景信息包含在内，导致目标模型的更新错误；当目标尺度增大时，由于跟踪框不能将目标完全包含在内，跟踪框内目标信息不全，也会导致目标模型的更新错误。因此，实现尺度自适应跟踪十分必要。

（3）遮挡与消失。目标在运动过程中可能出现被遮挡或者短暂消失等情况。当这种情况发生时，跟踪框容易将遮挡物及背景信息包含在内，会导致后续帧中的跟踪目标漂移到遮挡物上面。当目标被完全遮挡时，由于找不到目标的对应模型，会导致跟踪失败。

（4）图像模糊。光照强度变化、目标快速运动、低分辨率等情况会导致图像模糊，尤其在运动目标与背景相似的情况下更为明显。因此，选择有效的特征对目标和背景进行区分非常必要。

目标跟踪的主要评价指标如下：

（1）平均重叠期望（EAO）：平均重叠期望是对每个跟踪器在一个短时图像序列上的非重置重叠的期望值，它是评估目标跟踪算法精度最重要的指标。

（2）准确率（accuracy）：准确率指跟踪器在单个测试序列下的平均重叠率（两矩形框相交部分的面积除以两矩形框相并部分的面积）。

（3）稳健性（robustness）：指单个测试序列下的跟踪器失败次数，当重叠率为0时即可判定为失败。

### 8.5.1 传统的目标跟踪方法

传统的目标跟踪方法可以分为产生式（generative model）和判别式（discriminative model）两大类。产生式方法运用生成模型描述目标的表观特征，之后通过搜索候选目标来最小化重构误差。比较有代表性的算法有稀疏编码（sparse coding）、在线密度估计（online density estimation）和主成分分析（PCA）等。产生式方法着眼于对目标本身的刻画，忽略背景信息，在目标自身变化剧烈或者被遮挡时容易产生漂移。

判别式方法通过训练分类器来区分目标和背景。这种方法也常被称为tracking-by-detection。判别式方法因能够显著区分背景和前景信息，表现更为稳健，逐渐在目标跟踪领域占据主流地位。近年来，各种机器学习算法被应用在判别式方法中，其中比较有代表性的有多示例学习方法（multiple instance learning）、boosting和结构SVM（structured SVM）等。目前，大部分深度学习目标跟踪方法也属于判别式方法。基于相关滤波（correlation filter）的跟踪方法因为速度快、效果好，吸引了众多研究者的目光。相关滤波器通过将输入特征回归为目标高斯分布来训练滤波器，并在后续跟踪中寻找预测分布中的响应峰值来定位目标的位置。相关滤波器在运算中巧妙应用了快速傅里叶变换，获得了大幅度速度提升。目前，基于相关滤波的拓展方法也有很多，包括核化相关滤波器（kernelized correlation filter，KCF）、加尺度估计的相关滤波器（DSST）等。

#### 1. 光流法

光流法（Lucas-Kanade）的概念最早于1950年提出，它针对外观模型对视频序列中的像素进行操作。通过利用视频序列在相邻帧之间的像素关系，寻找像素的位移变化来判断目标的运动状态，实现对运动目标的跟踪。但是，光流法适用的范围较小，需要满足三种假设：图像的光照强度保持不变；空间一致性，即每个像素在不同帧中相邻点的位置不变，这样便于求得最终的运动矢量；时间连续。光流法适用于目标运动相对于帧率比较缓慢的情况，也就是两帧之间的目标位移不能太大。

2. mean shift

mean shift 方法是一种基于概率密度分布的跟踪方法，它使目标的搜索一直沿着概率梯度上升的方向进行，迭代收敛到概率密度分布的局部峰值上。 mean shift 首先对目标进行建模，例如利用目标的颜色分布来描述目标；然后计算目标在下一帧图像中的概率分布，从而迭代得到局部最密集的区域。mean shift 适用于目标的色彩模型和背景差异比较大的情形，早期也用于人脸跟踪。由于 mean shift 方法计算快速，它的很多改进方法一直适用至今。

3. 粒子滤波

粒子滤波（particle filter）是一种基于粒子分布统计的方法。以跟踪为例，它首先对跟踪目标进行建模，并定义一种相似度度量以确定粒子与目标的匹配程度。在目标搜索的过程中，它会按照一定的分布（如均匀分布或高斯分布）撒一些粒子，统计这些粒子的相似度，确定目标可能的位置。在下一帧的这些位置加入更多新的粒子，确保在更大概率上跟踪上目标。Kalman Filter 常被用于描述目标的运动模型，它不对目标的特征建模，而是对目标的运动模型进行建模，常用于估计目标在下一帧的位置。

可以看到，传统的目标跟踪算法存在两个致命的缺陷：

（1）没有将背景信息考虑在内，导致在目标遮挡、光照变化及运动模糊等干扰情况下容易出现跟踪失败。

（2）跟踪算法执行速度慢（10帧/秒左右），无法满足实时性的要求。

### 8.5.2　深度目标跟踪方法

不同于深度学习在检测、识别等视觉领域的应用，深度学习在目标跟踪领域的应用并非一帆风顺。其主要问题在于训练数据的缺失：深度学习模型的能力之一来自对大量标注训练数据的有效学习，而目标跟踪仅仅提供第一帧的检测框作为训练数据，在这种情况下，在跟踪开始针对当前目标从头训练一个深度学习模型困难重重。目前，基于深度学习的目标跟踪算法采用了以下几种思路来解决这个问题。

（1）利用辅助图片数据预训练深度学习模型，在在线跟踪时进行微调。在目标跟踪的训练数据非常有限的情况下，使用辅助的非跟踪训练数据进行预训练，获取对物体特征的通用表示。在实际跟踪时，利用当前跟踪目标的有限样本信息对预训练模型进行微调，使模型对当前跟踪目标有更强的分类性能，这种迁移学习的思路极大地减少了对跟踪目标训练样本的需求，也提高了跟踪算法的性能。

（2）利用通过现有大规模分类数据集预训练的CNN分类网络提取特征。2015年以来，在目标跟踪领域应用深度学习兴起了一股新的潮流，即直接使用利用ImageNet这样的大规模分类数据库训练出的CNN网络（如VGG-Net）获得目标的特征表示，之后再用观测模型进行分类获得跟踪结果。这种做法既避开了跟踪时直接训练大规模CNN样本不足的困境，也充分利用了深度特征强大的表征能力。

（3）运用递归神经网络进行目标跟踪。近年来，RNN尤其是带有门结构的LSTM、GRU等在时序任务中显示出了突出的性能。很多研究者开始探索如何应用RNN来解决现有跟踪任务中存在的问题。

## 8.6 应用案例

### 8.6.1 图像分类

ResNet-50 是用于卷积神经网络图像分类的预训练深度学习模型，用于分析视觉图像。ResNet-50 有 50 层，在 ImageNet 数据库的 1 000 个类别的100万张图像上进行训练，具有超过2 300万个可训练参数。使用预训练模型是一种非常有效的方法，还有其他预训练的深度学习模型可供使用，例如 AlexNet、GoogLeNet 或 VGG19。

第1步：导入必要的库。

这一步是导入对图像进行分类所需的必要库。在这种情况下，需要使用 numpy、keras 和 matplotlib。

```
import numpy as np
from keras.preprocessing.image import image
from keras.preprocessing.image import img_to_array
from keras.applications.resnet50 import preprocess_input
from keras.applications.imagenet_utils import decode_
    predictions
import matplotlib.pyplot as plt
```

第2步：读取并解压缩文件。

使用!wget命令将数据集文件下载到Google Colab中，数据集文件将被添加到Google Colab的文件存储库中，从那里可以创建指向要使用的图像或数据集的路径。使用!unzip命令和文件名解压缩文件。

```
!wget -qq http: //sds -datacrunch.aau.dk/public/dataset.
    zip
!unzip -qq dataset.zip
```

第3步：为ResNet-50预处理图像。

在开始预处理之前，从数据集中加载图片。加载图片时需要设置正确的目标尺寸，ResNet的目标尺寸为224×224。

```
img = image.load_img('dataset/single_prediction/cat_or_
    dog_1.jpg', target_size=(224, 224))
plt.imshow(img)
img = image.img_to array(img)
img = np.expand_dims(img, axis=0)
img = preprocess_input(img)
```

第4步：使用keras中的ResNet-50模型进行预测。

对图像进行预处理后，可以通过简单地实例化ResNet-50模型开始分类。

```
model = ResNet50 (weights='imagenet')
preds = model.predict (img)
print('Predicted: ', decode_predictions(preds, top=1)[0])
```

结果展示：

```
Predicted:[('n02099712','Labrador Retriever',0.8339884)]
```

### 8.6.2 目标检测

给定一幅图像，检测其中的目标。本例采用Faster R-CNN方法完成这个任务。

Faster R-CNN方法如下：

（1）把整张图像送入卷积神经网络中进行特征图的提取。

（2）用RPN生成候选区域，每张图片生成300个候选区域。

（3）将候选区域映射到最后一层的特征图。

（4）在RoI池化层把每个RoI生成固定大小的特征图。

（5）利用softmax损失函数和smooth L1损失函数对分类概率和BB回归进行联合训练。

Faster R-CNN方法与其他目标检测方法的效果对比如图8-17所示。

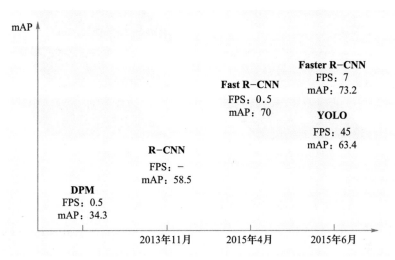

图8-17 Faster R-CNN与其他目标检测方法效果的比较

### 8.6.3 目标跟踪

本例采用层次卷积特征完成视觉跟踪任务。层次卷积特征是国际计算机视觉大会论文（ICCV）"Hierarchical Convolutional Features for Visual Tracking" 中介绍的方法，它的主要思路是提取深度特征，之后利用相关滤波器确定最终的边界框（bounding-box）。其中：高层特征主要反映目标的语义特性，对目标的表观变化比较稳健；低层特征保存了更多细粒度的空间特性，对跟踪目标的精确定位更有效。

利用层次卷积特征进行视觉跟踪的步骤如下（见图8-18）：

（1）第一帧时，利用Conv3_4、Conv4_4、Conv5_4特征的插值分别训练得到3个相关滤波器。

（2）之后的每一帧，以上一帧的预测结果为中心裁剪（crop）出一块区域，获取3个卷积层的特征，做插值，并通过每一层的相关滤波器预测二维的置信得分。

（3）从Conv5_4开始计算出置信得分中最大的响应点，将其作为预测的边界框的中心位置，之后以这个位置约束下一层的搜索范围，逐层向下进行更细粒度的位置预测，以最低层的预测结果作为最后输出。具体公式如下：

$$\underset{m,n}{\operatorname{argmax}} f_{l-1}(m,n) + \gamma f_l(m,n)$$
$$s.t |m-\hat{m}| + |n-\hat{n}| \leq r$$

（4）利用当前的跟踪结果对每一层的相关滤波器进行更新。

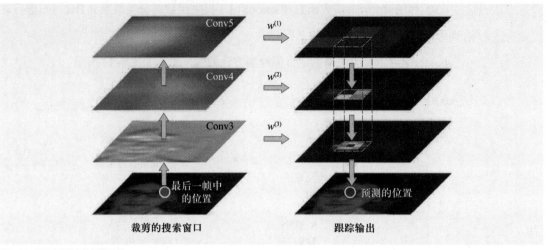

图8-18　层次卷积特征的视觉跟踪

此方法针对VGG-19各层特征的特点，由粗粒度到细粒度最终准确定位目标的中心点。在OTB50数据集上单次评估精度（one-pass evaluation，OPE）精确率达到0.891，OPE成功率达到0.605，实际测试时性能也相当稳定，显示出深度特征结合相关滤波器的巨大优势。但是它的相关滤波器并没有对尺度进行处理，在整个跟踪序列中都假定目标尺度不变。在一些尺度变化非常剧烈的测试序列预测出的边界框尺寸和目标本身的尺寸相差较大。

这个方法是应用预训练的CNN网络提取特征以提高跟踪性能的成功案例，说明利用这种思路解决训练数据缺失和提高性能具有很高的可行性。但是，分类任务预训练的CNN网络本身更关注区分类间物体，而忽略类内差别。目标跟踪时只关注一个物体，重点区分该物体和背景信息，明显抑制背景中的同类物体，但是还需要对目标本身的变化具有稳健性。分类任务以相似的物体为一类，跟踪任务以同一个物体的不同表观为一类，这也是该方法融合多层特征进行跟踪以达到较理想效果的动机所在。

## 8.7　小结

本章主要讨论计算机视觉的相关技术，重点介绍了图像分类中的传统方法和深度学习方法；介绍了目标检测方法，包括一阶段和两阶段方法；以及目标跟踪技术。

## 练习题

1. 简述CNN中$1 \times 1$卷积核的作用。

2. 传统的特征表示方法与深度特征表示方法的区别是什么？各自有什么优缺点？

3. 主流的目标检测方法是哪两种？各自的代表性工作是什么？

4. 简述R-CNN的工作流程，并说明其局限性。

5. 简述目标检测中YOLO的基本思想。

6. 简述ResNet中残差模块的作用。

7. 目标跟踪面临的主要问题有哪些？

8. 简述深度目标跟踪方法的主流思路。

# 第9章 语音信息处理

## 9.1 概述

随着互联网和人工智能技术的发展，语音信息处理技术也得到了极大的发展。语音信息处理技术涵盖的领域非常广，包括语音识别、语音合成、说话人识别、语音增强、语音克隆、语音到语音的翻译技术等多个研究方向。

本章分为7个部分，基本涵盖语音信息处理技术最热门的几个研究领域。本章力图帮助读者掌握语音信息处理的核心概念和算法原理，为继续从事相关研究打下坚实的基础。学习完本章后，读者将对语音信息处理的核心技术有一个全局性的认识，进而通过阅读相关书籍和学术论文获得更加深入的理解。

语音信号处理部分介绍语音信号的产生和感知，语音的采集、编码和存储，语音信号的分析算法，包括时域分析和频域分析算法。

EM算法是机器学习领域的经典算法之一，很多语音信息处理技术都与EM算法有千丝万缕的联系。这部分内容主要包括HMM的参数估计和GMM的参数估计等。

HMM模型部分详细介绍HMM要解决的三个问题：模型参数估计问题、序列概率计算问题和状态路径求解问题。

GMM模型部分介绍GMM模型的基本结构，以及如何利用EM算法进行模型参数估计。

语音识别部分介绍传统语音识别技术和基于深度学习技术的端到端语音识别技术，包括声学模型、语言模型等。

语音合成部分介绍语音合成技术的发展过程。

语音信息技术的最新进展部分介绍语音信息处理技术的未来挑战和机会。

随着开源社区的发展，互联网上可以找到各种各样的语音信息处理引擎、模型库和源代码。本章也会推荐一些高质量的算法库和工具，方便读者动手实践。

## 9.2 语音信号处理

### 9.2.1 语音信号的产生机理和数字化采样

语音是人们每天都会接触到的一种信号。语音的产生过程可以用图9-1所示的机理模型来描述。

图9-1 语音的产生

上图左侧是口腔发出声音的激励源，也就是声带振动产生的激励信号；右侧是由口腔和鼻腔等构成的声道，相当于一个滤波器。语音可以分为浊音和清音，浊音是由声带振动产生的准周期信号激励声道产生的语音，清音是由气流高速冲击产生的一个随机噪声激励声道产生的语音。语音经过声道的调制，最终通过口腔辐射产生人们听到的声波。

声波通过空气传播，人们设计了各种传感器进行接收，从而对振动波进行模数转换（A/D），经过量化和压缩编码将其变成离散数字信号存储下来，如图9-2所示。

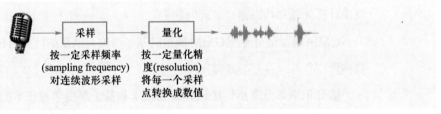

图9-2 声音信号的数字化处理

话筒的方位灵敏度可以通过硬件设计来控制，称为指向性。在语音识别系统中，为了屏蔽周围的噪声干扰，通常采用指向性比较敏锐的话筒。随着语音识别技术的发展，在智能家居场景下，例如智能音箱、智能电视、智能冰箱等，发音人和智能设备之间的距离较远，同时可能有比较强烈的环境噪声或者其他说话人声音的干扰，此时可以使用话筒阵列进行噪声消除，采集信噪比更高的语音信号。

根据奈奎斯特采样定理，当采样率（单位是Hz）大于信号最高频率的两倍时，就能够从离散信号中恢复出连续信号。人耳能够听到的声音的频率是20~20 000 Hz，而人类声带产生的基频是70~450 Hz，经过声道产生谐波和口腔辐射，语音频率分布在4 kHz以内。

智能设备为了支持语音应用，一般采用16 kHz的采样率。而在一些专用的音视频设备上，为了保证音乐的品质，会采用更高的采样率，例如44.1 kHz是音视频设备采用的采样率。

语音信号经过采样后，模拟信号变成一个离散的时间序列。声音的量化就是将序列中的每一个点转换成一个数值，数值可以用单字节、双字节或浮点数表示。

完成语音的采样和量化后，就可以计算出离散数字语音信号的比特率。例如，22 kHz采样、双字节量化的语音信号的比特率是 $22 \times 16 = 352$ kb/s。

从连续模拟信号到离散采样序列的转换过程如图9-3所示。

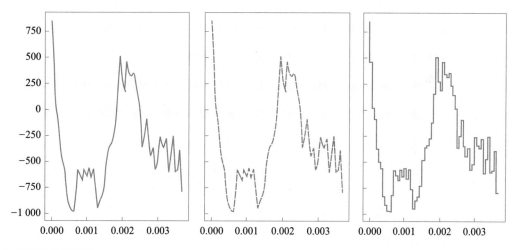

图9-3　声音信号的采样和量化

常见的语音文件格式包括WAV、MP3、FLAC等，这些格式的基本结构相同，只是文件头和量化方法略有不同而已。

读者可以利用很多开源的Python库来读取和存储数字化的语音文件。下面是一些推荐的Python库。

librosa：

安装：pip install librosa

从文件中读取语音信号：y,sr=librosa.load(filename)

把语音信号写入文件：librosa.output.write_wav(filename,y,sr)


torchaudio：

安装：pip install torchaudio

> 从文件中读取语音信号：y,sr=torchaudio.load(filename)
>
> 把语音信号写入文件：torchaudio.save(filename,y,sr)

### 9.2.2 语音信号分析

语音信号是一种非平稳时变信号，它携带着各种信息。在语音编码、语音合成、语音识别和语音增强等语音处理技术中，需要提取语音信号中包含的各种信息。语音信号分析分为时域和频域等处理方法，处理得到的结果叫作特征，处理的过程叫作特征处理。

#### 1. 语音信号的时域分析

时域分析是最简单的方法，它直接对语音信号的时域波形进行分析，提取的特征参数主要有语音的短时能量、短时平均过零率、短时自相关函数等。这些参数可以用来解决语音信号的端点检测和基频提取等问题。

语音信号往往会有频谱倾斜现象，也就是高频部分的幅度会比低频部分低，因此，语音信号分析的第一步是进行预加重处理。预加重起到平衡频谱的作用，提升高频部分的幅度和能量。

用$x[n]$表示语音信号第$n$个采样点的值。预加重的公式如下：

$$x'[n]=x[n]-\alpha x[n-1],0.95<\alpha<0.99 \tag{9-1}$$

图9-4所示是一段语音信号、语音信号的幅度谱，以及语音信号经过预加重之后的波形和幅度谱。

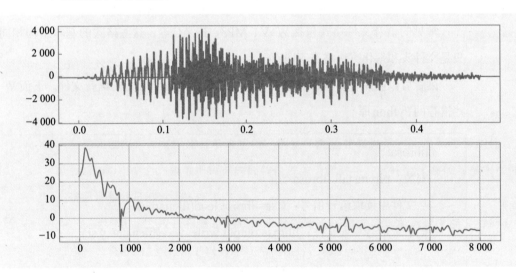

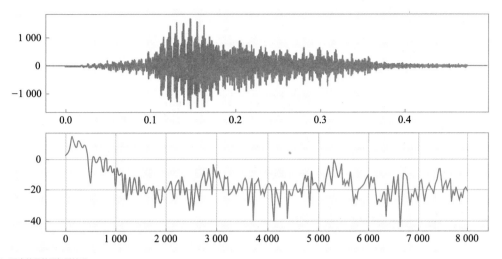

图9-4　语音信号的预加重处理

语音信号不是平稳信号，而通常的信号处理算法假设信号是平稳信号，因此在预加重之后，需要将语音信号分成短时帧（frame）。分帧时，一般帧长（frame length）取20~40 ms，相邻帧之间的帧间隔或帧移动（frame shift）取10~20 ms。在语音识别系统中，通常取帧长为25 ms，帧移动为10 ms，如图9-5所示。

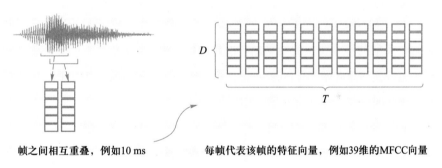

帧之间相互重叠，例如10 ms　　　　　　每帧代表该帧的特征向量，例如39维的MFCC向量

图9-5　语音的分帧处理

在分帧之后，还要对每帧的信号进行加窗处理，其目的是降低频谱旁瓣的强度，获得更高质量的频谱。常用的窗有矩形窗、汉明（Hamming）窗、汉宁（Hanning）窗等。以汉明窗为例，其窗函数（$N$是窗的宽度）为

$$w(n)=0.54-0.46\cos\left(N-\frac{2\pi N}{N-1}\right),0\leqslant n\leqslant N-1 \qquad (9-2)$$

在经过信号的预加重、分帧和加窗处理后，就可以开始提取一些重要的时域特征，包括短时能量、短时平均过零率、短时自相关系数等。这些技术对于语音端点检测、清浊音的区分、基频曲线的提取都非常有用。受篇幅所限，此处仅列出重要的公式。

短时能量的定义：

$$E=\sum_{n=0}^{N-1}x[n]^2 \qquad (9-3)$$

短时平均过零率的定义（其中sign是符号函数）：

$$Z=\frac{1}{2N}\sum_{n=0}^{N-1}|(\text{sign}(x[n])-\text{sign}(x[n-1]))| \qquad (9-4)$$

短时自相关系数的定义：

$$R(k)=\sum_{m=0}^{N-1-k}x_n(m)x_n(m+k),0\leqslant k\leqslant N \qquad (9-5)$$

2. 语音信号的变换域分析

正弦波信号是数字信号处理领域最为重要的信号。1822年，法国数学家约瑟夫·傅里叶发现任何信号都可以用一系列正弦波信号加权和的形式来逼近。用离散傅里叶变换（discrete Fourier transform，DFT）的公式表达如下：

$$X[k]=\sum_{n=0}^{N-1}x(n)\exp\left(-i\frac{2\pi}{N}kn\right),0\leqslant k\leqslant N-1 \qquad (9-6)$$

这里，$x(n)$代表时域信号，$X[k]$是计算得到的傅里叶系数。设$\theta=-\frac{2\pi}{N}kn$，则$\exp\left(-i\frac{2\pi}{N}kn\right)=e^{i\theta}=\cos(\theta)+i\sin(\theta)$（欧拉公式）表示一个长度为1、角度为$\theta$的向量。因此，不难理解，离散傅里叶变换的结果$X[k]$也是复数，表示第$k$个频率成分的幅度和相位。利用离散逆傅里叶变换（inverse discrete Fourier transform，IDFT），可以从$X[k]$恢复原来的时域信号$x[n]$，公式如下：

$$x[n]=\frac{1}{N}\sum_{k=0}^{N-1}X[k]\exp\left(i\frac{2\pi}{N}kn\right),0\leqslant n\leqslant N-1 \qquad (9-7)$$

用离散傅里叶变换计算一帧信号的频幅的完整过程和结果如图9-6所示。

图9-6（b）~图9-6（e）分别是经过预加重的一帧语音波形（25 ms，16 000 Hz）、窗函数、加窗之后的波形和幅度谱。观察该帧信号的幅度谱，可以很清楚地了解信号在0~8 000 Hz的频谱范围内的频谱分布情况。

离散傅里叶变换是语音分析过程中进一步提取其他语音特征的基础。除了利用傅里叶变换对语音信号进行频域分析得到的频谱特征，还有许多各种各样的特征，包括线性预测系数（linear prediction coefficient，LPC）、PLP、MFCC、fbank等。下面重点介绍其中两个语音识别技术中经常使用的特征：MFCC和fbank。

MFCC的完整名称是Mel-frequency cepstrum coefficient（梅尔频率倒谱系数）。MFCC提取算法与多个技术相关，包括Mel滤波器、倒谱分析、离散余弦变换等。图9-7所示是MFCC的特征提取流程。

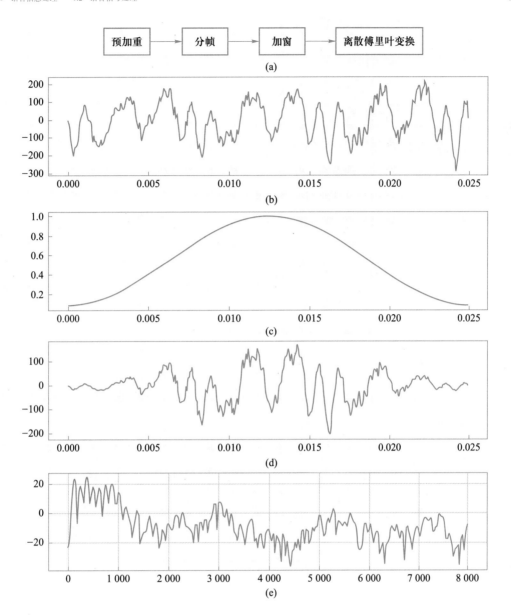

图9-6  加窗和短时离散傅里叶变换

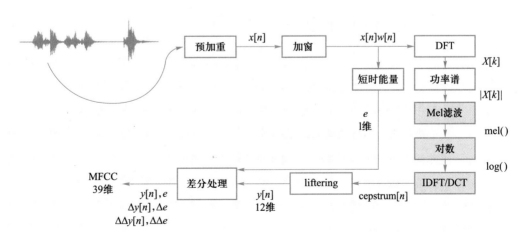

图9-7  MFCC特征提取流程

算法 9-1　MFCC 特征提取

---

（1）输入语音信号 $x[n]$。

（2）预加重处理，平衡频谱倾斜。

（3）分帧处理。

（4）加窗处理：$x[n]w[n]$。

（5）对每一帧做傅里叶变换，得到幅度谱并取绝对值。

（6）使用 Mel 滤波器调整幅度谱 mel bank。

（7）取对数得到 log mel bank (fbank)。

（8）逆傅里叶变换 (IDFT) 或者离散余弦变换 (DCT)。

（9）采用低阶系数 liftering。

（10）拼接短时帧能量，共同构成特征向量，求一阶和二阶导数。

（11）输出 MFCC 特征向量。

---

实验证明，MFCC 具有良好的音素区分性，在传统语音识别技术中得到了广泛应用。上面的流程图中有三个重要的知识点，分别是 Mel 滤波、同态滤波和谱包络提取。

研究表明，人耳对于信号的敏感度不是线性的，在 1 000 Hz 以内敏感度呈线性分布；对于 1 000 Hz 以上的频带，敏感度呈对数分布，越高越不敏感。Mel 刻度（Mel scale）由斯坦利·史密斯·史蒂文斯（Stanley Smith Stevens）、约翰·沃尔克曼（John Volkman）和纽曼（Newman）于 1937 年命名。Mel 刻度频率与线性刻度频率之间的关系是通过大量的听觉实验得到的，公式如下：

$$F_{mel}=1127\ln(1+F_{linear}/700) \tag{9-8}$$

其中，$F_{mel}$ 表示 Mel 刻度频率，$F_{linear}$ 表示正常的线性频率。图 9-8 展示了两者之间的映射关系。

为了利用 Mel 刻度曲线更好地模拟人耳的听觉效应，人们设计了 Mel 滤波器组。Mel 滤波器组其实就是一组三角形滤波器，这些三角形滤波器的中心点按照 Mel 刻度线性分布，相邻滤波器的边界相互重叠。每个滤波器中心点的响应为 1，中心点到左、右相邻滤波器的中心点的响应逐步衰减为 0。滤波器组如图 9-9 所示。

不难理解，Mel 刻度上的这组线性分布的滤波器，转换到正常频率刻度上就是一组非线性分布的滤波器。用 Mel 滤波器组对幅度谱进行滤波，就能得到符合人耳听觉特点的幅度谱。

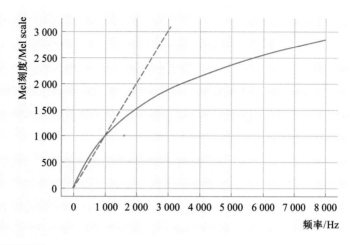

图9-8　Mel刻度与线性刻度的映射关系

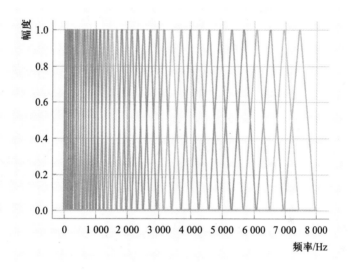

图9-9　Mel滤波器组

经过Mel滤波后，为什么要做一次对数运算呢？语音信号的发音模型是声带振动产生的周期性激励信号经过声道调制产生的声波。发音过程用滤波器模型表示如下：

$$x(n)=f(n)*s(n) \tag{9-9}$$

其中，$s(n)$表示激励信号，$f(n)$表示声道响应函数，*表示卷积运算符。

不同音素的发音，其声道特性是不同的，声道特性是语音识别系统赖以区分不同音素的关键信息。如何从语音信号中估计出对应的声道特性呢？根据同态滤波理论，时域的卷积运算对应于变换域的乘法运算，而对数运算又可以将乘法运算转变为加法运算，如此一来，变换域的信号可以表示为

$$X(k)=F(k)+S(k) \tag{9-10}$$

再经过一次傅里叶逆变换，返回到时间域：

$$x'(n)=f'(n)+s'(n) \qquad (9\text{-}11)$$

为了与频谱（spectrum）区分，$x'(n)$被称作倒谱（cepstrum），$x'(n)$的索引被称作quefrency（同态频率，对应于频率，frequency）。由于倒谱的成分是加性的，因此可以很容易地抽取需要的特征。具体来说，低阶的倒谱系数对应变化相对缓慢的频谱包络，具有显著的音素区分性。高阶的倒谱系数对应频谱的细节变化，对于语音识别系统而言，相当于噪声。

图9-10（a）所示是一帧语音信号经过预加重和加窗后的时域波形，图9-10（b）中的曲线①是其对数幅度谱，曲线②是低阶倒谱系数经过傅里叶变换得到的曲线，曲线③是高阶倒谱系数经过傅里叶变换得到的曲线。显而易见，低阶倒谱系数的确能够很好地反映原始语音信号的幅度谱包络。

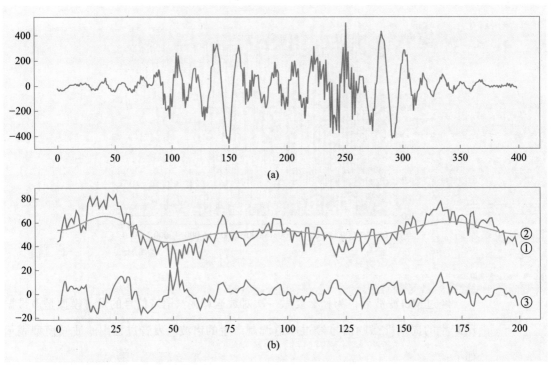

图9-10　倒谱和幅度谱包络

通常，将短时能量与选取的12维低阶的倒谱系数（$y[1:13]$）拼接起来形成13维的MFCC向量。为了更好地反映语音信号的时变特点，还可以计算13维的MFCC向量的一阶和二阶差分，最终形成39维的特征向量。在传统语音识别系统中，MFCC被广泛应用，是语音识别技术中最重要的一种特征。

除了MFCC，另外一种经常使用的变换域特征是fbank。fbank的提取过程跟MFCC的提取过程非常相似，差别在于fbank不需要最后一步的离散傅里叶逆变换或者离散余弦变换，Mel滤波器的输出经过对数运算就得到了fbank特征。

还有许多其他常用的声学特征，包括语谱图（spectrogram）、感知线性预测系数（perceptual linear predictive，PLP）等。

### 3. 语音特征的归一化

在机器学习算法中，特征向量的归一化处理的重要性毋庸置疑。归一化处理不仅可以加速机器学习算法的收敛速度，而且可以减少训练集和测试集之间的差异，从而提高系统的抗噪性和稳健性。通常，归一化处理有均值归一化和均值方差归一化两种方法。

（1）均值归一化：该方法统计说话人语音特征向量的均值，用每一帧特征向量减去均值向量，以提高系统的稳健性。

$$y(n)=y(n)-\mu(y(n)),0 \leqslant n \leqslant N \qquad （9-12）$$

其中，$y(n)$表示第$n$帧特征向量，$\mu(y(n))$表示说话人特征向量的均值。

（2）均值方差归一化：该方法统计说话人的均值和标准方差，用每一帧特征向量减去均值然后除以特征向量的标准方差，使得新的特征向量的均值为0且方差为1。

$$y(n)=\frac{y(n)-\mu(y(n))}{\sigma(y(n))},0 \leqslant n \leqslant N \qquad （9-13）$$

其中，$\sigma(y(n))$表示说话人特征向量的标准方差。

## 9.3 EM算法

EM算法（expectation maximization algorithm，最大期望算法）是一个非常重要的通用算法。该算法是Dempster、Laind和Rubin等人于1977年提出的求解参数极大似然估计的一种迭代优化策略，是一种非常简单、实用的学习算法。

EM算法并不是一个具体的算法，而是一种寻找最优解的策略和思想。掌握了EM算法，可以解决很多参数优化问题，包括HMM参数训练、GMM参数训练等。

在很多机器学习任务中，如果训练数据量充分，而且事先了解数据的统计分布特性，通常可以使用最大似然方法来估计模型参数，并且可以取得不错的效果。似然度的定义如下：

$$L[\theta]=L(x_1,x_2,\cdots,x_n;\theta)=\prod_{i=1}^{n}P(x_i;\theta) \qquad （9-14）$$

取对数，把乘积运算转变为加法运算，得到对数似然度，记为$l(\theta)$：

$$l(\theta)=\ln L(x_1,x_2,\cdots,x_n;\theta)=\sum_{i=1}^n \ln(P(x_i;\theta)) \qquad (9\text{--}15)$$

最大似然方法的原理是，给定一批数据样本，寻找一个最优的模型，这个模型能够以最大的概率产生这批数据。这是一个十分朴素的寻找模型参数的思想。对上式求导，令导数为零，便可以求出对应的模型参数。

遗憾的是，在很多机器学习任务中，通常并没有完整的信息，而只掌握一部分信息（incomplete data），那些无法观测到的信息叫作隐藏信息（hidden data 或 latent data）。例如，HMM模型中的隐状态序列就是不能直接被观察到的隐藏信息，用EM算法可以很好地解决这类问题。

假设观察到的样本数据为$x_1,x_2,\cdots,x_n$，观察不到的隐藏信息为$z_1,z_2,\cdots,z_n$，此时，对数似然度表示为

$$l(\theta)=\sum_{i=1}^n \ln(P(x_i;\theta))=\sum_{i=1}^n \ln\left(\sum_{z_i} P(x_i;z_i;\theta)\right) \qquad (9\text{--}16)$$

看起来只是增加了一个变量$z_i$，但这个变化将直接导致模型参数计算变得异常困难。EM算法的策略是不直接通过求导寻找最优的隐藏信息$z_i$和$\theta$的参数，而是利用Jensen不等式原理，寻找和优化对数似然度的下界。其算法流程如下：

算法9-2　EM算法

---

（1）初始化模型$\theta$。

（2）第$j$次迭代$1 \leqslant j < J$

E步：

利用Jensen不等式，导出对数似然度的下界为

$$\sum_{i=1}^n \sum_{z_i} Q_i(z_i)\ln\left(\frac{P(x_i;z_i;\theta)}{Q_i(z_i)}\right) \qquad (9\text{--}17)$$

可以证明，当$Q_i(z_i)$等于隐藏信息的后验概率时，下界可以逼近真实的对数似然度$l(\theta,\theta_j)$，即

$$Q_i(z_i)=P(z_i|x_i,\theta_j) \qquad (9\text{--}18)$$

M步：

最大化上面的对数似然度下界，得到新的模型参数$\theta_{j+1}$，有

$$\theta_{j+1}=\text{argmax}(l(\theta,\theta_j)) \qquad (9\text{--}19)$$

（3）若模型已经收敛则终止；否则，返回步骤（2）继续迭代。

---

## 9.4 HMM模型

HMM模型（隐马尔可夫模型，hidden Markov model）是一种非常强大的序列建模方法，最初在20世纪60年代后半期由伦纳德·鲍姆（Leonard E. Baum）和其他作者在一系列经典的统计学论文中提出。HMM最为成功的应用之一是语音识别，即使在如今深度学习技术快速发展的阶段，由于建模流程、工具和算法的成熟度等各种原因，很多智能语音产品仍是基于HMM模型的。在深度学习在各个领域大放异彩之前，HMM也在自然语言处理、机器翻译、模式识别、生物信息学等领域有着非常广泛的应用。随着深度学习技术的蓬勃发展，人们的目光开始更多地关注诸如CNN、RNN、LSTM、Attention和Transformer等神经网络模型。但是作为一个经典模型，学习HMM解决问题的思路、理论和算法，如前后向算法、维特比解码算法等，对于建立全面的知识体系和提高解决问题的能力是非常有益的。

### 9.4.1 HMM的基本结构

在介绍隐马尔可夫模型之前，先介绍一下什么是马尔可夫模型。在马尔可夫模型中，序列当中任何一个变量与其他多个变量相关，根据贝叶斯原理，长度为 $T$ 的序列的联合概率表示为

$$P(o_1,o_2,\cdots,o_{T-1})=\prod_{t=1}^{T}P(o_t|o_{t-1},o_{t-2},\cdots,o_1) \tag{9-20}$$

这里，$o$ 表示观察变量（observation），$o_1,o_2,\cdots,o_T$ 形成长度为 $T$ 的观察序列。一阶马尔可夫模型假设序列中的当前变量仅与前一个变量有关，模型变得比较简单，即

$$P(o_1,o_2,\cdots,o_{T-1})=\prod_{t=1}^{T}P(o_t|o_{t-1}) \tag{9-21}$$

但是许多实际问题要考虑更为复杂的相关性，必须使用高阶马尔可夫模型表达当前变量与其他变量之间的关系，但是如此一来需要的参数量会非常大。解决这个问题的办法就是引入另外一个状态序列，形成一个双重随机过程，这就是所谓的隐马尔可夫模型。与马尔可夫模型相比，隐马尔可夫模型可以描述更为复杂的问题。这是统计机器学习常用的一个手段。引入状态序列后，联合概率表示为

$$P(o_1,o_2,\cdots,o_T,s_1,s_2,\cdots,s_T)=P(s_1)\prod_{t=2}^{T-1}P(s_t|s_{t-1})\prod_{t=1}^{T}P(o_t|s_t) \tag{9-22}$$

其中，$s_1,s_2,\cdots,s_T$ 是长度为 $T$ 的状态序列，$s_t$ 表示 $t$ 时刻对应的状态，根据状态数目的设定，$1 \leqslant s_t \leqslant N$，$N$ 表示总的状态数。

　　如式（9-22）所示，隐马尔可夫模型之所以得名，是因为它假设要描述的序列（观测序列）信息虽然能够直接观察到，但观测序列受到另外一个不可见的隐藏序列（状态序列）的影响，隐藏序列中的每个状态只跟前一个状态有关，是一个一阶马尔可夫模型。观测序列中的每一个观测变量是由底层的某一个状态输出的，只跟某一个状态有关，遵循一定的概率分布输出当前观测变量，与其他状态无关。如图9-11所示。

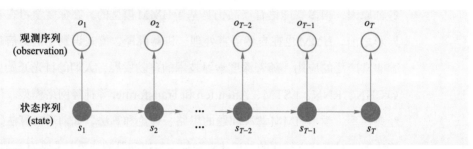

图9-11　HMM的状态序列和观察序列

　　式（9-22）把HMM复杂的双重随机过程拆解成了三部分，包括$P(s_1)$、$P(s_t|s_{t-1})$和$P(o_t|s_t)$，分别叫作HMM的初始概率分布$\pi$、状态转移概率分布$A$和状态输出概率分布$B$。

　　在模型训练阶段，利用大量的观测序列来估计隐藏状态序列对应的参数，包括初始概率分布$\pi$、状态转移概率分布$A$和状态输出概率分布$B$。在模型使用阶段，利用这些学习到的概率分布参数预测未来的观测变量。这就是HMM模型的核心思想。

　　为了更好地了解什么是隐马尔可夫模型，用语音做一个类比：声音是人耳能够听到的语音波形序列或者频谱序列（观测序列），但是对应的音素符号序列对于人耳来说就是隐藏序列（状态序列）。在模型训练阶段，通过搜集大量的语音信号，使用HMM模型参数估计算法来估计音素之间的转移概率和音素输出语音信号的概率。在获得音素的转移概率和输出概率之后，很多问题就迎刃而解。在模型使用阶段，利用听到的语音信号序列计算得出概率最高的音素序列，该音素序列对应的词汇序列就是语音识别结果。

　　HMM模型由隐藏状态初始概率分布$\pi$、状态转移概率分布$A$和观测状态输出概率分布$B$决定。$\pi$和$A$决定状态序列，$B$决定观测序列。因此，HMM模型可以由一个三元组$\lambda$表示如下：

$$\lambda=(A,B,\pi) \tag{9-23}$$

其中，$\pi=\{\pi_i\}$，表示状态初始概率分布模型，在初始时刻，是模型停留在第$i$个状态的概率分布；$A=\{a_{ij}\}$，表示状态转移概率分布模型，是从第$i$个状态跳转到第$j$个状态的概率分布；$B=\{b_j(t)\}$，表示状态输出概率分布模型，是在第$j$个状态输出第$t$个观测值或者分布的概率分布。

给定HMM模型$\lambda$之后，再来回顾一下在HMM双重随机过程的框架下，观测序列的产生过程。

算法9–3　　HMM的观测序列的生成过程

---

（1）在$t=1$的初始时刻，根据初始状态概率分布$\pi$，选择一个初始状态$s_i$。

（2）根据状态$s_i$的输出概率分布$b_j(t)$，产生$t$时刻的输出观测变量$o_t$。

（3）根据状态$s_i$的转移概率分布$a_{ij}$，状态转移到新的状态$s_j$。

（4）$t=t+1$，如果$t<T$，返回步骤（2）；否则终止循环。

---

### 9.4.2　HMM的三个基本问题

为了训练和使用HMM模型，有三个问题要解决，分别是观测序列概率计算问题、状态序列估计问题和模型参数估计问题。

#### 1. 观测序列概率计算问题

观测序列概率计算问题即给定模型$\lambda=(A,B,\pi)$和观测序列$O=\{o_1,o_2,\cdots,o_T\}$，计算在模型$\lambda$下观测序列$O$出现的概率$P(O|\lambda)$。

先来看如何用遍历法计算$P(O|\lambda)$：$P(O|\lambda)=\sum\limits_{\{\text{path}_l\}}P(O,\text{path}_l|\lambda)$，其计算复杂度是$O(N^T)$，语音信号按10 ms帧移，会产生非常长的序列信号，用遍历法计算$P(O|\lambda)$显然不可行。实际上，前向–后向（forward–backward）算法可以高效地解决这个问题。forward–backward算法包括前向算法（forward）和后向算法（backward）两个模块，下面分别介绍前向算法和后向算法。

利用HMM的特点，状态转移概率只与前一个时刻的状态相关，当前时刻的输出概率只与当前状态相关。前向算法从左到右以递推的方式计算观测序列概率，该算法用$\alpha_t(j)$表示$t$时刻时已经输出观测序列$o_1,o_2,\cdots,o_t$并且到达状态$s_t$的概率：

$$P(o_1,o_2,\cdots,o_t,s_t=j|\lambda) \qquad\qquad (9\text{–}24)$$

前向算法用递归法计算$P(O|\lambda)$的流程如下：

算法9–4　　前向算法

---

（1）初始化：

$$\alpha_1(i)=\pi_i b_i(o_1),1\leqslant i\leqslant N \qquad\qquad (9\text{–}25)$$

---

（2）迭代计算：

$$\alpha_{t+1}(j)=\left[\sum_{i=1}^{N}\alpha_t(i)a_{ij}\right]b_j(o_{t+1}),1\leqslant t\leqslant T-1,1\leqslant j\leqslant N \qquad （9-26）$$

（3）最后：

$$P(O|\lambda)=\sum_{i=1}^{N}\alpha_T(i) \qquad （9-27）$$

前向算法中前向概率的递归过程如图9-12所示。

前向算法将计算量降低到$O(TN^2)$。

类似地，后向算法从右向左计算观测序列概率，该算法用$\beta_t(i)$表示$t$时刻时状态是$i$，输出观测序列$o_t,o_{t+1},\cdots,o_T$的概率：

$$\beta_t(i)=P(o_t,o_{t+1},\cdots,o_T,s_t=i|\lambda),1\leqslant i\leqslant N \qquad （9-28）$$

后向算法的流程如下：

算法9-5　后向算法

（1）初始化：

$$\beta_T(i)=1,1\leqslant i<N \qquad （9-29）$$

（2）迭代计算：

$$\beta_t(i)=\sum_{j=1}^{N}a_{ij}b_j(o_{t+1})\beta_{t+1}(j),1\leqslant t\leqslant T-1,1\leqslant j\leqslant N \qquad （9-30）$$

后向算法中后向概率的递归过程如图9-13所示。

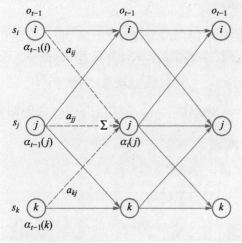

图9-12　前向概率的递归

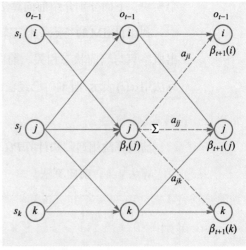

图9-13　后向概率的递归

将前向算法和后向算法结合起来，观测序列的概率计算变得非常简单：

$$P(O|\lambda)=\sum_{i=1}^{N}P(O,s_t=i|\lambda)=\sum_{i=1}^{N}\alpha_t(i)\beta_t(i) \tag{9-31}$$

2. 状态序列估计问题

状态序列估计问题也称为解码问题，即给定模型 $(A,B,\pi)$ 和观测序列 $O=\{o_1,o_2,\cdots,o_T\}$，求解概率最大的状态序列，这个问题的求解需要用到基于动态规划的维特比（Viterbi）算法。

既然已经构建了前向-后向算法，根据式（9-32），求解每个时刻概率最大的状态不就可以了吗？

$$\gamma_t(i)=P(O,s_t=i|\lambda)=\frac{P(O,s_t=i|\lambda)}{P(O|\lambda)}=\frac{\alpha_t(i)\beta_t(i)}{\sum_{i=1}^{N}\alpha_t(i)\beta_t(i)} \tag{9-32}$$

则最优状态序列的求解问题不就变成求解每个时刻概率最大的状态索引 $\underset{i}{\mathrm{argmax}}(\gamma_t(i))$ 了吗？实际上不是的。这个方法看似简单，但是不能给出全局最优解。这是一个典型的全局最优路径的搜索问题，可以用维特比算法解决。

定义 $\delta_t(i)$ 表示时刻路径为 $s_1,s_2,\cdots,s_t$，其中 $s_t=i$，输出观测序列 $o_1,o_2,\cdots,o_t$ 的最大概率为

$$\delta_t(i)=\max_t(s_t=i,s_1,s_2,\cdots,s_{t-1},o_1,o_2,\cdots,o_t|\lambda),1\le i\le N,1\le t\le T \tag{9-33}$$

定义 $\psi_t(i)$ 表示由 $t-1$ 到 $t$ 的局部跳转中概率最大的 $t-1$ 时刻的状态，有

$$\psi_t(i)=\underset{1\le j\le N}{\mathrm{argmax}}[\delta_{t-1}(j)a_{ji}],1\le i\le N,1\le t\le T \tag{9-34}$$

算法流程如下：

输入：HMM模型 $(A,B,\pi)$ 和观测序列 $O=\{o_1,o_2,\cdots,o_T\}$。

输出：全局最优的状态序列 $S^*=\{s_1^*,s_2^*,\cdots,s_T^*\}$。

算法9-6 维特比算法流程

---

（1）初始化：

$$\delta_1(i)=\pi_i b_i(o_1),1\le i\le N \tag{9-35}$$

$$\psi_1(i)=0,1\le i\le N \tag{9-36}$$

（2）递推：

$$\delta_t(i)=\max_{1\le j\le N}[\delta_{t-1}(j)a_{ji}]b_i(o_t),1\le i\le N \tag{9-37}$$

$$\psi_t(i)=\underset{1\le j\le N}{\mathrm{argmax}}[\delta_{t-1}(j)a_{ij}],1\le i\le N \tag{9-38}$$

（3）得到 $T$ 时刻的最大概率和状态：

$$P_{\max}(O|\lambda)=\max_{1\leq i\leq N}\delta_T(i) \tag{9-39}$$

$$S_T^*=\operatorname*{argmax}_{1\leq j\leq N}\delta_T(i) \tag{9-40}$$

（4）利用$\psi_t(i)$进行状态回溯，从而得到全局最优路径：

$$S_i^*=\psi_{t+1}(S_{t+1}^*),2\leq t\leq T \tag{9-41}$$

最优全局路径为

$$\mathrm{path}^*=\{s_1^*,s_2^*,\cdots,s_T^*\} \tag{9-42}$$

### 3. 模型参数估计问题

HMM参数估计需要用到Baum–Welch算法。实际上，Baum–Welch算法属于EM算法的一种应用。它利用前向–后向算法估计两个隐藏信息的概率分布，包括$\gamma_t(i)$和$\xi_t(i,j)$（E步骤），然后更新$\boldsymbol{B}$矩阵和$\boldsymbol{A}$矩阵（M步骤），反复迭代，从而完成模型的参数估计，最大化观测序列的输出概率$P(O|\lambda)$。算法流程如下：

算法9-7　**Baum–Welch算法**

（1）模型初始化。

（2）状态的概率$\gamma_t(i)$定义为在时刻$t$处于$i$状态的概率，可以用前向–后向概率表示为

$$\gamma_t(i)=P(O,s_t=i|P(O,s_t=i|\lambda)=\frac{P(O,s_t=i|\lambda)}{P(O|\lambda)}=\frac{\alpha_t(i)\beta_t(i)}{\sum_{i=1}^{N}\alpha_t(i)\beta_t(i)} \tag{9-43}$$

（3）状态跳转的概率$\xi_t(i,j)$定义为在时刻$t$处于$i$状态，在时刻$t+1$处于$j$状态的概率。可以用前向–后向概率表示为

$$\xi_t(i,j)=\frac{\alpha_t(i)a_{ij}b_{ij}(o_{t+1})\beta_{t+1}(j)}{\sum_{i=1}^{N}\alpha_t(i)\beta_t(i)} \tag{9-44}$$

（4）模型更新：

$$b_j(o_t)=\frac{\gamma_t(j)}{\sum_{k=1}^{T-1}\gamma_k(j)} \tag{9-45}$$

$$a_{ij}=\frac{\sum_{t=1}^{T-1}\xi_t(i,j)}{\sum_{t=1}^{T-1}\gamma_t(i)} \tag{9-46}$$

## 9.5　GMM模型

自然界当中的很多现象都符合高斯分布，语音信号也一样。对于比较复杂的信号，用一个高斯分布不能够精细地刻画，于是人们想到使用多个高斯函数来逼近信号的真实分布，称为混合高斯模型（GMM）。GMM模型的应用十分广泛，使用GMM可以完成各种分类任务，例如语音命令识别、说话人聚类、说话人切分等。

在深入介绍GMM之前，先来了解一下概率密度函数（probability density function，PDF）。

机器学习要完成的任务经常会涉及连续变量，例如语音的波形、频谱、图像的像素点等。即使是离散变量，如文本中的单字或者词汇，经常也会选择将离散变量转换为连续空间的变量（embedding），从而把问题投射到连续空间中进行处理。

连续变量的概率密度函数PDF和概率成正比，PDF曲线下的面积是对应连续变量的值落在某个区间的概率。

高斯分布包含均值和方差这两个重要的参数，通常用$\mu$表示均值，用$\sigma^2$表示方差。单变量高斯概率密度函数的公式为

$$P(x|\mu,\sigma^2)=N(x;\mu,\sigma^2)=\frac{1}{2\pi\sigma^2}\exp\left(\frac{-(x-\mu)^2}{2\sigma^2}\right) \tag{9-47}$$

均值为0、方差为1的单变量高斯概率密度函数曲线如图9-14所示。

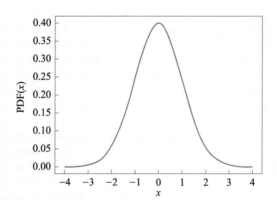

图9-14　一维高斯分布

扩展到$D$维变量$\boldsymbol{x}=(x_1,x_2,\cdots,x_D)^{\mathrm{T}}$，其高斯概率密度函数表示为

$$P(\boldsymbol{x}|\boldsymbol{\mu},\boldsymbol{\Sigma})=N(\boldsymbol{x};\boldsymbol{\mu},\boldsymbol{\Sigma})=\frac{1}{(2\pi)^{D/2}|\boldsymbol{\Sigma}|^{1/2}}\exp\left(-\frac{1}{2}(\boldsymbol{x}-\boldsymbol{\mu})^{\mathrm{T}}\boldsymbol{\Sigma}^{-1}(\boldsymbol{x}-\boldsymbol{\mu})\right) \tag{9-48}$$

这里，使用黑体表示的符号代表多维向量。$D$维高斯密度函数的参数包括均值向量和协方差矩阵，分别为

$$\boldsymbol{\mu}=(\mu_1, \mu_2, \cdots, \mu_D)^{\mathrm{T}} \tag{9-49}$$

$$\boldsymbol{\Sigma}=\begin{pmatrix} \sigma_{11} & \cdots & \sigma_{1D} \\ \vdots & \ddots & \vdots \\ \sigma_{D1} & \cdots & \sigma_{DD} \end{pmatrix} \tag{9-50}$$

其中，$\boldsymbol{\mu}$是特征向量$\boldsymbol{x}$的均值，$\boldsymbol{\Sigma}$是特征向量$\boldsymbol{x}$与均值向量偏差的均值。

由于

$$\sigma_{ij}=E[(x_i-\mu_i)-(x_j-\mu_j)]=E[(x_j-\mu_j)-(x_i-\mu_i)]=\sigma_{ji} \tag{9-51}$$

所以，$\boldsymbol{\Sigma}$是$D \times D$的对称矩阵。

给定一系列数据，假设数据符合高斯分布，则用最大似然估计方法可以推导出它的均值向量和协方差矩阵，即

$$\hat{\boldsymbol{\mu}}=\frac{1}{T}\sum_{t=1}^{T}\boldsymbol{x}_t \tag{9-52}$$

$$\hat{\boldsymbol{\Sigma}}=\frac{1}{T}\sum_{t=1}^{T}(\boldsymbol{x}_t-\hat{\boldsymbol{\mu}})(\boldsymbol{x}_t-\hat{\boldsymbol{\mu}})^{\mathrm{T}} \tag{9-53}$$

图9-15（a）是1000帧语音信号的2维MFCC向量的散点图和基于最大似然估计方法得到的高斯概率密度函数的等高线图，图9-15（b）是该高斯概率密度函数的3D显示。

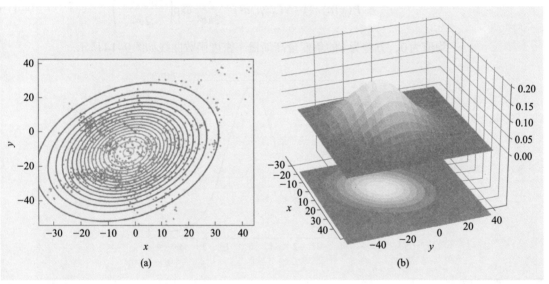

图9-15　二维高斯分布

### 9.5.1　GMM的基本结构

混合模型是若干个成员模型的线性组合，其通用表示为

$$P(\boldsymbol{x})=\sum_{m=1}^{M}c_mP(\boldsymbol{x}|m) \tag{9-54}$$

其中，$P(\boldsymbol{x}|m)$ 是第 $m$ 个成员模型的概率密度函数，$c_m$ 是该模型的混合权重。

GMM是最为重要的一种混合模型，它的每一个成员模型都是高斯模型 $N(\boldsymbol{x};\boldsymbol{\mu}_m,\boldsymbol{\varSigma}_m)$。

$$P(\boldsymbol{x})=\sum_{m=1}^{M}c_m N(\boldsymbol{x};\boldsymbol{\mu}_m,\boldsymbol{\varSigma}_m) \tag{9-55}$$

GMM可以直观地用图9-16表示。

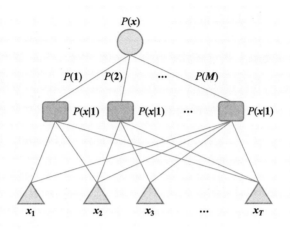

图9-16　混合高斯模型示意

### 9.5.2　GMM的参数估计

如果预先知道每个特征向量所属的成员模型，GMM的参数估计将变得非常简单，直接使用最大似然估计就可以了。这里，引入一个新的变量 $z_{mt}$，$z_{mt}$ 等于1表示第 $t$ 个特征向量属于第 $m$ 个成员模型；否则 $z_{mt}$ 等于0。根据最大似然估计，可以推出每个成员模型的均值向量和协方差矩阵为

$$\hat{\boldsymbol{\mu}}_m=\frac{\displaystyle\sum_{t=1}^{T}z_{mt}x_t}{\displaystyle\sum_{t=1}^{T}z_{mt}} \tag{9-56}$$

$$\hat{\boldsymbol{\varSigma}}_m=\frac{1}{\displaystyle\sum_{t=1}^{T}z_{mt}}\sum_{t=1}^{T}z_{mt}(\boldsymbol{x}_t-\hat{\boldsymbol{\mu}})(\boldsymbol{x}_t-\hat{\boldsymbol{\mu}})^{\mathrm{T}} \tag{9-57}$$

$$\hat{c}_m=\frac{1}{T}\sum_{t=1}^{T}z_{mt} \tag{9-58}$$

然而，在大多数实际应用中，事先无法判断一个特征向量属于哪一个成员模型，特征向量属于哪一个成员模型是隐藏信息。在没有完整信息的情形下，利用EM算法的思想可以获得模型的最优参数估计。

给定特征向量 $\boldsymbol{x}$ 和第 $j$ 次迭代的GMM模型 $\theta_j$，$\boldsymbol{x}$ 属于第 $m$ 个成员模型的概率为 $P(m|\boldsymbol{x},\theta_j)$（也叫作responsibility），相当于特征向量 $\boldsymbol{x}$ 属于第 $m$ 个成员模型的"软决

策"。E步骤得到$P(m|x,\theta_j)$的估计之后，M步骤求解GMM模型参数的最大似然估计，得到新的GMM模型。循环迭代，直到模型收敛。

但是，模型的初始化如何进行呢？可以使用$k$-means算法。实际上$k$-means算法也遵循EM算法思想，属于EM算法的特例。下面给出GMM模型参数估计的算法流程。

算法9-8　GMM参数估计

（1）初始化：指定成员模型的个数$M$，用$k$-means算法估计得到每个成员模型的参数（$\hat{\boldsymbol{\mu}}_m$和$\hat{\boldsymbol{\Sigma}}_m$）和成员模型的权重$c_m$，作为初始GMM模型$\theta_j(j=0)$。

（2）E步骤：根据当前的模型参数计算隐藏信息的后验概率$P(m|x,\theta_j)$。

（3）M步骤：根据E步骤得到的后验概率$P(m|x,\theta_j)$，计算$\hat{\boldsymbol{\mu}}_m$、$\hat{\boldsymbol{\Sigma}}_m$和$c_m$的最大似然估计，从而得到新的GMM模型$\theta_{j+1}$。

（4）评估GMM模型$\theta_{j+1}$的对数似然度，若已经收敛，则结束；否则，继续迭代。

下面，给出具体的参数估计公式：

$$P(m|x_t,\theta_j)=\frac{c_m N(x_t;\boldsymbol{\mu}_m,\boldsymbol{\Sigma}_m)}{\sum_{m=1}^{M} c_m N(x(t);\boldsymbol{\mu}_m,\boldsymbol{\Sigma}_m)} \tag{9-59}$$

$$\hat{\boldsymbol{\mu}}_m=\frac{\sum_{t=1}^{T}P(m|x_t,\theta_j)x_t}{\sum_{t=1}^{T}P(m|x_t,\theta_j)} \tag{9-60}$$

$$\hat{\boldsymbol{\Sigma}}_m=\frac{1}{\sum_{t=1}^{T}P(m|x_t,\theta_j)}\sum_{t=1}^{T}P(m|x_t,\theta_j)(x_t-\hat{\boldsymbol{\mu}})(x_t-\hat{\boldsymbol{\mu}})^{\mathrm{T}} \tag{9-61}$$

$$\hat{c}_m=\frac{\sum_{t=1}^{T}P(m|x_t,\theta_j)}{\sum_{t=1}^{T}\sum_{m=1}^{M}P(m|x_t,\theta_j)} \tag{9-62}$$

最终，得到GMM模型

$$\sum_{m=1}^{M}\hat{c}_m N(x;\hat{\boldsymbol{\mu}}_m,\hat{\boldsymbol{\Sigma}}_m) \tag{9-63}$$

再来观察一下前面实验中使过用的1000帧语音信号的2维MFCC向量的散点图和其GMM的等高线图，以及GMM密度函数的3D显示，如图9-17所示。

显而易见，与单变量高斯概率密度函数相比，GMM对于数据的刻画更加精细。

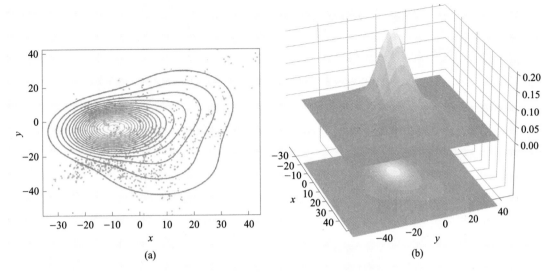

图9-17　二维混合高斯模型

## 9.6　语音识别

语音识别要完成的任务就是让计算机能够听懂人类的语言。这句话看似轻描淡写，但是无数科学家和工程师已经为这个目标奋斗了50多年了。从最早的模板匹配方法，到利用统计机器学习的传统语音识别方法，再到基于深度学习的现代语音识别方法，最后再到最新的端到端语音识别方法。今天，语音识别技术已经深入人们的日常生活，能够听懂"人话"的不仅仅是一台计算机，也可能是一部手机、一台智能音箱、一辆汽车，甚至是一块手表等。国内外的IT公司如脸书、谷歌、微软、IBM、苹果、科大讯飞、腾讯、百度、阿里巴巴等都在持续地投入力量，研发语音识别产品和提高语音识别性能。

### 9.6.1　语音识别基本原理

语音识别可以用公式表示如下：

$$\hat{Y} = \underset{Y}{\mathrm{argmax}} P(Y|X) \tag{9-64}$$

其中，$X$表示输入语音，$\hat{Y}$表示推断出的最可能的文本。$X$就是语音特征向量构成的观测序列；$\hat{Y}$是经过搜索找到的最有可能的文字符号序列，可以是音素序列、音节序列，也可以是单字序列，甚至可以是词汇序列。

传统语音识别利用贝叶斯原理，可以把上面的公式改写为

$$\hat{Y} = \underset{Y}{\operatorname{argmax}} P(Y|X) = \frac{\underset{Y}{\operatorname{argmax}} P(X|Y)P(Y)}{P(X)} \tag{9-65}$$

考虑到 $P(X)$ 是常数，则

$$\hat{Y} = \underset{Y}{\operatorname{argmax}} P(Y|X) = \underset{Y}{\operatorname{argmax}} P(X|Y)P(Y) = \underset{Y}{\operatorname{argmax}} P(X,Y) \tag{9-66}$$

可见，传统语音识别把语音识别任务转化成了一个求解联合概率 $P(X,Y)$ 最大值的过程，属于生成式模型。其中，$P(Y)$ 是语言模型，用来对文字符号序列建模，是单字或词汇序列 $y$ 的概率；$P(X|Y)$ 是声学模型，用来对声音建模，是在给定一个文字序列（文字序列可以转化为状态序列）的条件下，声学模型输出语音特征向量 $X$ 的似然度最大化的问题。如图 9-18 所示。

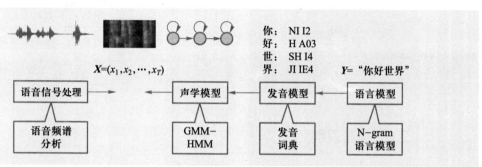

图9-18 传统语音识别是一个生成式模型

### 9.6.2 声学模型

#### 1. GMM-HMM模型

传统声学模型采用 GMM 加 HMM 的策略构建。利用 HMM 对隐状态的转移概率建模，利用 GMM 对隐状态的发射概率建模。

构建 HMM，首先要确定建模单元。建模单元要和发音有直接的关系，这样利于保证模型的发音区分性。同时，建模单元的数量不能太大，否则，训练模型时会遇到数据稀疏带来的挑战。英语一共有 48 个音素，是英语单词发音的最小单元，有明显的区分性，对于英语语音识别，通常选择音素作为其基本单元。

汉语的建模单元有多个选择，可以用音素，但是考虑到汉语是一个以音节为发音单元的语言，可以用音节来建模。但是，汉语是带调语言，虽然不带调的音节总数是 400 个左右，但加上声调的话数目过多，尤其是一些比较生僻的音节很少使用，难以采集到足够的训练样本。

综合考虑，汉语最常见的建模单元通常选择声韵母。考虑到汉语音节的发音特点，通常使用 3 状态的 HMM 拓扑结构设计，如图 9-19 所示。

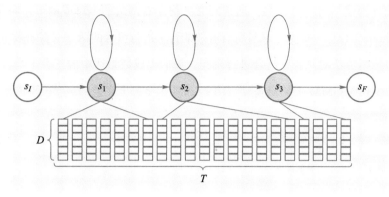

传统语音识别系统的声学模型的状态发射概率模型通常采用GMM模型，即

$$b_j(\boldsymbol{x}_t) = \sum_{m=1}^{M} N(\boldsymbol{x}_t; \hat{\boldsymbol{\mu}}_{jm}, \hat{\boldsymbol{\Sigma}}_{jm}) c_{jm} \qquad (9\text{-}67)$$

根据EM算法，可以导出GMM-HMM参数更新公式如下：

$$\gamma_t(i, m) = \left[ \frac{\alpha_t(i)\beta_t(i)}{\sum_{i=1}^{N}\alpha_t(i)\beta_t(i)} \right] \left[ \frac{c_{im}N(\boldsymbol{x}_t; \boldsymbol{\mu}_{im}, \boldsymbol{\Sigma}_{im})}{\sum_{m=1}^{M}c_{im}N(\boldsymbol{x}_t; \boldsymbol{\mu}_{im}, \boldsymbol{\Sigma}_{im})} \right] \qquad (9\text{-}68)$$

$$\xi_t(i, j) = \frac{\alpha_t(i)a_{ij}b_{ij}(x_{t+1})\beta_{t+1}(j)}{\sum_{i=1}^{N}\alpha_t(i)\beta_t(i)} \qquad (9\text{-}69)$$

从而导出

$$a_{ij} = \frac{\sum_{t=1}^{T-1}\xi_t(i, j)}{\sum_{t=1}^{T-1}\sum_{m=1}^{M}\gamma_t(i, m)} \qquad (9\text{-}70)$$

$$\hat{\boldsymbol{\mu}}_{im} = \frac{\sum_{t=1}^{T}\gamma_t(i, m)\boldsymbol{x}_t}{\sum_{t=1}^{T}\gamma_t(i, m)} \qquad (9\text{-}71)$$

$$\hat{\boldsymbol{\Sigma}}_{im} = \frac{1}{\sum_{t=1}^{T}\gamma_t(i, m)}\sum_{t=1}^{T}\gamma_t(i, m)(\boldsymbol{x}_t - \hat{\boldsymbol{\mu}}_{im})(\boldsymbol{x}_t - \hat{\boldsymbol{\mu}}_{im})^{\mathrm{T}} \qquad (9\text{-}72)$$

$$c_{im} = \frac{\sum_{t=1}^{T}\gamma_t(i, m)}{\sum_{t=1}^{T}\sum_{m=1}^{M}\gamma_t(i, m)} \qquad (9\text{-}73)$$

以上就是GMM-HMM声学模型的参数估计和迭代公式。

为了进一步提高语音识别系统的识别率，还可以考虑构建上下文相关的建模单元（context-dependent phone，CD）。例如，a1这个韵母可以结合相邻的声母或者韵母构建不同的a1模型，通常同时考虑左右两边的声母或韵母，叫作三音子（tri-phone）模型。如果考虑对所有有效的音子进行组合的话，三音子数量太多。一般用决策树方法对三音子组合进行聚类，最后生成数量适中的三音子集合，对每一个三音子构建GMM-HMM模型。图9-20所示是一个完整的声学模型的构建过程。

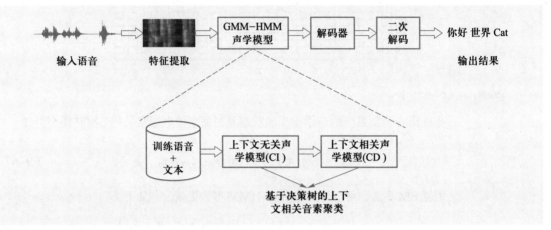

图9-20　CI和CD声学模型

通常，先用上下文无关音素（context-independent phone，CI）构建一个初始的声学模型；然后，利用决策树或者数据驱动的方式聚类产生上下文相关的音素集合，并构建最终的CD模型。

2. DNN-HMM模型

2006年，深度学习领域的著名学者欣顿（Hinton）提出了一种利用深度置信网络（deep belief network，DBN）对多层感知机进行预训练，然后通过反向传播算法进行参数微调，以解决训练深层网络优化中过拟合和梯度消失的有效途径。不久，邓力等人使用DNN替换了传统GMM-HMM中的GMM模型，显著提升了语音识别器的精度。DNN-HMM模型训练的过程如图9-21所示。

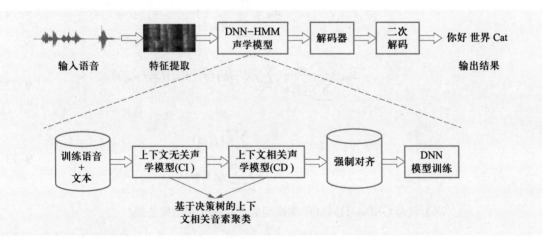

图9-21　DNN-HMM模型训练的过程

随后几年，大量研究开始尝试用各种深度学习模型替换GMM模型，包括CNN（convolutional neural network，卷积神经网络）和RNN（recurrent neural network，循环神经网络），极大地推动了语音识别技术的发展。

### 3. 端到端模型

不难看出，无论是GMM-HMM还是DNN-HMM，构建声学模型的过程就是一个利用EM算法反复迭代，从而不断优化语音特征序列和音素序列的对齐关系（alignment）的过程。同时，还需要设计和实现语言模型和发音模型，多个模型分别优化，步骤繁杂，容易产生人为错误。人们开始探索端到端的建模方案，也就是E2E（end to end）模型。从原理上看，端到端模型可以分成三类，分别是CTC模型、Attention模型和CTC-Attention混合模型。

CTC的全称是Connectionist Temporal Classification，$x=(x_1,x_2,\cdots,x_T)$表示输入的语音特征向量序列，$z=(z_1,z_2,\cdots,z_U)$表示标注序列。简单起见，用序号表示标注单元（可以是CI音素、CD音素、字母、音节甚至词汇），$z_u \in \{1,2,\cdots,K\}$，$K$表示单元个数，索引0留给特别引入的一个特殊单元，叫作空单元或blank单元。如图9-22所示。

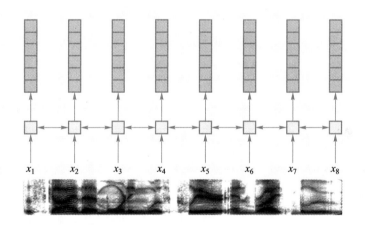

图9-22 CTC模型

CTC模型通常使用RNN作为底层的神经元网络，网络最后的输出层一般是一个softmax层，节点数为$K+1$，产生输出序列$y=(y_1,y_2,\cdots,y_T)$，$y_t$表示输出层在时刻$t$的输出向量，是一个$K+1$维的向量，它的第$k$个元素$y_t^k$表示第$t$帧语音特征输出第$k$个标注单元的后验概率。

CTC模型的优化准则就是最大化$P(z|x)$。在模型训练时，希望模型训练是一个端到端的过程，标注序列$z$并不需要和语音特征序列按帧对齐，所以直接计算$z$的概率分布$P(z|x)$是非常困难的。

为了在RNN的输出序列$y$和标注序列$z$之间搭建一个桥梁，CTC模型引入了一个叫作CTC路径的中间序列。CTC路径允许单元的重复和空输出，记为$\pi=(\pi_1,\pi_2,\cdots,$

$\pi_T$），$\pi_t \in \{1,2,\cdots,K\} \cup \{blank\}$，增加的一个单元就是前面提到的 blank 单元，用来表示空输出。

损失函数（CTC loss）用来反映给定的输入特征向量 $x$ 产生标注序列 $z$ 的概率分布。$P(z|x)$ 可以表示为

$$P(\boldsymbol{\pi}|\boldsymbol{x}) = \prod_{t=1}^{T} y_t^{\pi_t} \tag{9-74}$$

$$P(z|\boldsymbol{x}) = \sum_{\pi \in \varnothing(z)} P(\boldsymbol{\pi}|\boldsymbol{x}) \tag{9-75}$$

其中，$\varnothing(z)$ 表示对应 $z$ 的所有可能的 CTC 路径 $\boldsymbol{\pi}$ 的集合。不难理解，存在多条 CTC 路径对应同一个标注序列 $z$，两者之间是多对一的关系。

为了应用前向-后向算法高效地计算 $P(z|x)$，还需要构建一个修正的标注序列 $\boldsymbol{l}=(l_1,l_2,\cdots,l_{2U+1})$，它是在原始标注序列的每两个相邻单元之间插入一个 blank，同时，在开头和结尾也插入 blank。序列 $\boldsymbol{l}$ 的长度是 $2U+1$。不难理解，构建了 CTC 路径和修正的标注序列后，可以使用前向-后向算法来高效地计算 $P(z|x)$：

$$P(z|\boldsymbol{x}) = \sum_{u=1}^{2U+1} \alpha_t(u)\beta_t(u) \tag{9-76}$$

其中，$\alpha_t(u)$ 是 $t$ 时刻以 $l_u$ 结尾的 CTC 路径的概率总和，$\beta_t(u)$ 是 $t$ 时刻以 $l_u$ 开始到达 $T$ 帧的所有 CTC 路径的概率总和。$t$ 可以是任何时刻，$1 \leq t \leq T$。经过推导，$P(z|x)$ 取对数并对 $y_t^k$ 求导：

$$\frac{\partial \ln P(z|\boldsymbol{x})}{y_t^k} = \frac{1}{P(z|\boldsymbol{x})} \frac{1}{y_t^k} \sum_{u \in \gamma(l,k)} \alpha_t(u)\beta_t(u) \tag{9-77}$$

其中，$\gamma(l,k)$ 表示修正序列的下标集合 $\{u|l_u==k\}$，表明模型可以利用反向传播算法进行训练。

以上重点梳理了 CTC 的原理，感兴趣的读者可以阅读 Awni Hannun 的博客文章 "Sequence Modeling with CTC" 或相关的学术论文。

CTC 模型在训练时不需要事先确定语音特征向量序列和标注序列的对齐关系，模型训练的输入数据仅包括语音序列和标注序列，初步实现了端到端的训练。但是，CTC 模型假设在不同时间点的输出是相互独立的，因此识别结果经常会产生一些不符合语法的输出。通常，为了获得更好的识别效果，还要在解码时利用语言模型进行约束。另外，在 CTC 模型框架下，声学模型和语言模型的训练依然是分开的。

人们在随后的探索中提出了各种改进的方案，RNN–Transducer 就是其中之一。RNN–Transducer 通过引入一个预测网络（prediction network），将上一时刻的输出作为下一时刻的条件，从一定程度上优化了模型。从本质上看，RNN–Transducer

还是CTC模型，属于CTC模型的扩展。

2015年，卡内基·梅隆大学的William Chan和谷歌大脑团队提出了LAS模型。同年，Dzmitry也发表了题为"End2End Attention-based Large Vocabulary Speech Recognition"的论文，从此，人们开始关注基于注意力机制的序列到序列模型（attention-based encoder decoder，AED）。不同于CTC模型，AED模型的思想来自在机器翻译领域获得成功的注意力机制（attention is all you need）。AED模型由两个RNN网络构成：Encoder（编码器）和Attention-Decoder（注意力解码器）。以LAS模型为例，其结构如图9-23所示。

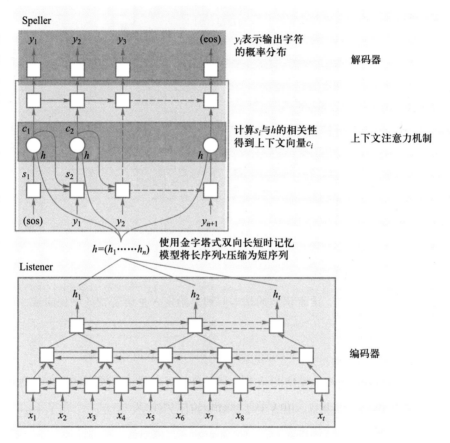

图9-23 LAS模型

实验表明，在不使用外部语言模型的同等条件下比较，AED明显提高了识别精度。但是，AED模型也存在问题，主要是对于比较长的语音特征序列，模型很难完全通过数据驱动的方式训练，一个合理的解释就是注意力机制过于灵活。对于语音特征序列和标注序列之间这种单方向对齐的任务，应该施加一些限制更为合理。

为了应对这一问题，人们又提出了联合CTC-Attention模型（见图9-24），它的原理是利用多任务学习的思路，同时用CTC和Attention作为Encoder网络训练的目标函数。也就是说，Encoder同时被CTC模型和Attention模型共享。实验表明，CTC作为一个辅助函数，可以极大地帮助数据的自动对齐，加速模型收敛。

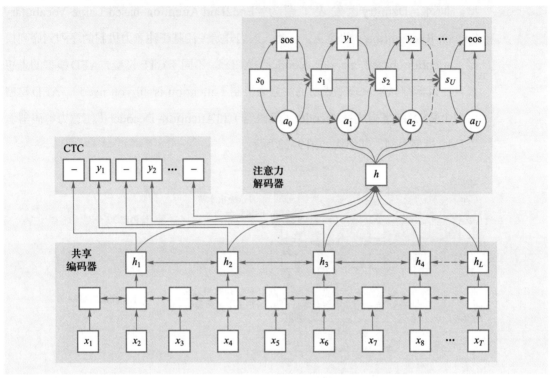

图9-24 联合CTC-Attention模型

### 9.6.3 语言模型

前面介绍过，语音识别的基本原理是给定一个语音特征序列向量，预测最可能的文本，即

$$\hat{w}=\underset{w}{\arg\max}P(w|x)=\underset{w}{\arg\max}P(x|w)P(w) \tag{9-78}$$

其中，$P(x|w)$从声学模型的角度计算得分，$P(w)$从语言模型的角度计算得分，$P(w)$就是所谓的语言模型。语言模型要解决的任务就是，给定一个句子$w=(w_1,w_2,\cdots,w_n)$，估计这个句子出现的概率$P(w)$。最常用的语言模型是基于统计的N-gram语言模型：

$$
\begin{aligned}
P(w) &= P(w_1,w_2,\cdots,w_n) \\
&= P(w_1)P(w_2|w_1)P(w_3|w_1,w_2)\cdots P(w_n|w_1,w_2,\cdots,w_{n-1}) \\
&= \prod_{i=1}^{n}P(w_i|w_1,w_2,\cdots,w_{i-1})
\end{aligned} \tag{9-79}
$$

其中，$P(w_i|w_1,w_2,\cdots,w_{i-1})$表示给定词序列的上文$w_1,w_2,\cdots,w_{i-1}$，出现当前词$w_i$的概率。

实际上，当上文长度超过一定数目时，$P(w_i|w_1,w_2,\cdots,w_{i-1})$将不可能计算，需要的训练数据量也会非常大。因此，一般假设当前词的条件概率仅仅依赖于最邻近的上文，例如前两个词、前一个词等。依赖于前两个词的模型叫作三元语法语言

模型（trigram language model），依赖于前一个词的模型叫作二元语法语言模型（bigram language model）。不依赖于其他词的模型叫作一元语法语言模型（unigram language model）。以三元语法语言模型为例：

$$
\begin{aligned}
P(\boldsymbol{w}) &= P(w_1, w_2, \cdots, w_n) \\
&= P(w_1) P(w_2 | w_1) P(w_3 | w_1, w_2) \cdots P(w_n | w_{n-2}, w_{n-1}) \\
&= \prod_{i=1}^{n} P(w_i | w_{i-2}, w_{i-1})
\end{aligned}
\tag{9-80}
$$

训练N-gram语言模型的主要任务就是利用训练文本数据统计每个词汇序列和其上下文词汇序列的出现次数，用最大似然估计的思想估计语言模型的参数，即

$$
P(w_i | w_{i-2}, w_{i-1}) = \frac{\text{count}(w_{i-2}, w_{i-1}, w_i)}{\text{count}(w_{i-2}, w_{i-1})}
\tag{9-81}
$$

为了避免由于训练数据的稀疏性带来的计算问题，在训练过程中需要对参数进行平滑，比较常用的有折扣法（discounting）、插值法（interpolation）和回退法（backoff）。

语言模型训练好后，如何进行性能评估呢？主要是使用困惑度（perplexity）进行测试，表示为

$$
\text{perplexity}(\boldsymbol{w}) = P(w_1, w_2, \cdots, w_n)^{-\frac{1}{n}} = \sqrt[n]{\frac{1}{P(w_1, w_2, \cdots, w_n)}}
\tag{9-82}
$$

perplexity越小，说明测试语料$\boldsymbol{w}$的概率越高，表示构建的语言模型和测试语料越匹配。

随着深度学习技术的发展，人们也开始尝试使用循环神经网络（RNN）构建语言模型。理论上，RNN可以描述任意长度的上下文，从而可以更准确地估计词汇序列的概率。RNN模型如图9-25所示。

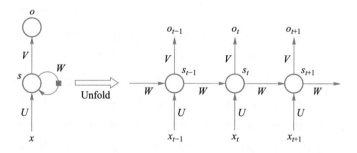

图9-25　RNN模型示意

对比N-gram语言模型和RNN语言模型（RNNLM），RNN语言模型的优势在于可以表达长时依赖性，上下文表达能力更强。

在语音识别系统中，语言模型通常的用法有两种：一种是与9.6.4节要介绍的解码器紧密集成，将声学打分和语言模型打分直接应用于语音到文字的转换；另外一

种是用于二次解码，就是在第一次解码后产生的n-best解码的基础上，使用语言模型再次解码，以进一步提高识别率。

### 9.6.4 解码

一个语音识别系统基本上可以看成是由两个子系统构成的，一个子系统是利用GMM–HMM模型或DNN–HMM模型构建的声学模型，利用N-gram语言模型或RNNLM模型构建的语言模型，或者利用E2E模型同时训练的声学模型和语言模型，这个子系统叫作训练器（trainer）。与trainer对应的另外一个子系统叫作解码器（decoder）。

以GMM–HMM模型为例，利用训练器得到各个模型之后，根据发音词典，可以产生词汇级别的HMM状态序列，词汇与词汇之间的约束可以用语言模型来表达，形成一个词图。解码器的任务就是在这个词图空间上利用维特比算法进行搜索，最终输出识别的句子结果。

现代语音识别系统的解码器通常采用加权有限状态转换器（weighted finite state transducer，WFST）。WFST是由美国电话电报公司（AT&T）提出的，是一种带有权重信息的有限状态转换器。WFST由一系列节点构成，两个节点之间可以转移，每个转移有输入标签、输出标签和转移的权重。利用WFST可以描述语音识别系统的多种映射关系。例如：

（1）用WFST描述语言模型或语法（由how are you、how is it两句话构成的语言模型），如图9-26所示。

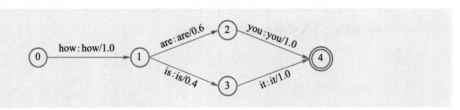

图9-26 WFST描述语法的示例

（2）用WFST描述词汇的拼写（is或前后带空白符的is），如图9-27所示。

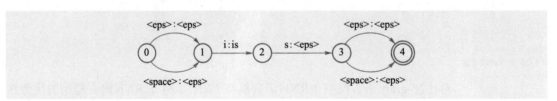

图9-27 WFST描述拼写的示例

（3）用WFST描述发音词典（音素到词汇的转换，IH Z是对应 is的音素序列），如图9-28所示。

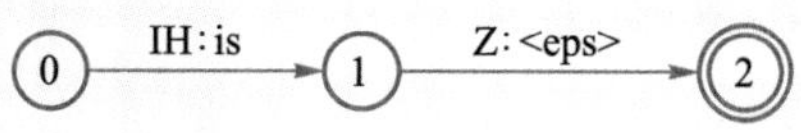

$$0 \xrightarrow{\text{IH:is}} 1 \xrightarrow{\text{Z:<eps>}} 2$$

图9-28 WFST描述发音词典的示例

WFST有几个非常重要的运算，包括：

合并算法（composition）：用于把多个状态机合并。

确定化算法（determinization）：用于确保一个状态对于同一个输入标签最多只能有一个转移。

最小化算法（minimization）：用于产生具有最少状态数和转移数的与原状态机相当的状态机。

利用WFST，可以根据训练器子系统产生的语言模型、发音词典模型和GMM模型分别构建语法WFST（grammar，G）、发音词典WFST（lexicon，L）和状态WFST（token，T），最终利用WFST的合并算法、确定化算法和最小化算法生成搜索图，作为解码器的搜索空间，运算顺序如下：

$$\text{Search Graph} = T \circ \min(\det(L \circ G)) \tag{9-83}$$

## 9.7 语音合成

语音合成是由文字生成声音的过程，简单地说，就是让机器能够说"人话"。1769年，匈牙利发明家沃尔夫冈·冯·肯佩伦（Wolfgang von Kempelen）设计了一台机器，通过风箱驱动簧片产生声音。1845年，奥地利发明家约瑟夫·费伯（Joseph Faber）发明了Euphonia，可以通过键盘发出声音。这些早期的语音合成器尝试用机械装置模拟人的发音过程，清晰度较低，只能发一些简单音素和单词。

随着信息技术的发展，语音合成技术不断地进行迭代更新。现代语音合成系统基本由文本分析模块（前端）和语音生成模块（后端）两大部分构成。回顾语音合成的发展历史，按时间顺序，大致包括参数合成、拼接合成、统计参数合成、神经网络合成等方法。

1. 参数合成

由语音产生机理（激励–响应模型）可知，利用激励信号冲击声道响应函数，即可合成语音。激励信号的频率叫作基频（F0）。声道响应函数可以用声道传输频率响应中的若干个极点频率来表示，这些极点频率叫作共振峰（F1、F2、F3等），共振峰的分布特性决定了语音的音色，是反映声道谐振特性的重要特征。

通过对语音进行分析，统计不同音素的基频和各个共振峰的取值，形成发音参数库，合成时利用发音参数库合成出相应的声音，这一方法称为参数合成。参数合成方法属于非常早期的做法，合成音的质量较差。

2. 拼接式语音合成

随着大规模语音库的建设，基于拼接的合成方法成为主流。拼接合成技术把语音切分成一个个发音片段（音素或音节），在合成时从这些片段中选择合适的候选进行拼接，形成句子。比较成功的拼接合成方法是单元选择方法（unit selection），每个单元具有上下文相关的各种标记、相应的基频、频谱包络等信息。在合成时，按目标句子的上下文环境选择匹配的单元，即可合成该句子。在单元选择过程中，需要考虑两个准则：一是选择出的单元应符合上下文约束；二是选择出的单元在互相拼接时应保持连贯性。如果数据库规模足够大，拼接方法可以选出合适的单元，生成相对自然的句子发音。

3. 统计参数语音合成

拼接合成方法虽然可以合成相对高质量的语音，但语音库的制作耗时耗力。而且，对于不同的发音人，拼接方法需要重新制作语音库，实现个性化语音合成代价较大。语音库的尺寸较大，不适合嵌入式的应用场景。

为解决拼接方法的这些问题，人们开始研究统计参数语音合成方法。基于隐马尔可夫模型的方法（HMM TTS）是统计参数语音合成的主流技术。HMM TTS为每个发音单元构建一个HMM模型，在合成阶段将句子中所有发音单元的HMM模型拼接起来形成句子模型。

在模型训练阶段，首先对语音库中的语音信号进行切分，生成上下文相关音素（CD），然后统计每个上下文相关音素的长度（duration）、基频（F0）和频谱包络（spectrum）信息，并建立三个相应的HMM模型。上下文相关音素包含的上下文信息包括前后音素的标识、词内位置、句内位置、词性、韵律信息等。通常，长度HMM模型是一个单一状态单个高斯的HMM，基频HMM模型是一个多状态HMM。频谱包络HMM的状态概率模型是一个高斯混合模型（GMM），用来描述频谱包络在各个状态的分布规律。

在实际合成时，首先利用长度HMM模型选择每个音素的发音长度，然后利用基频HMM模型和频谱包络HMM模型生成每个音素的基频和频谱包络，最后将基频和频谱包络送入声码器合成语音。

图9-29所示为统计参数语音合成系统的总体框架。在合成阶段，首先对输入文

本进行前端处理，包括文本归一化和韵律预测，选择相应的音素，并将这些音素对应的基频HMM和频谱包络HMM分别串连起来，形成句子HMM模型，然后合成句子的基频和频谱包络序列，最后送入声码器得到合成语音。

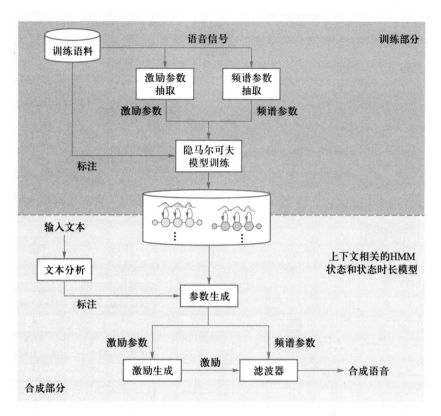

图9-29 统计参数语音合成系统的总体框架

### 4. 基于注意力机制的语音合成

近几年，基于神经网络模型的语音合成取得长足进展，其中基于注意力机制的语音合成系统最受瞩目。和端到端语音识别系统类似，端到端语音合成系统由Encoder、Attention-Decoder和声码器三部分构成。Encoder接受输入的文本，Attention-Decoder生成对应的语音频谱，声码器将生成的频谱转换为语音信号。

图9-30所示是谷歌公司基于该思路设计的Tacotron系统。在该系统中，输入文本首先经过一个Pre-net网络，其作用类似于一个bottleneck层，用于提升系统的泛化能力。Pre-net的输出经过一个CBHG模块，从序列当中提取高层次的特征。作为Tacotron系统的核心技术，CBHG包括卷积网络（1D convolution）、批归一化（batch normalization）、Highway网络和双向GRU网络，最后输出能够表达上下文信息的特征。Attention-Decoder接受Encoder的输入，产生Mel频谱，然后通常使用Griffin-Lim算法把频谱转换为合成语音。Griffin-Lim算法简单高效，但合成语

音的质量不高。可以利用多层卷积网络将频谱直接转换为语音，也就是WaveNet的思想。

Tacotron可以合成非常自然的声音，但难以做到实时合成。通过一系列的改进，例如，使用并行WaveNet算法，可以使WaveNet的合成速度达到实时性要求。除了构架单发音人的语音合成系统，也可以将说话人信息用说话人向量来表示，作为辅助输入，从而使得Tacotron系统可以合成不同人的声音。

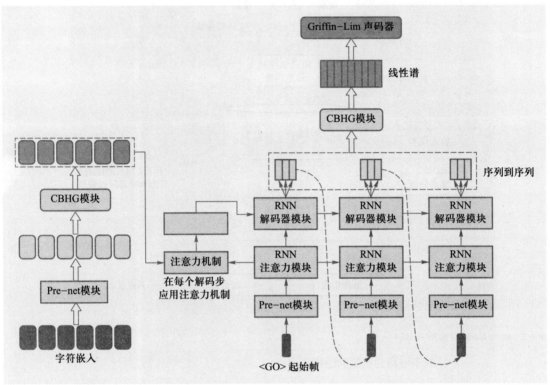

图9-30　Tacotron模型架构

## 9.8　语音信息处理技术的最新进展

本章介绍了几个重要的与语音信息处理相关的核心技术，包括语音信号处理、EM算法、HMM模型、GMM模型及语音识别和语音合成的基本原理。本章旨在把重要的概念、算法和思想连接起来，避免只见树木不见森林，帮助读者不仅知其然，而且知其所以然。限于篇幅，有很多具体的算法和细节没有展开，希望读者自行查找相关的书籍、论文、代码和工具继续学习。

经过几十年努力，尤其是得益于深度学习技术的迅速发展，语音技术取得了巨大的进步，但依然面临很多技术挑战。语音识别方面，如何使得语音识别系统更加稳健，在远场、高混响、低信噪比的环境下获得满意的正确识别率还有很大的发展空间。语音识别端到端训练算法的提出极大地简化和优化了模型的训练过程，但是，世界上大部分语种都面临海量训练数据采集的难题，如何解决低资源语言的模型训练问题依然处于探索阶段。语音识别技术还面临多语言和混合语言的技术挑战。

最近，脸书的人工智能研究人员开源了wav2vec2算法，该算法以自学习或非监督学习的方式从音频中学习强大的特征表征。使用wav2vec2预训练模型进行模型微调，可以在低资源语音识别任务上取得非常好的识别效果。脸书的测试结果表明，wav2vec2在100小时的大规模英语语音数据集Librispeech上的表现优于当前的SOTA性能，即使在标签数据量降低到1小时的情况下也是如此。这为解决低资源语音识别问题打开一个新的思路。

语音合成技术已经融入人们的生活场景当中，从智能导航到智能音箱，再到呼叫中心、地铁、医院等公共场所的信息播报等，合成语音的音质也逐渐接近真人的语音音质。具有个性化和情感表达能力的语音合成技术将是未来的努力目标，这也将成为决定用户接受合成语音还是真人语音的重要因素。

深度学习技术需要海量训练数据的支撑，才能有效地用梯度下降的方法优化模型参数，这种"数据饥饿"（data-hungry）的方法在许多现实应用场景中很难得到满足。在语音技术领域，近年来许多学者也在探索利用语音识别和语音合成的对偶关系，用多说话人语音合成器产生"文本-语音"数据对，用语音识别器产生"语音-文本"数据对，协同优化语音识别和语音合成。这是一个很有前景的努力方向。

除了语音识别和语音合成两大重要研究方向，随着数字化技术的发展，其他相关技术，如语音增强、语音克隆技术、声纹技术、语音到语音的翻译技术、语音对话技术、数字虚拟人技术、多模态交互技术一直在快速迭代，推动着人工智能技术从受限向通用演变。

伴随着其他人工智能技术的成熟和研发人员无限的想象力，语音技术正在越来越多的商业场景中落地。

## 9.9 小结

本章介绍了与语音信息处理相关的重要概念及核心技术，包括语音信号处理、EM算法、HMM模型、GMM模型及语音识别技术和语音合成技术的基本原理。

语音信号是一种短时、非平稳、时变信号，它携带着各种信息。在语音编码、语音合成、语音识别和语音增强等语音处理技术中，需要提取语音信号中包含的各种信息。语音信号分析分为时域和频域等处理方法。

EM算法是一个非常重要的通用算法，但它并不是一个具体的算法，而是一种寻找最优解的策略和思想。EM算法可以解决很多参数优化问题，包括HMM参数训练、GMM参数训练等。

HMM模型是一种非常强大的序列建模方法。在深度学习大放异彩之前，HMM在自然语言处理、机器翻译、模式识别、生物信息学等领域有着非常广泛的应用。随着深度学习技术的蓬勃发展，人们的目光开始更多地关注诸如CNN、RNN、LSTM、Attention和Transformer等神经网络模型。

自然界当中的很多现象都符合高斯分布。对于比较复杂的语音信号，人们使用多个高斯函数来逼近信号的真实分布，称之为混合高斯模型（GMM）。GMM模型的应用十分广泛，使用GMM可以实现各种分类任务，例如语音命令识别、说话人聚类、说话人切分等。

无论是GMM-HMM还是DNN-HMM，构建声学模型的过程就是一个利用EM算法反复迭代，从而不断优化语音特征序列和音素序列的对齐关系（alignment）的过程，同时，还需要设计和实现语言模型和发音模型，多个模型分别优化，步骤繁杂。端到端建模方案的提出极大地简化了语音模型的建模过程，提高了语音系统的性能。

语音合成是由文字生成声音的过程，简单地说，就是让机器能够说"人话"。随着信息化技术的发展，语音合成技术不断地进行迭代更新。现代语音合成系统基本由文本分析模块（前端）和语音生成模块（后端）两部分构成。回顾语音合成的发展历史，按时间顺序，大致包括参数合成、拼接合成、统计参数合成、神经网络合成等方法。近年来，基于神经网络模型的语音合成取得长足进展，其中基于注意力机制的语音合成系统最受瞩目。和端到端语音识别系统类似，端到端语音合成系统由Encoder和Attention-Decoder和声码器三部分构成。Encoder接受输入的文本，Attention-Decoder生成对应的语音频谱，声码器将生成的频谱转换位语音信号。

除了语音识别和语音合成两大重要研究方向，随着数字化技术的发展，其他相关技术，如语音增强、语音克隆技术、声纹技术、语音到语音的翻译技术、语音对话技术、数字虚拟人技术、多模态交互技术一直在快速迭代，推动着人工智能技术从受限的人工智能技术到通用人工智能技术的演变。伴随着其他人工智能技术的成熟和研发人员的无限的想象力，语音技术正在越来越多的商业场景中落地。

## 练习题

1. 利用Librosa和torchaudio等开源工具实现各种语音特征（pitch、energy、zero-cross，MFCC、fbank等）的提取，并使用可视化工具观察语音特征的数据分布。

2. 仿照AudioMINST数据集，自己动手构建一个0~9十个数字的孤立词发音数据集，使用GMM算法实现0~9十个数字的自动分类/识别。

3. 利用编辑距离算法实现CER（字错误率）和WER（词错误率）计算工具。

4. 使用LibriSpeech-100数据集，复现CTC模型的训练和推理算法，计算模型在LibriSpeech test-clean数据集上的WER。对比Greedy Search和Beam Search的性能差异；对比使用语言模型的Beam Search和不使用语言模型的Beam Search的性能差异。

5. 使用LJSpeech数据集，复现Tacotron模型和FastSpeech模型的训练和推理，并使用平均主观意见分（mean opinion score，MOS）评分机制评测两种建模方式的自然度和可懂度。

6. 阅读近期的语音顶级会议论文，了解语音识别和语音合成技术领域的热点问题和前沿研究方向。

# 第10章 自然语言处理

## 10.1 自然语言处理概论

自然语言作为人类思想情感最基本、最直接、最方便的表达工具，无时无刻不存在于人类社会的各个角落，随着信息时代的到来，使用自然语言进行通信和交流的形式也逐步体现出了语言的优越性和多样性。自然语言处理是计算机科学和计算语言学中的一个领域，用于研究人类（自然）语言和计算机之间的相互作用，是一门融语言学、计算机科学、数学于一体的科学。因此，这一领域的研究将涉及自然语言，即人们日常使用的语言，它与语言学的研究有着密切的联系，但又有重要的区别。

无论是模拟人脑对自然语言理解的思维结构，还是使用其他方法完成对语言的解析过程，都需要使用良好的算法帮助计算机利用信息的语义结构（数据的上下文）来理解含义，建立知识与客观世界之间的可计算逻辑关系。随着人工智能方法的不断发展，自然语言理解较上个世纪有了长足的发展，但仍然无法满足当今高速发展的社会的需求，仍有众多的科学问题依然没有解决。即便全世界的人类都有几乎一致的大脑结构和语声共组偶机理，仍然无法实现不同语言之间的相互理解，甚至同一种语言也可能出现理解的偏差，语言障碍仍是制约全球化发展的一个重要因素。因此，实现高效、准确的自然语言理解能够有效地打破不同语言之间的固有壁垒，为人际之间和人机之间的信息交流提供更便捷、自然、有效和人性化的帮助与服务。自然语言理解已经成为备受人们关注、极具挑战性的国际前沿研究课题，也是全球社会共同追求的目标和梦想。从研究领域来看，自然语言处理研究集认知科学、计算机科学、语言学、数学与逻辑学、心理学等多种学科于一身，其研究范畴不仅涉及对人脑语言认知机理、语言习得与生成能力的探索，而且还包括语言知识的表达方式及其与现实世界之间的关系，语言自身的结构、现象、运用规律和演变过程，以及不同语言之间的语义关系等。从研究内容来看，自然语言处理涉及众多内容，如语音的自动识别与合成、机器翻译、自然语言理解、人机对话、信息检索、文本分类、自动文摘，等等。因此，自然语言处理是现代信息科学研究不可或缺的重要内容，从事这项研究不仅具有重要的科学意义，而且具有巨大的实用价值。

自然语言处理是涉及计算机科学、语言学、心理认知学等一系列学科的一门交叉学科，这些学科的性质不同但又彼此相互交叉；同时，理性主义和经验主义在基本出发点上的差异导致在很多领域中都存在两种不同的研究方法和系统实现策略，这些领域在不同时期被不同的方法主宰着。因此，梳理自然语言处理的发展历程对于更好地了解自然语言处理这一学科有着重要的意义。

萌芽期：20世纪20年代到60年代末期是自然语言处理的萌芽期。自然语言处理研究最早可以追溯到第二次世界大战刚结束的时代，那个时代计算机刚发明。在自然语言处理的萌芽期，有三项基础性的研究特别值得注意，分别是图灵算法计算模型的研究、香农概率和信息论模型的研究及乔姆斯基形式语言理论的研究。

20世纪50年代提出的自动机理论来源于图灵在1936年提出的算法计算模型，这种模型被认为是现代计算机科学的基础。图灵的工作首先导致了 McCulloch–Pitts 的神经元理论。一个简单的神经元模型就是一个计算单元，它可以用命题逻辑来描述。接着，图灵的工作促进了 Kleene 关于有限自动机和正则表达式的研究。图灵是一名数学家，他的算法计算模型与数学有着密切的关系。

1948年，香农把离散马尔可夫过程的概率模型应用于描述语言的自动机。此外，用于语音和语言处理的概率算法的研制也出现在这一时期，这是香农的另一个贡献。香农把通过诸如通信信道或声学语音这样的媒介传输语言的行为比喻为噪声信道或者解码。香农还借用热力学中的"熵"来作为测量信道的信息能力或者语言的信息量的一种方法，他采用手工方法统计英语字母的概率，使用概率技术首次测定了英语的熵为4.03比特。这些研究与数学和统计学有着密切的关系，属于信息论的基础性研究。

1956年，乔姆斯基从香农的工作中借鉴了有限状态马尔可夫过程的思想，首先把有限状态自动机作为一种工具来刻画语言的语法，并且把有限状态语言定义为由有限状态语法生成的语言。这些早期的研究工作产生了形式语言理论这样的研究领域，这一理论采用代数和集合论把形式语言定义为符号的序列。乔姆斯基在研究自然语言时首先提出了上下文无关语法，但是，Backus 和 Naur 等在描述 ALGOL 程序语言的工作中，分别于1959年和1960年也独立地发现了这种上下文无关语法。这些研究都把数学、计算机科学与语言学巧妙地结合起来。乔姆斯基在他的研究中，把计算机程序设计语言与自然语言置于相同的平面上，用统一的观点进行研究和界说。

在这近40年时间中，经验主义方法在语言学、心理学、人工智能等领域处于主宰地位，人们在研究语言运用的规律、言语习得、认知过程等问题时，都是从客观记录的语言、语音数据出发进行统计、分析和归纳，并以此为依据建立相应的分析或处理系统。

发展期：20世纪60年代中期到80年代末期是自然语言处理的发展期。这一时期，各个相关学科彼此协作，联合攻关，取得了一些令人振奋的成绩。从20世纪60年代开始，法国格勒诺布尔理科医科大学应用数学研究中心和自动翻译中心就开展了机器翻译系统的研制。这个自动翻译中心的主任是著名法国数学家沃古瓦（B. Vauquois，1929—1985）教授，他也是国际计算语言学委员会COLING的创始人和第一任主席。

这个时期的自然语言理解（natural language understanding，NLU）肇始于特里·威诺格拉德（Terry Winograd）在1972年研制的SHRDLU系统，这个系统能够模拟一个嵌入玩具积木世界的机器人的行为。该系统的程序能够接受自然语言的书面指令从而指挥机器人。1977年，尚克（R. Schank）和他在耶鲁大学的同事及学生们建立了一些语言理解程序，这些程序构成一个系列，他们重点研究诸如脚本、计划和目的这样的人类的概念知识及人类的记忆机制。他们的工作经常使用基于网络的语义学理论，并且在他们的表达方式中开始引进菲尔莫尔（Ch. Fillmore）在1968年提出的关于格角色的概念。1967年，伍兹（Woods）在他研制的LUNAR问答系统中就使用谓词逻辑来进行语义解释。话语分析（discourse analysis）集中探讨了话语研究中的四个关键领域：话语子结构的研究、话语焦点的研究、自动参照消解的研究、基于逻辑的言语行为的研究。1977年，Crosz和她的同事们研究了话语中的子结构和话语焦点。1972年，霍布斯（Hobbs）开始研究自动参照消解。在基于逻辑的言语行为研究中，佩罗（Perrault）和艾伦（Allen）在1980年建立了"信念–愿望–意图"（belief–desire–intention，BDI）的框架。这样的研究与心理学、逻辑学、哲学有密切关系。

在这个时期，语言学、心理学、人工智能和自然语言处理等领域的研究几乎完全被理性主义研究方法控制着，研究者通过建立很多小的系统来模拟智能行为，这种研究方法一直到今天还仍然有人在使用。

繁荣期：1989年以后，人们越来越多地关注工程化、实用化的问题解决方法，经验主义方法被人们重新认识并得到迅速发展。在自然语言处理研究中，重要的标志是基于语料库的统计方法被引入自然语言处理中并发挥了重要作用，很多人开始研究和关注基于大规模语料的统计机器学习方法及其在自然语言处理中的应用，并客观地比较和评价各种方法的性能。这种处理思路和重心的转移经常反映在使用的一些新术语上，如"语言技术"或"语言工程"。在这一时期，基于语料库的机器翻译方法得到了充分发展，尤其是IBM公司的研究人员提出的基于噪声信道模型的统计机器翻译模型及其实现的Candide翻译系统，为经验主义方法的复苏和兴起吹响了号角，并成为机器翻译领域的里程碑。

同时，随着统计方法在自然语言处理中的广泛应用和快速发展，以语料库为研究对象和基础的语料库语言学迅速崛起。由于语料库语言学从大规模真实语料中获取语言知识，以求得到对于自然语言规律更客观、更准确的认识，因此越来越多地得到广大学者的关注。尤其是随着计算机网络的迅速发展和广泛使用，语料的获取更加便捷，语料库规模更大、质量更高，因此，语料库语言学的崛起又反过来进一步推动了计算语言学其他相关技术的快速发展，一系列基于统计模型的自然语言处理系统相继被开发，并获得了一定的成功。例如，基于统计方法的汉语自动分词与词性标注系统、句法解析器、信息检索系统和自动文摘系统等。经验主义方法的复苏与快速发展一方面得益于计算机硬件技术的快速发展，计算机存储容量的迅速扩大和运算速度的迅速提高，使得很多复杂的、原来无法实现的统计方法能够容易地实现；另一方面，统计机器学习等新理论方法的不断涌现，也进一步推动了自然语言处理技术的快速发展。

从2008年到现在，在图像识别和语音识别领域的成果激励下，人们逐渐开始引入深度学习来进行自然语言处理的研究，由最初的词向量到2013年的Word2Vec，深度学习与自然语言处理的结合被推向高潮，并在机器翻译、问答系统、阅读理解等领域取得了一定成功。深度学习是一个多层的神经网络，从输入层开始经过逐层非线性的变化得到输出。把输入到输出的数据准备好，设计并训练一个神经网络，即可执行预想的任务。循环神经网络已经是自然语言处理最常用的方法之一，门控循环单元（gated recurrent units，GRU）、长短时记忆神经网络（long short-term memory，LSTM）等模型相继引发了一轮又一轮的热潮。

自然语言处理的快速发展离不开国家的支持，这些支持包括各种扶持政策和资金资助。国家的资金资助包括国家自然科学基金、国家社会科学基金、863项目、973项目等，其中国家自然科学基金是国家投入资金最多、资助项目最多的一项。国家自然科学基金在基础理论研究方面的投入较大，对中文的词汇、句子、篇章分析方面的研究都给予了资助，同时在技术方面也给予了大力支持，例如机器翻译、信息检索、自动文摘等。除了国家的资金资助外，一些企业也进行了资助，但是企业资助项目一般集中在应用领域，针对性强，往往这些项目开发周期较短，更容易推向市场，实现由理论成果向产品的转化，在业界也有针对性的发展。微软亚洲研究院、谷歌、Facebook、百度、腾讯、阿里巴巴、京东、科大讯飞等都在自然语言处理方面有极其深厚的技术积累和发展。

如今，自然语言处理领域已经有了大量的人工标注知识，而深度学习可以通过有监督学习得到相关的语义知识，这种知识和人类总结的知识应该存在某种对应关系，尤其是在一些浅层语义方面。人工标注本质上已经给深度学习提供了学习的目标，深度学习可以不眠不休地学习，这种逐步靠拢学习目标的过程，可能远比人类总结的过程更加高效。随着互联网的普及和海量信息的涌现，作为人工智能领域的研究热点和关键核心技术，自然语言处理正在人们的生活、工作、学习中扮演着越来越重要的角色，并将在科技进步与社会发展的过程中发挥越来越重要的作用。

## 10.2  自然语言处理典型问题

自然语言处理的应用非常广泛，但其典型应用任务可以归纳为以下6种，包括文本分类、序列评估、序列标注、序列结构预测、序列转换、文本匹配，接下来将对上述6种自然语言处理的典型问题进行定义并介绍其常见任务。

### 10.2.1  文本分类

文本分类（text classification）是自然语言处理的一个基本任务，试图推断出给定的文本（句子、文档等）的标签或标签集合。文本分类的输入为一个文本序列单元、一个句子或一篇文档等，输出为文本序列的类别标签。自然语言处理的分类任务应用十分广泛，主要包括：词义消歧，即在特定的语境中，识别出某个歧义词的正确含义，尤其是易混淆的多义词，其难点在于如何判断某个词是否为多义词、有多少词义及如何筛选正确语义；指代消解，即在文本中确定代词指向哪个名词短语，解决多个指称对应同一实体对象的问题，以应用于后续的机器翻译、文本摘要等任务；实体关系分类，是信息抽取研究中的重要研究方向，即识别句子中两个实体之间的语义关系；实体链接，即将非结构化数据中表示实体的词语（提及，mention）识别出来，并在领域词库、知识图谱等知识库中找到对应提及代表的实体，可应用于对知识图谱进行合并，增强关系抽取效果等；篇章语义关系识别，即识别同一篇章内相邻或者跨度在一定范围内的文本片段之间的语义连接关系，这是自然语言处理底层研究的重要方向；情感分析，即对带有情感色彩的主观性文本进行分析、处理、归纳和推理，利用一些情感得分指标来量化定性数据，将文本划分为其所属类别，情感分析的应用范围广泛，如将用户在购物网站、旅游网站、电影评论网站上发表的评论分成正面评论和负面评论，或为了分析用户对于某一产品的整体使用感受，抓取产品的用户评论并进行情感分析等。

### 10.2.2　序列评估

序列评估（sequence evaluation）任务的输入为一个文本序列，输出分为两种：对于合法性评估，其输出为一个二值化的结果，即判断是否合法；对于可能性评估，其输出为一个概率值。序列评估任务主要包括：语言模型，即计算当前文本可能出现的概率；汉语分词，即统计分词结果的概率；文本自动校对，即计算文本中各个位置出现错误文本的概率；事件真实性判断，即预测事件是否为真实发生的事件等。

### 10.2.3　序列标注

序列标注（sequence labeling）是解决自然语言处理问题时经常遇到的基本问题之一。在序列标注中，需要对一个序列的每一个元素标注一个标签。一般来说，一个序列指的是一个句子，而一个元素指的是句子中的一个词。序列标注一般可以分为原始标注和联合标注两种，原始标注是每个元素都需要被标注为一个标签，联合标注是所有的分段被标注为同样的标签。命名实体识别（named entity recognition，NER）是信息提取问题的一个子任务，需要将元素进行定位和分类，如人名、组织名、地点、时间、质量等。当输入句子为"Yesterday, George Bush gave a speech."，句子中包括一个命名实体"George Bush"。一般希望将标签"人名"标注到整个短语"George Bush"中，而不是将两个词分别标注，这就是联合标注。解决联合标注问题最简单的方法，就是将其转化为原始标注问题。标准做法就是使用BIO标注。

BIO标注是将每个元素标注为"B-X"、"I-X"或者"O"。其中，"B-X"表示元素所在的片段属于X类型并且元素在片段的开头，"I-X"表示元素所在的片段属于X类型并且元素在片段的中间位置，"O"表示不属于任何类型。例如，将 X 表示为名词短语（noun phrase，NP），则BIO的三个标记中，"B-NP"表示名词短语的开头，"I-NP"表示名词短语的中间，"O"表示不是名词短语。可以进一步将BIO应用到NER中来定义所有的命名实体（人名、组织名、地点、时间等），因而会有许多 B 和 I 的类别，如"B-PERS""I-PERS""B-ORG""I-ORG"等。常见的序列标注任务包括：音字转换，即将拼音序列转换为字序列；词性标注，即将词序列转换为词性序列；组块分析，将词序列转换为短语标注序列；以及上文提及的命名实体识别任务。

### 10.2.4　序列结构预测

序列结构预测（sequence structurization）通常指输入为一个序列，输出为描述序列组成元素之间关系的结构，其典型任务包括：成分（短语结构句法）分析，即将词序列转化为短语句法结构树；依存句法分析，即将词序列转化为依存结构树；语义分析，即将词序列转化为逻辑形式等。

下面主要详细介绍短语句法分析和依存句法分析的集合——语法分析（syntactic parsing）。语法分析是自然语言处理中的一个重要任务，其目标是分析句子的语法结构并将其表示为容易理解的结构（通常是树形结构）。同时，语法分析也是所有工具性自然语言处理任务中较为高级、复杂的一种任务。其主要树形语法结构为短语结构树和依存句法树。短语结构树认为语言自身具备自顶向下的层级关系，固定的语法结构能够生成大量的句子。依存句法树与短语结构树从核心的关注点开始产生差异，依存句法树不关注如何生成句子这种问题，其主要考量句子中词语之间的语法联系与约束，该理论认为词与词之间存在一种二元不等价的支配关系。

### 10.2.5　序列转换

序列转换（sequence transformation）是将一个序列转换为另一个序列，其典型任务包括机器翻译、对话、摘要、续写等。以摘要为例，摘要是提取给定的单个或者多个文档的梗概，即在保证能够反映原文档的重要内容的情况下，尽可能地保持简明扼要。按照摘要的生成方法，可以将它分为抽取式摘要和生成式摘要。抽取式摘要通过抽取、拼接源文档中的关键句子来生成摘要，生成式摘要则是系统根据文档表达的重要内容自行组织语言，对源文档进行概括。虽然序列转换任务大多与文本生成有关，但也有多种不局限于生成式的方法来完成序列转换任务。

### 10.2.6　文本匹配

文本匹配（text matching）的输入为一个检索值、一个文档或者知识图谱，输出内容为是否匹配的标签或者从知识库中匹配得到的答案，这两种形式决定了模型在实际计算过程中有一定的差异：输出为内容是否匹配时，一般输入为两个句子，其匹配的标准可能是相似度或者是上下文相关性等一系列与两个句子关系相关的任务；输出内容为答案时，其流程为在知识库中对答案进行检索并计算匹配程度，返回匹配程度高的答案。文本匹配的典型任务包括信息检索、相似度计算、复述检测、文本蕴含、问答（基于知识库的问答）等。

需要注意的是，以上自然语言处理的典型任务之间并非毫无关联，如序列标注可以转换为对每一个位置的文本分类任务，序列结构预测任务可以转换为多层次多级的文本分类任务，序列标注任务也可以理解为从文本序列到标签序列的序列转换任务。因此，典型的自然语言处理应用中有高度的联系和相关性，在分析问题时，需要对不同的场景进行具体的分析。

## 10.3 主要研究方法与模型

从哲学的角度来讲，早期的自然语言处理研究带有鲜明的经验主义色彩，人们利用基于规则的方法完成自然语言处理的任务。理性主义认为，人类的智能行为可以使用物理符号系统来模拟，即人们可以通过对先验知识的演绎、推理，在一定程度上认识这个世界。

20世纪50年代末期到60年代中期，自然语言处理中的经验主义兴盛起来，注重语言事实的传统重新抬头，学者们普遍认为：语言学的研究必须以语言事实为根据，必须详尽地、大量地占有材料，才有可能在理论上得出比较可靠的结论。20世纪末期，自然语言处理的研究发生了很大变化，出现了空前繁荣的局面。概率和数据驱动的方法几乎成为自然语言处理的标准方法。句法剖析、词类标注、参照消解和话语处理的算法全都开始引入概率，并且采用从语音识别和信息检索中借用的评测方法。统计方法已经渗透到机器翻译、文本分类、信息检索、问答系统、自动文摘、信息抽取、语言知识挖掘等自然语言处理的应用系统中，基于统计的经验主义方法逐渐成为自然语言处理研究的主流。

自然语言处理的模型经历了从理性主义到经验主义的发展过程。进入20世纪后，随着计算能力的提升和数据资源的累积，深度学习逐渐成为主流方法，自然语言处理领域涌现出大量的深度学习模型和方法，这些模型和方法利用多层处理结构来学习数据中的层次化表示，在很多领域都得到了当前最优的结果。因此，本节的大部分篇幅将介绍基于经验主义的方法。具体来说，本节将主要的研究方法和模型分为规则方法、统计方法、机器学习方法、深度学习方法及目前热门的预训练语言模型5个部分进行介绍，并介绍部分常用方法。

### 10.3.1 规则方法

基于规则的知识表示和推导在受到计算语言学理论指导的基础上，更强调对语言知识的理性整理，偏向于知识工程，最终的语言处理规则与程序分离，程序体现为规则语言的解释器。详细的步骤如下：

（1）定义一组规则，描述特定自然语言处理任务的所有不同方面。

（2）指定这些规则的某种顺序或权重组合以做出最终决定。

（3）以相同的方式将由该固定规则组成的公式应用于每个输入。

目前，在大多数基于规则的自然语言处理系统中，使用最为广泛的是短语结构语法（pharse structure grammar）。下面以 Chomsky 层次短语结构，以及冯志伟在此基础上根据其在汉外多语言机器翻译实践中吸取相应经验改进得到的中文信息 MMT 模型为例，介绍自然语言处理的形式模型。

Chomsky 短语语法结构由美国语言学家乔姆斯基在 1956 年定义并在后续不断进行补充，此后的生成语法理论也都基本建立在短语结构语法的基础之上。乔姆斯基把形式语法理解为数目有限的规则的集合，这些规则可以生成语言中的合格句子，并排除语言中的不合格句子。形式语法的符号用 $G$ 表示，用语法 $G$ 生成的形式语言用 $L(G)$ 表示。形式语言是一种外延极为广泛的语言，它既可以指自然语言，也可以指各种用符号构成的语言（例如，计算机使用的程序设计语言）。乔姆斯基把自然语言和各种符号语言放在一个统一的平面上进行研究，因而，他的理论更加具有概括性。形式语法 $G$ 为如下的四元组：

$$G=(V_n, V_t, S, P)$$

其中：$V_n$ 是非终极符号，不能处于生成过程的终点；$V_t$ 是终极符号，只能处于生成过程的终点；$V_n$ 与 $V_t$ 不相交，没有公共元素；$S$ 是 $V_n$ 中的初始符号；$P$ 是重写规则，其一般形式为

$$\phi \to \psi$$

这里，$\phi$ 和 $\psi$ 都是符号串。如果用符号 # 来表示符号串中的界限，那么，可以从初始符号串 #S# 开始，应用重写规则 #S#→#$\phi_1$#，从 #S# 构成新的符号串 #$\phi_1$#，再利用重写规则 #$\phi_1$#→#$\phi_2$#，从 #$\phi_1$# 构成新的符号串 #$\phi_2$#，以此类推，一直到得出不能再继续重写的符号串 #$\phi_n$# 为止，这样得出的终极符号串显然就是形式语言 $L(G)$ 中合格的句子。

可以采用这种形式语法来生成自然语言。例如，对于汉语而言，可以写出如下最为简单的形式语法：

$$G=(V_n, V_t, S, P)$$

$V_n$={NP,VP,N}

$V_t$={编写，研究，大学，教授，物理，教材，……}

$S=S$

$P$:

    $S\rightarrow$NP VP

    NP$\rightarrow$N N

    VP$\rightarrow$V NP

    N$\rightarrow${大学，教授，物理，教材，……}

    V$\rightarrow${编写，研究，……}

这里，初始符号$S$表示句子，NP表示名词短语，VP表示动词短语，N表示名词。利用这些重写规则，可以从初始符号$S$开始，生成汉语句子"大学教授编写物理教材""大学教授研究物理教材"等。

根据重写规则的形式，形式语法可分为以下4类。

（1）0型语法（type 0 grammar）：重写规则为$\phi\rightarrow\psi$，并且要求$\phi$不是空符号串。

（2）上下文有关语法（context-sensitive grammar）：重写规则为$\phi_1A\phi_2\rightarrow\phi_1\omega\phi_2$，在上下文$\phi_1-\phi_2$中，单个的非终极符号$A$被重写为符号串$\omega$，所以，这种语法对上下文敏感，是上下文有关的。上下文有关语法又叫作1型语法。

（3）上下文无关语法（context-free grammar）：重写规则为$A\rightarrow\omega$，当将$A$重写为$\omega$时，没有上下文的限制，所以，这种语法对上下文自由，是上下文无关的。上下文无关语法又叫作2型语法。把上下文无关语法应用于自然语言的形式分析中，就形成了短语结构语法。

（4）有限状态语法（finite state grammar）：重写规则为$A\rightarrow aQ$或$A\rightarrow a$，其中$A$和$Q$是非终极符号，$a$是终极符号，而$A\rightarrow a$只不过是$A\rightarrow aQ$这个重写规则中当$Q$为空符号时的一种特殊情况。如果把$A$和$Q$看成不同的状态，那么，由重写规则可知，由状态$A$转入状态$Q$时，可生成一个终极符号$a$，因此，这种语法叫作有限状态语法。有限状态语法又叫作3型语法。

每一个有限状态语法都是上下文无关的，每一个上下文无关语法都是上下文有关的，而每一个上下文有关语法都是0型的。乔姆斯基把由0型语法生成的语言叫0型语言，把由上下文有关语法、上下文无关语法、有限状态语法生成的语言分别叫作上下文有关语言、上下文无关语言、有限状态语言。有限状态语言包含于上下文无关语言之中，上下文无关语言包含于上下文有关语言之中，上下文有关语言包含于0型语言之中。这样就形成了语法的"Chomsky 层级"（Chomsky hierarchy）。在自然语言处理中，人们最感兴趣的是上下文无关语法和上下文无关语言，它们是短语结构语法理论的主要研究对象。有限状态语法有一定的描述自然语言句子的能力。但是，由于真实的自然语言句子中常常有套叠、递归等结构，有限状态语法对这些结构的处理能力不强。因此，在自然语言处理中，人们喜欢用有限状态语法来进行黏着语和屈折语的形态分析。

中文信息MMT模型的全称为"多叉多标记树形图分析法"（multiple branched and multiple labelled tree analysis）。Chomsky短语结构语法使自然语言句子的生成获得了可计算的性质，这种语言理论在自然语言的计算机处理中，特别是在机器翻译的研究中得到了广泛应用。然而，人们不久就发现短语结构语法存在许多局限性，其中最严重的问题就是这种语法的生成能力过于强大，区分歧义结构的能力很差，常常会生成大量的歧义句子或不合格的句子。学者们提出了诸多能够避免这些局限性的新的语法理论，中文信息 MMT 模型就是其中之一。

为了改进Chomsky短语结构语法中的二叉树，MMT模型用多叉树来代替二叉树。多叉树是同一个节点上具有两个以上分叉的树形图。由于自然语言通常都具有二分的特性，一般都采用二叉树来描述自然语言的层次结构和线性顺序。但汉语中的许多语法形式不便于用二叉树来描述，而适合采用多叉树来描述。例如兼语式，在"我们|请|他|做报告"中，"他"是"请"的宾语，又是"做报告"的主语，如用二叉树表示，就会前后交叠，而用多叉树就描述得很清楚。

因此，汉语的特点决定了最好采用多叉树来描述它的句子结构。MMT 模型还提出了树形图的多值标记函数的概念，即采用多个标记来描述树形图中节点的特性。Chomsky短语结构语法中的树形图是单标记的，这使得短语结构语法难以表达纷繁复杂的自然语言现象，分析能力过弱，生成能力过强。针对短语结构语法的这个弱点，MMT 模型把单标记改为多标记。

在树形图中，使用一个节点与多个标记相对应的多值标记函数并用于描述汉语，主要基于以下两点原因：

（1）汉语句子中的词组类型（或词类）与句法功能之间不存在简单的一一对应关系，因此，在描述汉语句子时，除了给出其组成成分的词类或词组类型特征之外，还必须给出句法功能特征，才不致产生歧义。

（2）汉语中单词固有的语法特征和语义特征，对于判断词组结构的性质，往往有很大的参考价值，因此，在树形图的节点上，除了标出词组类型（或词类）这样的简单特征之外，再标上单词固有的语法特征和语义特征，采用多标记，就便于判断词组的性质。

MMT模型采用若干个特征和它们的值来描述汉语。汉语的复杂特征集包含若干个特征，而每一个特征又包含若干个值，这种由特征和它们的值构成的描述系统叫作"特征/值"系统。每种语言都有自己的"特征/值"系统。语言不同，它们的"特征/值"系统也不同。特征主要区分为静态特征和动态特征：静态特征包括词类特征（名词、处所词、方位词等）、单词固有的语义特征、单词固有的语法特征；动态特征包括词组类型特征、句法功能特征、语义关系特征、逻辑关系特征。MMT模型先从词典中查询单词的静态特征，再进一步求解其动态特征。

除中文信息MMT模型之外，还有词汇功能语法、功能合一语法、广义短语结构语法、PATR、中心语驱动的短语结构语法、定子句语法等形式模型，这些模型同样在自然语言处理中得到了广泛应用，尤其是在机器翻译的研究中。

综上所述，基于规则的方法中的规则主要是语言学规则，这些规则的形式描述能力和形式生成能力都很强，在自然语言处理中有很好的应用价值。同时，可以有效地处理句法分析中的长距离依存关系等困难问题，如句子中长距离的主语和谓语动词之间的一致关系。从可解释性的角度来看，基于规则的方法通常都是明白易懂的，很多语言事实都可以使用语言模型的结构和组成成分直接、明显地表示出来。

同样地，基于规则的方法也存在一定的缺点：从人力资源上看，使用基于规则的方法研制自然语言处理系统时，往往需要语言学家、语音学家和各种专家配合工作，进行知识密集的研究，研究工作的强度很大；从泛化性的角度上看，使用基于规则的方法研制的语言模型一般都比较脆弱，稳健性很差，不能通过机器学习的方法自动地获得，也无法使用计算机自动地进行泛化，针对性强，很难直接升级；从完成对应任务的能力上看，基于规则的方法很难模拟语言中局部的约束关系。

### 10.3.2 概率统计模型

在统计自然语言处理方法中，一般需要收集一些文本作为统计模型建立的基础，这些文本称为语料（corpus）；经过筛选、加工和标注等处理，由大批量语料构成的数据库叫作语料库（corpus base）。基于统计方法通常都需要利用大量的语料来获取相应的知识。下面将介绍几种在自然语言处理中常见的统计学习方法。

#### 1. 词频-逆向文件频率方法

首先介绍的是一种较为简单的关键词挖掘技术：词频-逆向文件频率（term frequency–inverse document frequency，TF-IDF）。TF-IDF常用于信息检索和数据挖掘，是从大量文本中获取信息的无监督加权技术，其算法简单高效，经常被用于工业界最开始的文本清洗。

TF-IDF是一种用于评估某个词对于一个文件集或者语料库中指定文件重要程度

的统计方法。词的重要性随其在文件中的出现次数成正比增加，同时也随着其在语料库中出现的频率成反比下降。其主要思想为筛选在当前集合中出现频率高，在当前集合的补集中出现频率低的词，这种类型的词具有较强的代表性，有很强的区分能力，适宜用来代表当前文档。具体来说，TF表示当前词在文本中出现的频率，同时需要考虑文章的长度，其对应计算公式为

$$TF_{ij} = \frac{n_{i,j}}{\sum_k n_{k,j}}$$

其中：$TF_{ij}$中的$i$为词表中的第$i$个词，$j$为文档集中的第$j$个文档；$n_{i,j}$表示第$i$个词在第$j$个文档中出现的次数；$\sum_k n_{k,j}$表示第$j$个文档中出现词数目的总和。

$$IDF_i = \log \frac{|D|}{\left|\left\{j : t_i \in d_j\right\}\right|}$$

其中，$|D|$是语料库中的文件总数，$|\{j : t_i \in d_j\}|$表示包含词语$t_i$的文件数目（即$n_{i,j} \neq 0$的文件数目）。如果该词语不在语料库中，就会导致分母为零，因此一般情况下使用$1+|\{j : t_i \in d_j\}|$，对应的计算值$TF\text{-}IDF_{ij}$为

$$TF\text{-}IDF_{ij} = TF_{ij} * IDF_i$$

某一特定文件内的高词语频率，以及该词语在整个文件集合中的低文件频率，可以产生出高权重的TF-IDF。因此，TF-IDF倾向于过滤掉常见的词语，保留重要的词语。

TF-IDF经常用于搜索引擎、关键词提取、文本相似性、文本摘要等任务。TF-IDF采用文本逆频率IDF对TF值加权，取权值大的作为关键词。由于IDF结构简单，在文档中捕获的信息量较少，不能充分反映单词的分布情况，因而对权值调整的力度不足。其本质上是一种降噪的加权方法，但并非作用于全部的文本信息，文本频率小就一定重要，频率大就无用。尤其是在同类语料库中，这一方法有很大弊端，往往一些同类文本的关键词被掩盖。因此，在此基础上产生了一系列的改进方法，包括使用对数函数对TF进行变换或者标准化TF，以防止TF过线性增长过快；对IDF进行对数变换或者将文档向量标准化，以减少文档数目和长度对关键词的影响；引入人工定义的其他特征权重或者Word2Vec词向量，以提高算法中包含的信息等方法。

2. 主题模型

与TF-IDF相似，主题模型（topic model）同样主要通过对词频的分析来构建。主题模型是以非监督学习的方式对文集的隐含语义结构进行聚类的统计模型。主题模型主要用于自然语言处理中的语义分析和文本挖掘问题，例如按主题对文本进行收集、分类和降维；也用于生物信息学研究。但两篇文档是否相关往往不只取决于

字面上的词语重复，还取决于文字背后的语义关联。对语义关联的挖掘可以让搜索更加智能化。主题模型克服了传统信息检索中文档相似度计算方法的缺点，并且能够在海量互联网数据中自动寻找出文字间的语义主题。

在传统信息检索领域，实际上已经有了很多衡量文档相似性的方法，例如经典的VSM模型。然而这些方法往往基于一个基本假设：文档之间重复的词语越多越可能相似。这一点在实际中并不尽然。很多时候，相关程度取决于背后的语义联系，而非表面的词语重复。主题就是一个概念、一个方面，它表现为一系列相关的词语。例如，一个文章如果涉及"百度"这个主题，那么"中文搜索""李彦宏"等词语就会以较高的频率出现，而如果涉及"IBM"这个主题，那么"笔记本"等就会出现得很频繁。如果用数学来描述，主题就是词汇表中词语的条件概率分布。与主题关系越密切的词语，它的条件概率越大，反之则越小。主题模型训练推理的方法主要有两种：一个是概率潜在语义分析（probabilistic latent semantic analysis，PLSA）；另一个是隐含狄利克雷分布（latent Dirichlet allocation，LDA）。PLSA主要使用的是EM算法；LDA采用的是Gibbs采样方法。本章主要介绍PLSA的思想。以计算一百万篇文章和五十万个词的关联性为例，需要将文本按主题归类和将词汇按意思归类，首先建立一个矩阵$A$描述这一百万篇文章和五十万个词的关联性。在这个矩阵中，每一行对应一篇文章，每一列对应一个词，$a_{i,j}$表示$A$中第$i$行第$j$列对应位置的值，表示字典中第$j$个词在第$i$篇文章中出现的加权词频（如TF-IDF）。奇异值分解就是把上面的矩阵$A$分解成三个小矩阵相乘，即$A=XBY$，如图10-1所示。

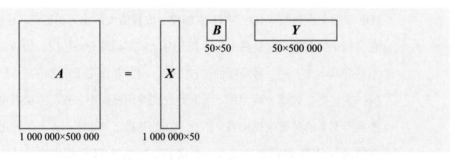

图10-1　奇异值分解示意

三个矩阵有非常清楚的物理含义。第一个矩阵$X$是对词进行分类的结果，每一列表示一类主题，其中的每个非零元素表示一个主题与一篇文章的相关性，数值越大越相关。最后一个矩阵$Y$中的每一列表示100个语义类/词类，每个语义类/词类与500 000个词的相关性。中间的矩阵则表示文章主题和语义类/词类之间的相关性。因此，只要对关联矩阵$A$进行一次奇异值分解，就可以同时完成近义词分类和文章分类。在进行潜在语义分析时，需要对奇异值分解后的矩阵进行降维。实际应用中，一般使用EM算法对模型进行优化。EM算法包含两个不断迭代的过程，即E（期望）过程和M（最大化）过程。对于主题模型训练来说，"计算每个主题中的词语分布"和"计算训练文档中的主题分布"就好比往两个人碗里分饭。在E过程中，通过贝叶斯公式可以由"词语－主题"矩阵计算出"主题－文档"矩阵。在M过程中，再用"主题－文档"矩阵重新计算"词语－主题"矩阵。这个过程一直这样迭代下去。EM算法可以保证这个迭代过程是收敛的。在反复迭代之后，就一定可以得到趋向于真实值的结果。

### 3. $n$ 元语法模型

语言模型（language model，LM）在自然语言处理中占有重要的地位，尤其在基于统计模型的语音识别、机器翻译、句法分析、短语识别、词性标注、手写体识别和拼写纠错等相关研究中得到了广泛应用。$n$ 元语法模型（$n$-gram model）是一种简单、直接、效果优秀的语言模型，但是由于训练语料无法涵盖所有的情况，因此需要对统计概率进行一定的平滑处理。

详细来说，语言模型通常构建为文本序列 $S$ 的概率分布 $P(S)$，即文本序列作为一个自然语言句子出现的概率。例如，在一个刻画学术论文的语言模型中，如果每5 000词的论文中approach出现的频率是100，则 $P(\text{approach})= 0.02$。$n$-gram 方法跟语言学中的方法有较大差异，与句子是否合乎语法无关，即使一个句子符合语法的全部逻辑，但其在语料中出现的概率仍然可以是零。对于一个由1个单元构成的句子 $s=w_1w_2\cdots w_l$，其概率计算公式为

$$P(s) = P(w_1)\, P(w_2\,|w_1)\, P(w_3\,|w_1w_2)\cdots P(w_l\,|w_1\cdots w_{l-1})$$
$$= \prod_{i=1}^{l} P(w_i|\ w_1\cdots w_{i-1})$$

在公式中，产生第 $i$（$1 \leqslant i \leqslant l$）个词的概率是由已经产生的 $i-1$ 个词 $w_1w_2\cdots w_{i-1}$ 决定的，其中 $w_1w_2\cdots w_{i-1}$ 为第 $i$ 个词的历史内容。在这种计算方法中，随着历史长度的增加，不同的历史数目按指数级增长。如果历史的长度为 $i-1$，那么，就有 $L^{i-1}$ 种不同的历史（$L$ 为词汇集的大小），必须考虑在所有 $L^i$ 种不同的历史情况下，产生第 $i$ 个词的概率。这样的话，模型中就有 $L^i$ 个自由参数 $P(w_i|w_1w_2\cdots w_{i-1})$，会出现由于自由参数数目过大而无法正确估计这些参数的情况，实际上绝大部分的历史都不可能在训练数据中出现。为了解决这个问题，可以将历史 $w_1w_2\cdots w_{i-1}$ 映射到等价类 $E(w_1w_2\cdots w_{i-1})$，而等价类的数目远远小于不同历史的数目，按照以下公式进行替换：

$$P(w_i|w_1,w_2,\cdots,w_{i-1})=P(w_i|E(w_1,w_2,\cdots,w_{i-1}))$$

自由参数的数目会大大减少。一种简单的等价类替换方法是将两个历史 $w_{i-n+2}, \cdots,$ $w_{i-1}, w_i$ 和 $v_{k-n+2}, \cdots, v_{k-1}, w_k$ 映射到同一个等价类。这两个历史最近的 $n-1$（$1 \leqslant n \leqslant l$）个词相同，即 $E(w_1 w_2 \cdots w_{i-1} w_i) = E(v_1 v_2 \cdots v_{k-1} v_k)$，当且仅当 $(w_1 w_2 \cdots w_{i-1} w_i) = (v_1 v_2 \cdots v_{k-1} v_k)$。

满足上述条件的语言模型称为 $n$ 元语法（$n$-gram）。在实际应用场景中，$n$ 的取值不能过大，过大的 $n$ 值将会导致等价类太多，仍然会产生过多的自由参数。实际上，$n=3$ 的情况较为常见。一元语法模型是指出现在第 $i$ 个位置上的词 $w_i$ 独立于其历史，因此也被称为一元马尔可夫链（Markov chain）。一般使用 uni-gram 或 monogram 表示一元语法模型。同理，二元语法模型 $w_i$ 仅与 $w_{i-1}$，即前一个历史词有关，是二阶马尔可夫链，常用 bi-gram 表示。以此类推，三元语法模型是三阶马尔可夫链，$w_i$ 仅与其前两个历史词 $w_{i-2} w_{i-1}$ 相关，使用 tri-gram 表示。

以二元语法模型为例，根据上文的定义，近似认为一个词的出现概率仅与其前一个词相关，其公式表示为

$$P(S) = \prod_{i=1}^{l} P(w_i \mid w_1 \cdots w_{i-1}) \approx \prod_{i=1}^{l} P(w_i \mid w_{i-1})$$

一般情况下，为了使得 $P(w_i|w_{i-1})$ 对 $i=1$ 有意义，会在句子的开头增加一个句首标记 <BOS>。同时，为了使所有字符串的概率和 $\sum_s P(S)$ 的值为 1，需要在句子结尾再放一个句尾标记 <EOS>，并且使之包含在计算序列概率的公式中，否则将会出现所有给定长度字符串的概率和为 1，而所有字符串的概率和为无穷大的情况。例如，计算句子"We proposed a efficient method"概率值的公式为

$$P(\text{We proposed a efficient method}) = P(\text{We}|<\text{BOS}>) \times P(\text{proposed}|\text{We}) \times$$
$$P(\text{a}|\text{proposed}) \times P(\text{efficient}|\text{a}) \times$$
$$P(\text{method}|\text{efficient}) \times P(<\text{EOS}>|\text{method})$$

此时，为了计算条件概率 $P(w_i|w_{i-1})$，需要统计二元语法 $w_i w_{i-1}$ 在某一文本中出现的频率，然后再进行归一化处理。此处使用 $c(w_{i-1} w_i)$ 表示二元语法 $w_i w_{i-1}$ 出现的次数，其条件概率的计算公式为

$$P(w_i \mid w_{i-1}) = \frac{c(w_{i-1} w_i)}{\sum_{w_i} c(w_{i-1} w_i)}$$

一般用于构建语言模型的文本数目超过百万个词，上述计算条件概率的方法为 $P(w_i|w_{i-1})$ 的最大似然估计。对于 $n>2$ 的 $n$ 元语法模型，需要考虑前面 $n-1$ 个词的概率，对模型进行扩展。

但在依据上述方法统计文本概率时，由于语料原因，分母中有可能出现语料中从未出现的情况，其概率可能为 0。平滑技术就是用来解决这类零概率问题的，它

是为了产生更准确的概率以调整最大似然估计的一种技术，也常称为数据平滑。"平滑"处理的基本思想是"劫富济贫"，即提高低概率（如零概率），降低高概率，尽量使概率分布趋于均匀。常见的平滑方法包括加法平滑、古德-图灵估计法、Katz平滑方法、贝叶斯平滑方法等。语言模型广泛地应用于自然语言处理的各个方面，而其性能表现与语料本身的状况（领域、主题、风格等）及选用的统计基元等密切相关。虽然统计语言模型的理论基础已经比较完善，但在实际应用场景中仍然可能遇到难以解决的问题，如跨领域的脆弱性和独立假设的无效性等，因此，自然语言模型的自适应方法极其重要，需要针对具体问题和应用目的（机器翻译、信息检索、语义消歧等）综合考虑，这是提高语言模型性能的重要手段之一。

### 10.3.3　机器学习模型

机器学习是一种广泛意义上的计算方法，可以通过实验来改善性能或对特定的任务作出准确的预测，是人工智能的一个分支。人工智能的研究历史有着一条从以"推理"为重点，到以"知识"为重点，再到以"学习"为重点的自然、清晰的脉络。显然，机器学习是实现人工智能的一个途径，即以机器学习为手段解决人工智能中的问题。机器学习经过30多年发展，已发展为一门多领域交叉学科，涉及概率论、统计学、逼近论、凸分析、计算复杂性理论等多门学科。机器学习理论主要是设计和分析一些让计算机可以自动"学习"的算法。机器学习算法是一类从数据中自动分析获得规律，并利用规律对未知数据进行预测的算法。因为学习算法中涉及大量的统计学理论，所以机器学习与推断统计学联系尤为密切，也被称为统计学习理论。算法设计方面，机器学习理论关注可以实现的、行之有效的学习算法。很多推论问题属于无程序可循难度，因此部分的机器学习研究是开发容易处理的近似算法。机器学习已广泛应用于数据挖掘、计算机视觉、自然语言处理、生物特征识别、搜索引擎、医学诊断、信用卡欺诈检测、证券市场分析、DNA序列测序、语音和手写识别、战略游戏和机器人等领域。

#### 1. 基于朴素贝叶斯分类的词义消歧方法

朴素贝叶斯是基于贝叶斯定理与特征条件独立假设的分类方法，对于给定的训练数据集，首先基于特征条件独立假设学习输入输出的联合概率分布，然后基于此模型，对给定的输入$x$，利用贝叶斯定理求出后验概率最大的输出$y$。朴素贝叶斯法实现简单，学习与预测的效率较高。

设输入空间$\mathcal{X} \subseteq \mathbb{R}^n$是$n$维向量的集合，输出空间为类标记集合$\mathcal{Y}=\{c_1, c_2, \cdots, c_K\}$，输入特征向量$x \subseteq \mathbb{R}^n$，输出为类标记$y \subseteq \mathcal{Y}$，$X$是定义在输入空间$\mathcal{X}$上的

随机向量，$Y$是定义在$\mathcal{Y}$上的随机变量。$P(X,Y)$和的联合概率分布，训练数据集 $T=\{(x_1,y_1),(x_2,y_2),\cdots,(x_N,y_N)\}$由$P(X,Y)$独立同分布产生。

朴素贝叶斯法通过训练数据集学习联合概率分布$P(X,Y)$。首先学习以下先验概率分布和条件概率分布。先验概率分布为

$$P(Y=c_k), \quad k=1,2,\cdots,K$$

条件概率分布为

$$P(X=x,|Y=c_k)=P(X^{(1)}=x^{(1)},\cdots,X^{(n)}=x^{(n)}|Y=c_k),k=1,2,\cdots,K$$

由此得到联合概率分布$P(X,Y)$。条件概率分布$P(X=x,|Y=c_k)$有指数级数量的参数，无法估计其实际参数值。假定$x^{(j)}$可取的值有$S_j$个，$j=1,2,\cdots,n$，$Y$可取的值有$K$个，那么参数个数为

$$K\prod_{j=1}^{n}S_j$$

朴素贝叶斯法对条件概率分布作了条件独立性的假设。由于这是一个较强的假设，朴素贝叶斯法也由此得名。具体地，条件独立性假设是

$$P(X=x|Y=c_k)=P(X^{(1)}=x^{(1)},\cdots,X^{(n)}=x^{(n)}|Y=c_k)$$
$$=\prod_{j=1}^{n}P(X^{(j)}=x^{(j)}|\ Y=c_k)$$

朴素贝叶斯法实际上学习到生成数据的机制，因此属于生成模型。条件独立假设相当于用于分类的特征在类确定的条件下都是条件独立的。这一假设使朴素贝叶斯法变得简单，但有时会牺牲一定的分类准确率。使用朴素贝叶斯法分类时，对给定的输入$x$，通过学习到的模型计算后验概率分布$P(Y=c_k|X=x)$，将后验概率最大的类作为$x$的类输出。后验概率计算根据贝叶斯定理进行，有

$$P(Y=c_k|\ X=x)=\frac{P(X=x|\ Y=c_k)P(Y=c_k)}{\sum_{k}P(X=x|\ Y=c_k)P(Y=c_k)}$$

将其带入独立性假设公式，可以得到以下公式：

$$P(Y=c_k|X=x)=\frac{P(Y=c_k)\prod_{j}P(X^{(j)}=x^{(j)}|Y=c_k)}{\sum_{k}P(Y=c_k)\prod_{j}P(X^{(j)}=x^{(j)}|Y=c_k)},k=1,2,\cdots,K$$

这是朴素贝叶斯的基本公式，朴素贝叶斯分类器可以表示为

$$y=f(x)=\arg\max_{c_k}\frac{P(Y=c_k)\prod_{j}P(X^{(j)}=x^{(j)}|Y=c_k)}{\sum_{k}P(Y=c_k)\prod_{j}P(X^{(j)}=x^{(j)}|Y=c_k)}$$

式中分母对所有的$c_k$都是相同的，因此可以得到$y$的计算公式如下：

$$y = \underset{c_k}{\arg\max} P(\boldsymbol{Y} = c_k) \prod_j P(\boldsymbol{X}^{(j)} = x^{(j)} | \boldsymbol{Y} = c_k)$$

朴素贝叶斯法将实例分到后验概率最大的类中，这等价于期望风险最小化。假设选择0-1损失函数：

$$L(\boldsymbol{Y}, f(\boldsymbol{X})) = \begin{cases} 1, & \boldsymbol{Y} \neq f(\boldsymbol{X}) \\ 0, & \boldsymbol{Y} = f(\boldsymbol{X}) \end{cases}$$

式中，$f(\boldsymbol{X})$为分类决策函数。此时，期望风险函数为

$$R_{\exp}(f) = E[L(\boldsymbol{Y}, f(\boldsymbol{X}))]$$

期望取自联合分布$P(\boldsymbol{X}, \boldsymbol{Y})$，由此取条件期望

$$R_{\exp}(f) = E_X \sum_{k=1}^{K} \Big[ L(c_k, f(\boldsymbol{X})) \Big] P(c_k | \boldsymbol{X})$$

为了使期望风险最小化，对$f(x)$进行计算，可以得到以下公式：

$$
\begin{aligned}
f(x) &= \underset{y \in y}{\arg\min} \sum_{k=1}^{K} L(c_k, y) P(c_k | \boldsymbol{X} = x) \\
&= \underset{y \in y}{\arg\min} \sum_{k=1}^{K} P(y \neq c_k | \boldsymbol{X} = x) \\
&= \underset{y \in y}{\arg\min} (1 - P(y = c_k | \boldsymbol{X} = x)) \\
&= \underset{y \in y}{\arg\max} P(y = c_k | \boldsymbol{X} = x)
\end{aligned}
$$

根据期望风险最小化准则，得到后验概率最大化准则

$$f(x) = \underset{c_k}{\arg\max} P(c_k | \boldsymbol{X} = x)$$

即朴素贝叶斯法采用的原理。在朴素贝叶斯法中，需要对$P(\boldsymbol{Y} = c_k)$和$P(\boldsymbol{X}^{(j)} = x^{(j)} | \boldsymbol{Y} = c_k)$进行估计，可以应用极大似然估计法估计相应的概率。先验概率$P(\boldsymbol{Y} = c_k)$的极大似然估计是

$$P(\boldsymbol{Y} = c_k) = \frac{\sum_{i=1}^{N} I(y_i = c_k)}{N}, \quad k = 1, 2, \cdots, K$$

第$j$个特征$x^{(j)}$可能取值的集合为$\{a_{j1}, a_{j2}, \cdots, a_{jS_j}\}$，条件概率$P(\boldsymbol{X}^{(j)} = x^{(j)}) | \boldsymbol{Y} = c_k)$的极大似然估计是

$$P(\boldsymbol{X}^{(j)} = a_{jl} | \boldsymbol{Y} = c_k) = \frac{\sum_{i=1}^{N} I(x_i^{(j)} = a_{ji}, y_i = c_k)}{\sum_{i=1}^{N} I(y_i = c_k)}$$

$$j = 1, 2, \cdots, n; \quad l = 1, 2, \cdots, S_j; \quad k = 1, 2, \cdots, K$$

式中，$x_i^{(j)}$ 是第 $i$ 个样本的第 $j$ 个特征；$a_{jl}$ 是第 $j$ 个特征可能取的第 $l$ 个值；$I$ 为指示函数。

对于上文讲述的词义消歧任务，需要将有歧义的词与其真实含义进行对应。使用 $x_i$ 代表训练样本中第 $i$ 个有歧义的词的特征表示，$y_i$ 代表训练样本中第 $i$ 个有歧义的词的真实含义，则训练数据 $T=\{(x_1,y_1),(x_2,y_2),\cdots,(x_N,y_N)\}$，其中 $x_i=(x_i^{(1)},x_i^{(2)},\cdots,x_i^{(n)})^{\mathrm{T}}$，$x_i^{(j)}$ 是第 $i$ 个样本的第 $j$ 个特征，$x_i^{(j)}\in\{a_{j1},a_{j2},\cdots,a_{jS_j}\}$，$a_{jl}$ 是第 $j$ 个特征可能取的第 $l$ 个值，$j=1,2,\cdots,n$；$l=1,2,\cdots,S_j$；$y_i\in\{c_1,c_2,\cdots,c_k\}$。

对于歧义词 $x$，首先计算先验概率和条件概率：

$$P(\boldsymbol{Y}=c_k)=\frac{\sum_{i=1}^{N}I(y_i=c_k)}{N},k=1,2,\cdots,K$$

进一步，计算其极大似然估计：

$$P(\boldsymbol{Y}=c_k)\prod_j P(\boldsymbol{X}^{(j)}=x^{(j)}\mid \boldsymbol{Y}=c_k),k=1,2,\cdots,K$$

并由以下公式确定歧义词的真实含义：

$$y=\underset{c_k}{\arg\max}\,P(\boldsymbol{Y}=c_k)\prod_j P(\boldsymbol{X}^{(j)}=x^{(j)}\mid \boldsymbol{Y}=c_k)$$

### 2. 基于 $k$-最近邻法的文本分类算法

$k$-最近邻法（KNN）方法的基本思想是给定一个测试文档，系统在训练集中查找离它最近的 $k$ 个邻近文档，并根据这些邻近文档的分类给该文档的候选类别评分。把邻近文档和测试文档的相似度作为邻近文档所在类别的权重，如果这 $k$ 个邻近文档中的部分文档属于同一个类别，则将该类别中每个邻近文档的权重求和，并作为该类别和测试文档的相似度。然后，通过对候选分类评分排序，给出一个阈值。决策规则可以写作：

$$y(\boldsymbol{x},C_j)=\sum_{\boldsymbol{d}_i\in\mathrm{KNN}}\mathrm{sim}(\boldsymbol{x},\boldsymbol{d}_i)\,y(\boldsymbol{d}_i,C_j)-b$$

其中：$y(\boldsymbol{d}_i,C_j)$ 取值为 0 或 1，取值为 1 时表示文档 $\boldsymbol{d}_i$ 属于分类 $C_j$，取值为 0 时表示文档 $\boldsymbol{d}_i$ 不属于分类 $C_j$；$\mathrm{sim}(\boldsymbol{x},\boldsymbol{d}_i)$ 表示测试文档 $\boldsymbol{x}$ 和训练文档 $\boldsymbol{d}_i$ 之间的相似度；$b$ 是二元决策的阈值。一般地，采取两个向量夹角的余弦值来度量向量之间的相似度，也可以取其他距离作为向量相似度的度量，如曼哈顿距离、切比雪夫距离等。

### 3. 基于支持向量机的基础短语识别算法

支持向量机（support vector machine，SVM）是一种二分类模型，它的基本模型是定义在特征空间上的间隔最大的线性分类器，间隔最大使它有别于感知机。SVM 还包括核技巧，这使它成为实质上的非线性分类器。SVM 的学习策略就是间隔最大化，可形式化为一个求解凸二次规划的问题，也等价于正则化的合页损失函数的最小化问题。SVM的学习算法就是求解凸二次规划的最优化算法。

基本名词短语（base NP）指的是简单的、非嵌套的名词短语，不含有其他子短语。base NP的主要特点有两个：短语的中心语为名词；短语中不含有其他子短语，并且base NP之间结构上是独立的。J. Zhao从限定性定语出发给出了汉语base NP的形式化定义：

（1）base NP→base NP + base NP。

（2）base NP→base NP + 名词|名动词。

（3）base NP→限定性定词 + base NP|名词。

（4）base NP→限定性定词 + 名词|名动词。

（5）限定性定词→形容词|区别词|动词|名词|处所词|数量词引外文字串|数词和量词。

由于SVM算法解决的是二值分类问题，而base NP识别则是多值分类问题，因此，必须将base NP识别转化为SVM可处理的问题，并充分利用句子中的上下文信息来提取特征。一般地，将多值分类问题转化为二值分类问题有两种方法：配对策略和一比其余策略。下面介绍一种使用SVM计算基本名词短语识别问题的方法。该方法主要使用窗口大小为5的滑动窗口对基本名词短语进行识别，即短语最长可以由5个词组成，其使用的特征包括窗口内每一个词的文本表示、词性和短语识别标识。其标识方式为BIO方式，例如，B-NP表示当前位置的词为base NP的首词，I-NP表示当前位置的词属于base NP。类似地，B-VP和I-VP分别表示当前位置的词为VP的首词或内部词。当要估计某位置处的词的base NP标记时，该词前后两个位置上的词及其词性标记，以及前面两个词的base NP标记共同作为被选取的特征。多项式核函数的使用可以在高维空间建立最优的超平面，把组合的特征全部考虑进去。

### 4. 基于隐马尔可夫的分词方法

隐马尔可夫模型是统计模型，它用来描述一个含有隐含未知参数的马尔可夫过程。对于HMM模型，首先假设$Q$是所有可能的隐藏状态的集合，$V$是所有可能的观测状态的集合，并假设任意时刻的隐藏状态只依赖于它前一个隐藏状态，如果$a_{i,j}$表示从$i$状态转移至$j$状态，则由$a_{i,j}$可以得到状态转移矩阵$A$；第二个假设是观测独立性假设，即任意时刻的观测状态仅仅依赖于当前时刻的隐藏状态，这也是一个为了简化模型而提出的假设。同理，可以得到观测状态生成的概率矩阵$D$。此外，还需要一个初始的观测序列$\pi$，由此三元组（$A$，$D$，$\pi$）即可表示HMM模型。

分词是将句子、段落、文章这种长文本分解为以字词为单位的数据结构，以方便后续的处理、分析工作。词是表达完整含义的最小单位，字的粒度太小，无法表达完整含义，而句子的粒度太大，承载的信息量大，很难复用。因此，分词往往是很多自然语言处理工作的第一步并支撑后续的生成或抽取任务。下面以 HMM 模型在分词任务中的应用为例，介绍 HMM 模型的应用方法。

分词任务往往会被转化为序列标注任务。一般使用 BMES 的标注规则进行分词，其中 B 表示词的开头字符，M 表示词的中间字符，E 表示词的结尾字符，S 表示单独存在的字符。以"英文以空格作为天然的分隔符"为例，其对应的 BMES 标签为"BESBEBEBEBMEBME"，其分词结果为"英文 以 空格 作为 天然的 分隔符"，当使用 HMM 模型对此任务进行建模时，将 BMES 标签作为隐状态，由于标签为四分类任务，隐藏状态的状态转移概率矩阵 $A \in \mathbb{R}^{4 \times 4}$，可观测值为中文句子，可观测值的转移矩阵 $D \in \mathbb{R}^{4 \times h}$，其中 $h$ 为出现汉字的总个数，即词表大小。对于模型需要学习的参数集合 $(A, D, \pi)$，可以使用大量具有分词标签的文章作为训练语料，通过计算每个词的长度来辨别标注内容，即单个字为 S，双字为 BE，三字为 BME 等，这样可以得到对应的 $(A, D, \pi)$，统计每个隐藏状态 BMES 之间的转移次数，利用其频率估计状态转移矩阵 $A$ 及可观测值的转移矩阵 $D$，得到初始状态后，通过单独计数 BMES 标签出现的频率得到其对应值。模型构建结束后，使用维特比算法对原始句子进行解码，获取分词标签。

## 10.3.4　深度神经网络模型

深度学习方法利用多层处理结构来学习数据中的层次化表示，在很多领域都得到了最优异的结果。神经网络以参数可训练的神经元为基本组成单位，通过迭代调整参数，训练每一个神经元的权重，使神经网络能够拟合需要的分布。训练过程使用带标记的数据进行反向传播，减小损失函数值，逼近目标分布。近几年，自然语言处理领域涌现了大量的深度学习模型和方法，本书总结了一些比较重要、在自然语言处理领域广泛应用的深度学习方法，并回顾其发展历程。通过总结和对比不同的模型，使读者对自然语言处理中的深度学习有更详细的了解。

### 1. 神经网络语言模型

随着深度学习的提出，语言模型这种需要大量数据统计且应用范围广泛的模型，也很快被使用神经网络来修改。第一个神经网络语言模型——前馈神经网络（feed-forward neural network）是由本希奥（Bengio）等人于 2001 年提出的，如图 10-2 所示。

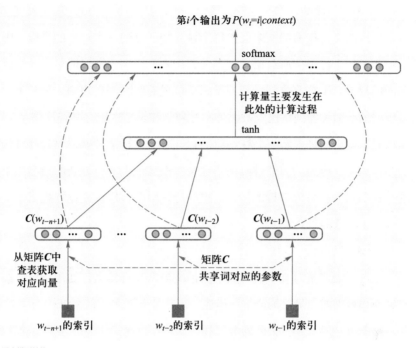

图10-2 神经网络语言模型结构

这个模型以某词语之前出现的 $n$ 个词语作为输入向量，这样的向量被称为词嵌入。这些词嵌入在级联后进入一个隐藏层，该层的输出通过一个softmax层。语言模型的建立是一种无监督学习，Yann LeCun 将其称为预测学习，它是获得世界如何运作的常识的先决条件。关于语言模型最引人注目的是，尽管它很简单，但却与自然语言处理的许多核心进展息息相关。反过来，这也意味着自然语言处理领域的许多重要进展都可以简化为某种形式的语言模型构建。但要实现对自然语言真正意义上的理解，仅仅从原始文本中进行学习是不够的，还需要新的方法和模型。全连接网络（BP神经网络）的优势在于能够不加区分地保存全部信息，但对数据的空间位置关系、时序信息等不够敏感。因此，在深度学习算法中，全连接网络层一般作为中间过渡层或者最终分类层（使用softmax函数）使用。全连接网络的特点是层与层之间是全连接的，每层的节点间无连接，因此全连接网络只能处理独立的输入。全连接网络的结构特点导致其无法感知输入序列的先后顺序，但在现实生活中，尤其是对于自然语言处理的文本问题，输入为有序序列，如果将"我爱自然语言处理"打乱为"自然语言爱处理我"，得到的意思将完全不同，甚至令人无法理解。这种序列信息的处理，需要先前的知识和当前的信息共同决定输出结果，循环神经网络通过新增的循环结构来保留先前的知识。

从多层网络发展到循环网络，需要利用20世纪80年代机器学习和统计模型的优点：在模型的不同部分共享参数。参数共享使得模型能够扩展到不同形式的样本

（这里指不同长度的样本）并进行泛化。假设要训练一个处理固定长度句子的前馈网络，传统的全连接前馈网络会给每个输入特征分配一个单独的参数，因此需要分别学习句子每个位置的所有语言规则。相比之下，循环神经网络在几个时间步内共享相同的权重，不需要分别学习句子每个位置的所有语言规则。近年来，用于构建语言模型的前馈神经网络已经被循环神经网络和长短期记忆神经网络（LSTM）取代。虽然后来提出的许多新模型在经典的LSTM上进行了扩展，但LSTM仍然是强有力的基础模型。经典的前馈神经网络在某些设定下也和更复杂的模型效果相当，因为这些任务只需要考虑邻近的词语。更好地理解语言模型究竟捕捉了哪些信息，也是当今一个活跃的研究领域。

2. word2vec

通过稀疏向量对文本进行表示的词袋模型在自然语言处理领域已经有很长的历史，而用稠密的向量对词语进行描述，也就是词嵌入，则在2001年首次出现。2013年，Mikolov等人通过去除隐藏层和近似计算目标，使词嵌入模型的训练更为高效。尽管这些改变在本质上十分简单，但它们与高效的word2vec（用来产生词向量的相关模型）组合在一起，使得大规模的词嵌入模型训练成为可能。

word2vec有两种不同的实现方法：CBOW（continuous bag-of-words）和skip-gram。它们在预测目标上有所不同：前者根据周围的词语预测中心词语，后者则恰恰相反。虽然这些嵌入与使用前馈神经网络学习的嵌入在概念上没有区别，但是在一个非常大的语料库上进行训练，使它们能够获取诸如性别、动词时态和国际事务等单词之间的特定关系。这些关系和它们背后的意义激起了人们对词嵌入的兴趣，许多研究都在关注这些线性关系的来源。然而，使词嵌入成为目前自然语言处理领域中流砥柱的，是将预训练的词嵌入矩阵用于初始化以提高大量下游任务性能的事实。虽然word2vec捕捉到的关系具有直观且几乎不可思议的特性，但有研究表明，word2vec本身并没有什么特殊之处，词嵌入也可以通过矩阵分解来学习，经过适当的调试，经典的矩阵分解方法、奇异值分解和隐含语义分析都可以获得相似的结果。

尽管词嵌入有很多发展，但word2vec仍然是目前应用最为广泛的选择。word2vec的应用范围超出了词语级别，带有负采样的skip-gram是一个基于上下文学习词嵌入的方便目标，已经被用于学习句子的表征。它甚至超越了自然语言处理的范围，被应用于网络和生物序列等领域。同时，也有大量的研究是在同一空间中构建不同语言的词嵌入模型，以达到零样本跨语言转换的目的。通过无监督学习构建这样的映射变得越来越有希望（至少对于相似的语言来说），这也为语料资源较少的语言和构建无监督机器翻译的应用程序创造了可能。

### 3. 序列到序列的模型

2014年，Sutskever 等人提出了序列到序列（seq2seq）学习，即使用神经网络将一个序列映射到另一个序列的一般化框架。在这个框架中，一个作为编码器的神经网络对句子符号进行处理，并将其压缩成向量表示；然后，一个作为解码器的神经网络根据编码器的状态逐个预测输出符号，并将前一个预测得到的输出符号作为预测下一个输出符号的输入。

机器翻译是这一框架的典型应用。2016 年，谷歌公司宣布将用神经机器翻译模型取代基于短语的整句机器翻译模型。谷歌大脑负责人 Jeff Dean 表示，这意味着用500 行神经网络模型代码取代 50 万行基于短语的机器翻译代码。由于其灵活性，该框架在自然语言生成任务中被广泛应用，其编码器和解码器分别由不同的模型担任。更重要的是，解码器不仅适用于序列，在任意表示中均可以应用。例如，基于图片生成描述、基于表格生成文本、根据源代码改变生成描述，以及众多其他应用。序列到序列的学习甚至可以应用到自然语言处理领域常见的结构化预测任务中，也就是输出特定的结构。为简单起见，输出就像选区解析一样被线性化。在给定足够多训练数据用于语法解析的情况下，神经网络已经被证明具有产生线性输出和识别命名实体的能力。

序列的编码器和解码器通常都基于循环神经网络，但也可以使用其他模型。新的结构主要从机器翻译中诞生，它已经成了序列到序列模型的"培养基"。近期提出的模型有深度长短期记忆网络、卷积编码器、Transformer（一个基于自注意力机制的全新神经网络架构），以及长短期记忆依赖网络和 Transformer 的结合体等。

### 4. 注意力机制

注意力机制（attention）是神经网络机器翻译（NMT）的核心创新之一，也是使神经网络机器翻译优于经典的基于短语的机器翻译的关键。序列到序列学习的主要瓶颈是，需要将源序列的全部内容压缩为固定大小的向量。注意力机制通过让解码器回顾源序列的隐藏状态，为解码器提供加权平均值的输入来缓解这一问题。注意力机制被广泛接受，在各种需要根据输入的特定部分做出决策的任务中都有潜在的应用。它已经被应用于句法分析、阅读理解、单样本学习等任务中。它的输入甚至不需要是一个序列，而可以包含其他表示，如图像的描述。注意力机制一个有用的附带作用是，它通过注意力权重来检测输入的哪一部分与特定的输出相关，从而提供了一种罕见的虽然还是比较浅层次的，对模型内部运作机制的窥探。

注意力机制不仅仅局限于输入序列。自注意力机制可以用来观察句子或文档中周围的单词，获得包含更多上下文信息的词语表示。多层的自注意力机制是神经网络机器翻译前沿模型 Transformer 的核心。

### 10.3.5 预训练模型

预训练属于迁移学习范畴。现有的神经网络在训练时一般基于后向传播算法，先对网络中的参数进行随机初始化，再利用梯度下降等优化算法不断优化模型参数，不断地逼近需要的模型分布。预训练的思想是，首先通过一些其他任务对模型进行预先的训练，得到对应的模型参数并利用这些模型参数对当前任务使用的模型进行初始化，再进一步训练。

从时间上来看，前文介绍的 word2vec 迈出了自然语言预训练的第一步，随后又进一步研究得到了新的词向量 Gloves，但这些词向量表示无法很好地解决一词多义的问题，而多义词是自然语言中的常见现象，也体现了语言的灵活性和高效性。后来，又进一步提出了基于上下文的动态词向量 ELMo，它不仅能够对词进行有效的编码并有效表征对应语言的语法和语义特性，同时也能够对不同上下文环境中的词在编码上进行区分。ELMo 是从深层的双向语言模型中的内部状态（internal state）学习而来的。ELMo 的基本输入单元为句子，每个词没有固定的词向量，需要根据词的上下文环境来动态产生当前词的词向量，以有效捕捉语境信息，解决多义词问题。ELMo 模型结构如图 10-3 所示。

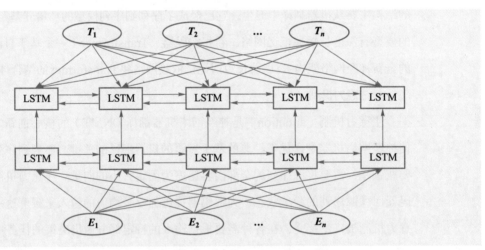

图10-3　ELMo模型结构

语言模型的双向体现在对句子的双向建模。给定一个有 $N$ 个词的句子（$t_1, t_2, \cdots, t_N$），其前向语言模型从历史信息（$t_1, t_2, \cdots, t_{k-1}$）中预测下一个词 $t_k$，其建模方法如下式所示：

$$P(t_1, t_2, \cdots, t_N) = \prod_{k=1}^{N} P(t_k | t_1, t_2, \cdots, t_{k-1})$$

后向语言模型从（$t_{k+1}, t_{k+2}, \cdots, t_N$）中预测 $t_k$，其预测方法与前向语言模型类似，由于有多层LSTM的存在，在下游任务中使用ELMo预训练语言模型时，会将多层LSTM输出得到的特征向量做加权平均，以获得对应词的词向量。对应权重可以在下游任务中学习得到。

在此之后，注意力机制使得模型能够关注到对当前任务更加重要的信息，并在2017年衍生出了基于自注意力机制（self-attention）的特征提取器 Transformer，将预训练模型的效果提升到了新的高度。首先介绍BERT的编码–解码模型结构，如图10-4所示。

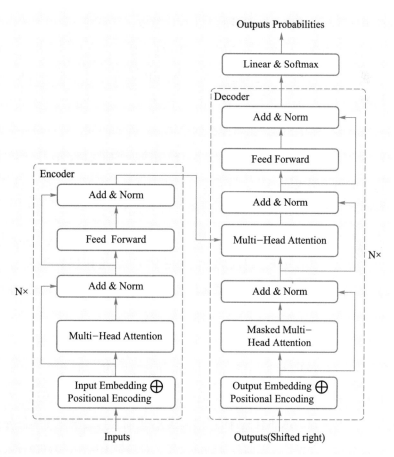

图10-4　BERT模型结构

图中"⊕"表示向量相加，"Inputs"为输入文本，"Output（Shifted right）"表示自左向右的自回归输出值，"Multi–Head Attention"表示多头注意力机制，"Add & Norm"表示跨层链接和正则化层，"Linear & Softmax"表示线性分类层。其重点在于多头注意力机制的文本特征提取方式，该提取方式在对长距离文本建模时能够缓解长距离依赖不足的问题。

BERT（Bidirectional Encoder Representations from Transformers）是一种利用 Transformer 结构获取预训练词向量的模型，由谷歌公司于 2018 年发布。BERT 使用了深层的双向 Transformer 结构（单向的 Transformer 结构一般称为 Transformer 的解码结构），最终生成能融合左右上下文信息的深层双向语言表征。由于 BERT 是一个预训练模型，它必须要适应各种各样的自然语言任务，因此模型输入的序列必须有能力包含一句话（文本情感分类、序列标注任务）或者两句话以上（文本摘要、自然语言推断、问答任务）。BERT 使用了两种方法来解决这一问题：第一种方法是在句子间增加特殊标记符"[SEP]"，以区分不同句子的内容；第二种方法是为每一个词都添加一个用来表示所属句子的嵌入表示来指示术语属于哪个句子。自然语言处理领域没有大规模、高质量的人工标注数据，但是可以利用大规模文本数据的自监督性质来构建预训练任务。因此，BERT 构建了两个预训练任务，分别是掩码语言模型和上下文预测。掩码语言模型是 BERT 能够不受单向语言模型限制的原因。掩码过程以 15% 的概率用"[MASK]"随机地对每一个训练序列中的词进行替换，然后预测出"[MASK]"位置原有的单词。一些如问答、自然语言推断等任务需要理解两个句子之间的关系，而掩码语言模型倾向于抽取 token 层次的表征，因此不能直接获取句子层次的表征。为了使模型能够理解句子间的关系，BERT 使用了上下文预测任务来进行预训练，即预测两个句子是否连在一起。总体来说，BERT 为预训练引入了新目标上下文预测，它可以学习句子与句子间的关系；同时进一步验证了更大的模型效果更好，24 层的预训练模型效果远超 12 层的模型；并为下游任务引入了通用的求解框架，不再需要为任务做模型定制。从结果来看，BERT 刷新了多项自然语言处理任务的记录，使无监督预训练技术成为研究热点。

OpenAI 公司于 2018 年发布了 GPT（generative pre-training，生成式预训练）。GPT 的模型主体采用了 Transformer 的解码结构，但去除了中间的 Multi-Head Attention 和 Add & Norm 层，其训练目标是单向语言模型，模型的核心思想在于通过结合无监督预训练和有监督的模型微调，进而为自然语言理解任务提供一种普适的半监督学习方式：在无监督预训练阶段，对海量无标注语料进行语言模型的学习，生成预训练模型；在有监督微调阶段，利用特定任务的标注语料对预训练模型做微调，以完成对特定任务的适配，在微调阶段也需要对模型的输入层、输出层进行针对性改造，但是无须调整模型主体架构，因此可以以极小的成本将模型应用到各个特定任务。

随后，OpenAI 公司在 2019 年进一步提出了 GPT-2。与 GPT 相比，GPT-2 提

升了训练数据的数量、质量、广泛度，并将正则化层移至输入位置（由前后正则化更改为前正则化）；同时GPT-2只保留了预训练阶段，并直接对零样本场景做迁移学习。即GPT-2希望通过海量数据和庞大的模型参数训练出一个类似百科全书的模型，无须标注数据也能解决具体问题。GPT-2是一个基于语言建模的文本生成器，由于语言建模的通用性，因此它可以提升多个任务。但是从实验结果来看，有效提升的任务类型并不包括诸如阅读理解、机器翻译、文本摘要等。GPT-2的主要贡献在于表明了语言模型和无监督学习在自然语言领域的潜力，一个模型执行多个自然语言处理任务是可行的。OpenAI团队在2020年进一步提出了GPT-3，GPT-3在GPT-2的基础上扩大了数据规模和预训练数据量，提升了预训练模型在下游任务中的效果。

除此之外，谷歌公司在2020年提出的T5模型将多种任务统一为文本生成框架，使用同样"编码器-解码器"结构的Transformer模型、同样的损失函数、同样的训练过程、同样的解码过程来完成所有自然语言处理任务，尤其在生成任务中得到了优异的结果。脸书公司在2020年提出的BART同样使用"编码器-解码器"结构的Transformer模型，但修改了BERT的激活函数，并在解码器的各层对编码器的最终隐藏层额外执行注意力机制，使用多种方式破坏输入文本并利用模型对破坏的文本进行还原。

以上任务都是单语预训练语言模型的应用，近年来也有大量在多语预训练语言模型方面的探索。从大量的语言中能够轻易获取单一的文本数据，也存在一些已经对齐的对照数据，这给跨语言预训练模型提供了一种思路。即可以参照这部分对齐数据，训练一个跨语言的预训练模型，并将不同语言中具有相似含义的单词联系在一起。对于多语预训练语言模型，可以使用某种语言的标注数据对其进行微调，得到能够完成对应任务的系统，所得的模型应用于其他语言的同一任务时，即使没有对应的标注数据对模型进行微调，也能取得一定的效果，或者也能增强同一任务中标注数据量小的语言类型的效果，实现跨语言的迁移学习。

脸书公司在2019年提出了XLM，它将BERT扩展到多语言理解任务。XLM中使用了两个任务。第一个是掩码语言模型，它与BERT中的类似，输入是一个句子，可以是多语中的某种语言。通过共享所有语言的模型参数和词汇，XLM可以获得跨语言功能。第二个任务是翻译语言模型，通过输入双语对照句对训练掩码语言模型，但不考虑对译关系。同样的扩展还包括2020年由谷歌公司提出的mT5和BART，它们分别将T5和BART预训练语言模型扩展到多语预训练中。多语预训练语言模型能够将高资源语种的训练任务迁移至其他低资源的语言中，尤其是标注数据量大的英语。因此，利用多语预训练模型可以对新的语言做零样本或者少样本学习，缓解多种语言的资源短缺问题。多语预训练模型能够帮助多语言搜索、问答系统、广告、新闻、文本摘要、低资源神经网络机器翻译等取得新的提升。

总体来看，在预训练模型的发展历程中，预训练模型越来越大，如 Transformer 的层数从 12 层到 24 层，模型的参数越来越多，能力也越来越强，但训练代价也在逐步变大。预训练方法也在不断增加，从自回归语言模型，到自动编码的各种方法，以及各种多任务训练等。从下游任务扩展的角度，预训练模型从单语言、多语言到多模态不断演进。最后是预训练模型压缩，使之能在实际应用中经济地使用。例如，在手机端或者其他可移动设备端，让小模型具备接近大模型的能力，以降低模型预测推理的开销。

## 10.4　自然语言处理典型任务

### 10.4.1　文本信息抽取

随着互联网技术的发展和移动互联网的普及，用户产生的数据呈爆发式增长。据国际数据公司（IDC）做出的预测，全球数据以每年 30% 的速率增长，人类在近几年产生的数据量相当于之前产生的全部数据量的总和。新增的数据多以非结构化文本形式（如新闻、微博、文献等）存在，蕴含众多新知识，这些新知识跟人力资源、生产资源一样，是重要的战略资源，隐含着巨大的经济价值。非结构化知识均以自然语言形式体现。由于自然语言具有歧义性、非规范性和个性化表达等特点，同时语言还承载着丰富的知识积累及在此基础上的思维推理过程，计算机难以对其进行直接处理和利用。因此，如何快速、精准地从大量非结构化文本数据中获取有效知识，并将其转换为易存储、可被计算机利用的形式成为亟待解决的问题。

信息抽取作为分析、抽取、管理文本知识的核心技术和重要手段，自诞生以来就得到学术界与工业界的广泛关注。信息抽取系统可以从海量非结构化文本中抽取结构化知识，在各领域有广泛应用。例如，从新闻报道中抽取重要事件的发生时间、地点、任务等信息；从公告事件中抽取公司上市、合并、停牌等信息；从医生处方中抽取病因、病变位置、使用药物等信息。被抽取出的信息通常以三元组等结构化形式存储，可以直接被计算机处理利用，用于查询和推理等。信息抽取是大数据时代的使能技术。通过将文本所表达的信息结构化和语义化，信息抽取技术提供了分析非结构化文本的有效手段，它可以与医疗、法律、金融、教育等垂直领域深度结合，具有重要的研究价值和广阔的应用场景。一方面，信息抽取技术可用于自动化更新知识库内容，构建大规模知识图谱；另一方面，信息抽取是语义深度理解和知识推理的关键技术之一，为复杂语义表示建模提供知识和推理支持。

如何利用标注语料学习有效的、泛化能力强的语义模式，快速、精准地构建健壮、易扩展的信息抽取系统，一直是该领域的研究重点。本节以实体抽取、关系抽取和事件抽取作为切入点，对信息抽取技术进行介绍。

实体是文本中承载信息的重要语言单位，一段文本的语义可以表述为其中包含的实体及实体相互间的关联和交互。例如，句子"26日下午，一架叙利亚空军L-39教练机在哈马省被HTS使用的肩携式防空导弹击落"，其中的信息可以通过包含的时间实体"26日下午"，机构实体"叙利亚空军""HTS"，地点实体"哈马省"和武器实体"L-39教练机""肩携式防空导弹"有效描述。实体也是知识图谱的核心单元。一个知识图谱通常是一个以实体为节点的巨大知识网络，包括实体、实体属性及实体之间的关系。例如，一个医学领域知识图谱的核心单元是医学领域的实体，如疾病、症状、药物、医院、医生等。

实体抽取是指识别文本中的命名性实体，并将其划分到指定类别中。常用实体类别包括人名、地名、机构名、日期等。例如，在"2016年6月20日，骑士队在奥克兰击败勇士队获得NBA冠军"这句话中，地名是"奥克兰"，时间是"2016年6月20日"，球队是"骑士队""勇士队"，机构是"NBA"。

实体抽取系统通常包含两个部分：实体边界识别和实体分类。其中，实体边界识别判断一个字符串是否组成一个完整实体，而实体分类将识别出的实体划分到预先给定的不同类别中。实体抽取是一项极具实用价值的技术。目前，中英文通用实体抽取（人名、地名、机构名）的F1值都能达到90%以上。实体抽取的主要难点在于表达不规律且缺乏训练语料的开放域命名实体类别（如电影、歌曲名）。

关系抽取指的是检测和识别文本中实体之间的语义关系，并将表示同一语义关系的指称（mention）链接起来。图10-5所示为一个关系抽取示例，输出通常是一个三元组（实体1，关系类别，实体2），表示实体1和实体2之间存在特定类别的语义关系。例如，句子"北京是中国的首都、政治中心和文化中心"中表述的关系可以表示为<中国，首都，北京>、<中国，政治中心，北京>和<中国，文化中心，北京>。语义关系类别可以预先给定，也可以按需自动发现。关系抽取通常包含两个核心模块：关系检测和关系分类，其中，关系检测判断两个实体之间是否存在语义关系，而关系分类将存在语义关系的实体对划分到预先指定的类别中。在某些场景和任务中，关系抽取系统也可能包含关系发现模块，其主要目的是发现实体和实体之间存在的语义关系类别。例如，发现人物和公司之间存在雇员、CEO、CTO、创始人、董事长等关系类别。

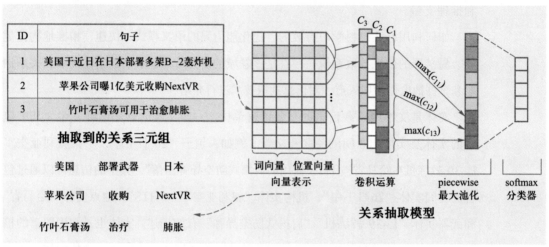

图10-5 关系抽取示例

事件（event）的概念起源于认知科学，广泛应用于哲学、语言学、计算机等领域。但遗憾的是，目前学术界对此尚没有公认的定义，针对不同领域的应用，不同学者对事件有不同的描述。在计算机科学的范畴内，最常用的事件定义有如下两种：

第一种定义源自信息抽取领域，最具国际影响力的自动内容抽取评测会议（Automatic Content Extraction，ACE）将其定义为：事件是发生在某个特定时间点或时间段、某个特定地域范围内，由一个或者多个角色参与的，一个或者多个动作组成的事情或者状态的改变。

第二种定义源自信息检索领域，事件被认为是细化的用于检索的主题。美国国防部高级研究计划局主办的话题检测与追踪（Topic Detection and Tracking，TDT）评测指出：事件是由某些原因、条件引起，发生在特定时间、地点，涉及某些对象，并可能伴随某些必然结果的事情。

虽然两种定义的应用场景和侧重点略有差异，但均认为事件是促使事物状态和关系改变的条件。目前，已存在的维基百科等知识资源所描述的实体及实体间的关联关系大多是静态的，事件能描述粒度更大的、动态的、结构化的知识，是现有知识资源的重要补充。此外，很多认知科学家认为人们是以事件为单位来体验和认识世界的，事件符合人类正常认知规律，如维特根斯坦在《逻辑哲学论》中论述的"世界是所有事实，而非事物的总和"。因此，事件知识学习，即将非结构化文本中自然语言所表达的事件以结构化的形式呈现，对于知识表示、理解、计算和应用均意义重大。本节以第一种定义作为切入点，介绍事件的抽取方法。

图10-6展示了一个事件抽取的示例。事件识别和抽取研究如何从描述事件信息的文本中识别并抽取出事件信息并以结构化的形式呈现出来，包括事件发生的时间、地点、参与角色，以及与之相关的动作或者状态的改变。事件抽取的核心概念有：

（1）事件描述（event mention）：客观发生的具体事件的自然语言描述，通常是一个或一组句子。同一事件可以有很多不同的事件描述，可能分布在同一文档的不同位置或不同的文档中。

（2）事件触发词（event trigger）：事件描述中最能代表事件发生的词，是决定事件类别的重要特征，在ACE评测中，事件触发词一般是动词或名词。

（3）事件元素（event argument）：事件的参与者是组成事件的核心部分，与事件触发词构成了事件的整个框架。事件元素主要由实体、时间和属性值等表达完整语义的细粒度单位组成。

（4）元素角色（argument role）：事件元素与事件之间的语义关系，也就是事件元素在相应的事件中扮演什么角色。

（5）事件类型（event type）：事件元素和触发词决定了事件的类别，很多评测和任务均制定了事件类别和相应模板，方便事件类型识别及角色分类。

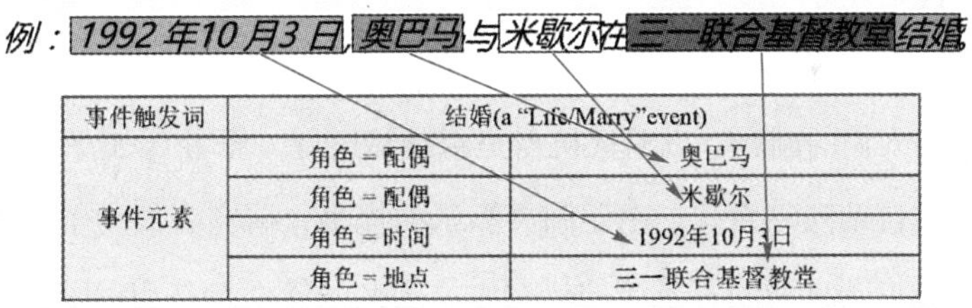

例：*1992 年10 月3 日，奥巴马与米歇尔在三一联合基督教堂结婚。*

| 事件触发词 | 结婚(a "Life/Marry"event) | | |
|---|---|---|---|
| 事件元素 | 角色 = 配偶 | | 奥巴马 |
| | 角色 = 配偶 | | 米歇尔 |
| | 角色 = 时间 | | 1992年10月3日 |
| | 角色 = 地点 | | 三一联合基督教堂 |

图10-6　事件抽取示例

由于在当前定义下的事件实例由两个部分组成：事件触发词和事件元素，事件抽取的目标也可以精准地聚焦于触发词、事件元素和整体的事件实例，对应的任务分别称为事件检测、事件元素抽取和事件抽取，特此区分。

随着文本数据量迅猛增长，对无结构的文本中蕴含的信息进行抽取以实现文本信息"结构化"，是近年来一个新兴研究热点。信息抽取研究如何实现实体抽取、关系抽取、事件抽取，并可以在知识图谱构建和知识利用方面产生众多应用。在知识图谱构建中，由于自然语言表达的多样性、歧义性和结构性，以及目标知识的复杂性，需要对信息抽取技术进行过渡和补足，使其产生的输出适应知识图谱构建这个庞大的应用背景。同时，也需要重点研究支撑知识图谱构建与智能应用的知识表示、知识推理和知识补全等一系列代表性技术，并进而讨论基于知识图谱的下游应用。

### 10.4.2 自动问答

随着互联网的发展和普及，互联网上的信息变得愈加丰富。人们利用搜索引擎可以方便、快捷地获取各类信息，著名的搜索引擎有百度、谷歌、必应等。用户仅需要输入一些关键字词，这些搜索引擎便能够快速返回与关键词相关的网页。

然而，现有的搜索引擎存在诸多不足，使得从海量数据中筛选真正有效的信息变得更为困难。例如，用户在百度中检索一个想解决的问题，搜索引擎会返回过多的相关网页，用户首先需要阅读网页标题，筛选出可能包含答案的网页，接着依次打开这些网页并阅读每个网页中的内容，对文本和图片等信息进行快速理解才能得到想要的答案。这个过程是冗长且烦琐的，一旦当前打开的网页不包含所需要的信息，用户需要返回上一级打开另一个网页，如果全部网页都不包含需要的信息，用户甚至需要重新输入关键词并重复这些流程。

因此，大数据时代对问题检索的高效性、相关性、有效性提出了更高的要求，如何进行更加高效的信息检索和抽取，成为自然语言处理领域中一个富有挑战性的难题。自动问答（question answering，QA）正是针对上述挑战发展出的人工智能领域中一个重要研究方向。该任务涉及的技术包括但不限于信息检索、信息抽取和自然语言处理等。

早在 20 世纪 60 年代人工智能研究刚起步时，图灵就提出了让计算机用自然语言来回答人们的问题，以验证机器是否能够进行"思考"。这种想法经过完善后，逐步演变成自动问答系统。由于图灵测试的提出，研究者们为了探索自然语言理解技术，纷纷投入自动问答系统的研制中，因此问答系统在 20 世纪 60—80 年代的自然语言处理领域曾风行一时。

然而，受到当时的条件限制，所有的相关实验都是在特定领域，甚至是某一固定段落上进行的，因此这一时期的自动问答系统也被称为特定领域的专家系统。例如，美国麻省理工学院人工智能实验室的 Weizenbaum 等人创建了具有问答功能的聊天机器人 ELIZA。ELIZA 可以通过人为设定的脚本理解一些简单的自然语言问题，并模拟出类似人类的互动过程。但是，ELIZA 的设计机理是一些非常巧妙的语言变换技巧，大多由人工编制，而非真正的"自然语言理解"。接着，BASEBAL 和 LUNAR 等专家系统，Parry、ALICE 和 Jabberwacky 等各种聊天机器人也相继被创造出来，这些系统采用的方法大多基于浅层语义分析，难以满足用户的需求。

随后，由于大规模文本处理技术的兴起，问答系统的研究一度受到冷落。然而自2000年以来，随着网络和信息技术的快速发展，人们想更快地获取信息的愿望日益增长，这重新激发了诸多研究人员对自动问答的研究热情，促进了自动问答技术的发展。特别地，自1999年信息检索顶级会议TREC设立QA track以来，相关研究得到极大推动。因此，越来越多的公司（如微软、IBM、谷歌等）和科研院校参与到自动问答技术的研究中。其中最为著名的事件发生在2013年，以深度问答技术为核心的IBM Watson自动问答机器人在美国智力竞赛节目*Jeopardy*中战胜人类选手，这引起了业内的巨大轰动。

而到了2014年左右，基于神经网络框架的深度学习技术给问答领域带来了新的革新。深度学习技术以不同结构的编码器为基础，加上各式各样新的数据集的出现，对问答系统的框架进行了改变，问答系统进入了以神经网络为核心的深度学习时期。直到2018年下半年，利用海量网络数据进行大规模预训练的语言模型被提出，将自动问答系统推入一个新的时代，自动问答系统的界限再次被拓宽，应用场景愈加多样化。

虽然自动问答任务十分庞大，涉及多种不同领域的技术，但自动问答系统一般由三个部分构成：问题处理模块、数据处理模块及答案处理模块。这三个部分表明问答系统研究包含三个基本问题：① 如何分析用户提出的问题；② 如何根据问题的分析结果缩小答案可能存在的范围；③ 如何从可能存在答案的信息范围中找到精准的答案。自动问答处理的具体流程如图10-7所示。

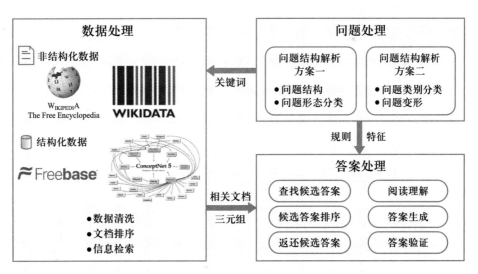

图10-7　自动问答处理

（1）问题处理模块

问题处理模块的功能包括但不限于问句类型分析、问句主题识别、问句指代消解和问句语法分析等。例如，给定一个问题"中国的首都在哪里？"，问题处理模块需要分析问题，识别出其中的主语、疑问词等，并且判断出问题的意图是询问地点类别。问题处理模块是问答系统中一个很重要的环节，它需要把问句根据答案类型分到某一类别中，之后的检索和提取会根据问句类别采取不同的措施。

（2）数据处理模块

数据处理模块需要根据问题处理模块中解析得到的关键词，从不同的数据源抽取相关的信息，具体类型可以是某条知识三元组，如<中国–首都–北京>，抑或是一篇文档或一段文字，如百度百科中某一主题的页面内容。数据处理一般有两个步骤：首先检索出可能包含答案的文档/相关知识集合；然后从检索出来的文档/相关知识集合中检索（抽取）出可能包含答案的段落/三元组。

（3）答案处理模块

答案处理模块是问答系统中的最后一部分，也是最具挑战性的一部分。该模块根据数据处理模块提供的结果进行答案抽取或者答案生成，答案可能是一个实体、一句话或者一段文字。特别地，这部分提供的答案必须是能够解决问题的简单答案，答案应简洁、准确。如果答案处理模块不能准确地把正确答案抽取出来，将严重影响整个问答系统的准确性。为了达到这个目的，这个模块衍生出多个研究方向，如阅读理解、答案验证、答案排序等。

自动问答系统拥有多种应用场景。目前，在商业用途中，这些系统的应用范围非常广泛，几乎涉及各个方面。人类是由问题驱动的有机体，因此自动问答系统是人类与机器互动的最简单方式。

① 客户支持。最常见的应用是使用这样的系统来减少客户服务团队的负载。引入这类系统的动机是为了消除客户早期查询意图的不确定性，对系统带来的不稳定和扰动。这使得客户服务团队能够专注于真正重要的事情。时至今日，用户和企业对完全自动化的追求已经开始，与聊天机器人整合在一起的自动问答系统正在迅速改变数字体验。

② 搜索引擎。百度、谷歌、必应等诸多搜索引擎已经与人们的日常生活息息相关。当人们在生活中遇到问题时，第一反应便是在各种搜索引擎中提出问题，并从搜索引擎反馈的信息中找寻答案。优秀的自动问答系统能够精确地理解用户意图，返回简洁、准确的答案，大幅简化检索过程，减少用户阅读时间，为用户带来更优质的服务。

③ 教育。上述谈及的搜索引擎反馈的结果往往是不受限制的。但是近年来，一些专门为寻找问题答案而创建的搜索引擎逐渐引起了人们关注，例如Chegg教育网站。通过这些特定的搜索引擎，学生可以提出遇到的数学、科学、语言等不同领域的问题，系统返回的信息帮助学生理解这些概念，进而解决难题。这样能够培养学

生的思维能力，并且促进教育数字化的发展。

④ 数据分析。 生活中充斥着各式各样的数据，从中挖掘、整理出重要的信息并加以分析，能够给社会各方面带来启发和改变。但这个过程目前大多依仗人力实现，成本高昂且耗时较长。针对这一需求，基于自动问答系统的数据分析软件开始出现，例如 HyperVerge，它基于用户使用自然语言输入的问题生成分析报告。这些应用程序将许多工作人员从数据分析报告中解放出来，提高了工作效率。

问答系统自20世纪60年代被初次创建以来，至今已经经历了数个发展阶段。尤其对于最近的深度学习和神经网络阶段，自2014年至今，问答系统取得的巨大进展令所有研究人员感到兴奋。但与此同时，距离实现符合图灵测试要求的问答系统还有很长的路要走，仍然面临着许多挑战，还有很多开放的问题需要解决。

### 10.4.3　对话系统

随着科技的发展，在人们的生产生活中，人们时刻都在与不同的机器设备进行着交互，而这些交互方式是多种多样的。例如，人们通过开关按钮来控制自动化设备的运行，利用手机触控界面来完成社交沟通，使用鼠标和键盘来操控计算机进行工作，等等。而当人们与机器的交互以自然语言的形式进行时，这个机器就可以称为一个对话系统。对话系统实现的人机交互对于人类来说是一种最为自然的交互方式，用户不需要学习如何给机器下达指令，而是通过自然语言与机器进行沟通，从而实现无负担的交流。

当前，对话系统已经在人们的生活中扮演了重要的角色。近几年，各大智能设备厂商推出的智能音箱可以帮助人们完成播放音乐、查询天气等生活需求，甚至通过物联网的连接，可以直接以自然语言的方式控制窗帘、台灯、电冰箱、微波炉等家用电器和设备。另外，各类智能手机中的语音助手也能满足用户越来越多的需求，通过简单的语音指令，语音助手可以帮助人们实现设定闹钟、设置备忘录、打开APP等众多需求。多种多样的应用场景既推动着对话系统的发展，也对对话系统提出了更高的要求。

根据应用场景的不同，对话系统可以分为封闭领域对话系统和开放领域对话系统，前者用于在某个领域中完成特定的任务，而后者则允许用户与系统进行不受领域和任务限制的开放交谈。封闭领域对话系统是专门针对特定的任务而设计的，如订餐、打车等，因此通常也被称为任务型对话系统。传统的任务型对话系统采用模块化的组织方式，它以管道式结构将不同的模块依次串联在一起，用户的话语在输入系统后，将依次通过口语语言理解、对话状态跟踪、对话策略学习和自然语言生成四个模块，最终得到相应的系统回复。这种模块化的设计极大地简化了任务型对话系统，使整个系统架构更为清晰，系统开发和调试更为便捷，可维护性也大大提高。开放领域对话系统通常又称为闲聊机器人。在开放领域对话中，没有明确的主题和目标，用户可以与系统进行没有限制的自由对话。虽然没有限定领域和目标，但是，闲聊机器人仍然需要满足一些基本的要求，如语言流畅性、上下文一致性、回复多样性等。

**1. 任务型对话系统**

图10-8所示为任务型对话系统的一个示例。下面围绕这个示例介绍任务型对话系统中的各个模块。

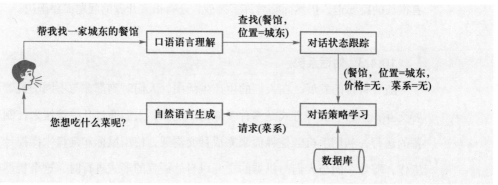

图10-8　任务型对话系统示例

（1）口语语言理解

由于口语表达的复杂性和多样性，计算机无法直接理解用户话语，因此，对话系统首先需要将自然语言转换为计算机可以理解的语言。口语语言理解作为整个任务型对话系统的关键模块之一，它的主要作用就是将自然语言形式的用户话语转换为结构化的语义信息。如图10-8所示，经过口语语言理解模块的处理，"帮我找一家城东的餐馆"被解析为"查找（餐馆，位置=城东）"。

（2）对话状态跟踪

在多轮对话中，用户的需求可能不断变化，因此，对话系统应该在对话进行的过程中能够不断地更新并记录用户的需求信息，这些需求信息的集合被称为对话状态，而这个不断进行更新和记录的过程就是对话状态跟踪。如图10-8所示，若系统中规定的餐厅信息还包括价格和菜系，那么，依据口语语言理解的结果，在对话状态中，除了位置信息之外，价格和菜系因为还未提及而需要标记为无。

（3）对话策略学习

在任务型对话系统中，在获得对话状态之后，系统需要根据当前的对话状态来决定下一步的动作，也即如何回复用户。这种学习在不同的对话状态下如何决定系统动作的过程就是对话策略学习。可以将这一过程理解为学习一个从对话状态到系统动作的映射函数。通常，系统需要通过访问数据库来获取必要的信息，从而决定要采取的系统动作。如图10-8所示，对话策略学习模块依据对话状态信息将下一步的系统动作设定为"请求（菜系）"。

（4）自然语言生成

根据系统动作生成以自然语言形式表示的系统回复的过程是任务型对话系统的最后一个模块，一般称为自然语言生成。作为面向用户的反馈，以自然语言表示的系统回复需要满足很多交互性需求，如内容的准确性、语言的流畅性和可读性、回复的多样性等，这些都对构建一个拟人化的自然语言生成模块提出了挑战。如图10-8所示，经过自然语言生成模块，"请求（菜系）"被转换为"您想吃什么菜呢？"这样的口语化表述。

2. 开放领域对话系统

在开放领域对话系统中，用户被允许进行无领域限制和无任务限制的开放交流，并且与任务型对话系统需要在尽可能少的对话轮数下实现用户目标这一明确任务不同的是，开放领域对话系统一般只有一个模糊的目的，那就是尽可能与用户进行更多轮的对话。为了实现这个目的，系统除了需要能够满足用户的各种知识性问答之外，还需要保证回答是具有自然语言特点的，更进一步地，甚至于让用户有与真人交流的体验。要达到以上目的，开放领域对话系统需要克服很多挑战，如系统回复时语言的流畅性、上下文的一致性、回复的多样性和角色的个性化等。

（1）语言的流畅性

通常来说，语言的流畅性指的是句子中语法结构的合法性和语义关联的合理性。具体来看，首先，系统回复中不应该包含语法错误，这是最基本的要求，也是用户能够理解系统回复的前提；其次，系统回复应该遵循一些语义表达的固定搭配，实现更加自然语言化的回复，提升系统的用户友好性。

（2）上下文的一致性

上下文的一致性可以分为上下文主题的一致性和上下文语义的一致性。上下文主题的一致性指的是系统回复的主题应该与用户话语或对话历史中的主题一致，否则可能答非所问，无法形成与用户的有效对话。上下文语义的一致性则表示系统回复中的语义信息应该与用户话语或对话历史中的语义信息一致，否则可能发生上下文语义冲突，破坏原有的对话进程。

（3）回复的多样性

在开放领域对话系统中存在着一个长期难以解决的问题，那就是系统为了追求回复的无错误性而总是倾向于产生安全性回复，如"好的"、"嗯嗯"和"我不知道"等，这些回复虽然没有语法或语义错误，但是却没有任何意义，无法为用户提供任何反馈。一般来说，提升对话系统回复的多样性就是使系统尽量不产生安全性回复而选择回答更加复杂的句子，如推荐和建议等。

（4）角色的个性化

聊天机器人的个性化是目前的一个热点话题。可以看到，当前的一些商业化产品都为聊天机器人赋予了不同的个性和角色，例如微软小冰被设定为少女的形象，百度的小度机器人则更像一个小男孩。通常来说，开放领域对话系统中角色的个性化指的是赋予对话系统一些人格化的设定，使其在产生系统回复时更加人性化，从而提升用户的亲切感。

针对以上这些挑战，开放领域对话主要有两条技术路线：检索式对话和生成式对话。

（1）检索式对话

在一些特定的领域，特别如人工客服等，解决用户需求的回复通常是模板化的，只要系统能够理解用户的需求，就可以给用户一个模板化的回复，而这些模板化回复通常由人工设定，没有语法和语义错误，而且高度的自然语言化。这时，所采用的对话系统一般就是检索式对话系统。所谓检索式，就是根据用户话语和上下文从预定义的回复模板库中检索出合适的回复。

（2）生成式对话

在一些没有特定需求的对话场景中，如情感聊天机器人，通常无法使用统一的模板与用户进行交互，而用户也很少向系统询问知识型的问题，此时，系统的回复就可以完全依赖于用户话语和对话历史来生成，这就是生成式对话系统。生成式对话系统有非常广泛的应用，如在社交领域，生成式对话系统可以作为虚拟用户与真实用户聊天，从而满足用户沟通和情感交流的需要。

### 10.4.4　文本自动摘要

1. 文本自动摘要概述

在我国国家标准《文摘编写规则》（GB/T 6447—1986）中，文摘（文本摘要）被定义如下："以提供文献内容梗概为目的，不加评论和补充解释，简明、确切地记述文献重要内容的短文"。从以上定义中不难看出文摘具有以下性质：第一，文摘表达的是文献主题，是对原文内容的概括，因此它应该具有概括性；第二，文摘的主要内容应该与原文保持一致，因此它应该具有信息全面性；第三，文摘的语句应该较为流畅，内容较为连贯，即需要具备较好的可读性。综上，也可以将文摘定义为"客观、全面地概括文章中心内容的短文"。自动文本摘要示例如图10-9所示。

---

**文档原文：** 新华社受权于18日全文播发修改后的《中华人民共和国立法法》，修改后的立法法分为"总则""法律""行政法规""地方性法规、自治条例和单行条例、规章""适用与备案审查""附则"等6章，共计105条。

**文本摘要：** 修改后的立法法全文公布

---

图10-9 自动文本摘要示例

在信息爆炸性增长的互联网时代，人们可以通过广泛的途径获取信息。互联网中包含了数以亿计的文档，并且其数量仍在以指数级别增长，人们正面临着不可避免的信息超负荷问题。为此，文本自动文摘技术应运而生。面对海量信息，文本自动摘要技术利用计算机自动地从原始文献中提取文摘，以简洁、连贯的短文反映文献中心内容，有效辅助用户在短时间内从海量数据中获得主要信息。

2. 文本自动摘要分类

根据形成文本摘要方式的不同，自动文本摘要可以分为抽取式自动文本摘要、生成式自动文本摘要和混合式自动文本摘要。其中，抽取式自动文本摘要是指直接从原始内容中对重要的、与主要内容相关但互相之间关联性较小的要素（词汇、短语和句子等）进行摘录、组合而形成的文本摘要。这类文本摘要方式主要包括基于概率统计的方法、基于相关性分析的方法、基于图模型的方法和基于深度学习的方法。抽取式自动文本摘要并不会对原文进行深层理解，它仅利用文本表面的信息，处理速度较快，不受领域知识的限制，但是其生成的摘要一般逻辑性和连贯性较差、完整性比较低。另一类自动文本摘要——生成式自动文本摘要方法，利用自然语言处理技术，先对原始内容进行语义分析、内容理解，然后再重新组织词句，形成最终的文本摘要。生成式自动文本摘要的结果与原始表述可能有所不同，但中心内容保持一致。这种方法利用自然语言处理技术对原始内容进行深层分析和理解，并且使用自然语言生成结果。相较于抽取式自动文本摘要方法，生成式自动文本摘要生成的结果更具逻辑性，句子间的连续性较强。混合式文本摘要旨在结合上述两种摘要方法的优点，同时规避它们的缺点。

3. 混合式文本自动摘要

抽取式、生成式摘要方法各有优缺点，可以考虑结合两种不同的方法，保留两者的优点，设法避免两者的缺点。接下来介绍两种不同思路的混合式摘要方法。

首先，可以利用两个模型，同时运行抽取式文摘任务与生成式文摘任务。事实上，由于训练目标较为简单，抽取式文本摘要定位重要信息的能力要略强于生成式文本摘要。同时，抽取式文本摘要中的句子抽取概率可以被理解成当前句子的重要程度。因此，可以利用句子级别的重要度分布来调节生成式文本摘要模型中的词级别注意力分布，使得概率较小的句子中词汇生成的概率有所降低，概率较大的句子中词汇生成的概率有所增强。这样，抽取式模型就可以实现对生成式模型的增益。

其次，可以利用抽取式文本摘要模型和生成式摘要模型构建级联系统，即先抽取、后摘要。上述第一个方法虽然在一定程度上结合了两种不同性质的文本摘要方法，但也仅仅利用它们之间的重要程度互补，最终在文本摘要生成阶段，抽取式文本摘要依然有所冗余，生成式文本摘要依然速度缓慢。因此，有研究者提出，可以先将重要的句子通过抽取式文本摘要模型抽取出来，再把这些被抽取出的句子输入生成式文本摘要模型进行一定的改写。这样，既能较快地对重要信息进行定位，同时也缩短了生成式文本摘要的输入时间，使其运行速度加快。具体地，模型使用一个抽取式文摘模型读入源文档，该模型对源文档中的重要句子进行选取，然后使用一个生成器网络对抽取出的句子进行改写。

4. 文本自动摘要相关前沿技术

除了基础的抽取式、生成式及混合式自动文本摘要模型之外，自动文本摘要还有许多前沿领域。

近年来，预训练语言模型在自然语言处理领域应用非常广泛，一些方法专门为文本摘要进行了预训练任务设计，并取得了不错的效果。

另外，还有一些额外的与文本摘要相关的任务被提出，如跨语言自动文本摘要、多风格标题生成等。跨语言文本摘要是指对给定语言的文档进行处理，生成另一种语言的文本摘要的技术，它可以帮助人们更加有效地抓住其他语言文档的主旨。多风格标题生成是指针对给定文章，生成多种不同风格的标题。当前的摘要系统仅能生成平铺直叙的、基于事实的摘要，但当生成文档标题时，则需要标题具有多种风格、能够被人记住。因此，多风格的标题生成任务引发了大量研究者的兴趣。

低资源领域的自动文本摘要是另一个前沿领域。目前的文本摘要任务主要使用序列到序列模型进行建模。然而，这种数据驱动的文摘模型需要大量人工标注数据，在一些低资源领域（如邮件摘要、对话摘要、观点摘要及一些少样本的新闻领域等）中很难进行推广。因此，针对这些低资源领域任务的文本摘要方法成为一个重要的研究课题。对于这些低资源领域，目前一般采用少样本/无监督文本摘要方法或训练大规模预训练模型的方法来提高模型在低资源领域的文本摘要性能。

此外，生成式文本摘要目前存在一个比较困难的问题——幻觉问题，即模型在生成过程中过度注重句子流畅性，而忽略或篡改了原文中的重要信息。

### 5. 文本自动摘要模型评价

所有的任务都需要评价指标对所采用的机器方法的效果进行评测。对于自动文本摘要任务而言，可以提供参考摘要，通过参考摘要对文本摘要本身的属性进行评价，这种方法为内部评测方法；同时也可以不提供参考摘要，利用源文档执行某个与文档相关的应用，如文档检索、文档分类等，这种方法为外部评测方法。内部评价方法由于其简单、直接的性质，在学术界广为使用，这里主要对其进行介绍。内部评测方法可以分为人工评测、自动评测等方法。

人工评测是指通过人工方式来评价机器摘要的质量。与机器自动评价相比，人类可以通过对多种不同的指标进行综合评判，客观地对模型生成的文本摘要进行评价。这些指标包括语法、冗余度、指代、连贯性和结构等。不过这种方法的主观性比较强，同时不同评测者的评测标准不完全相同，可能会出现偏差和不稳定。

人工评测的成本较高，因此，针对大规模测试集，实际应用时会采用自动评测指标，通过机器快速地对生成的大规模摘要文本进行评测。常见的自动评测指标包括ROUGE、BERTScore和基于问答的评测方法。

### 6. 小结

自动文本摘要技术可以通过少量文字，简洁、完整地帮助人们完成对大量文章的理解。人们借助自动文本摘要可以在有限的时间内，快速、准确地获取各类信息，降低人工获取信息的成本和时间。因此，这一课题的研究对于实际应用有着极为重要的意义，是信息处理技术领域备受关注的研究课题之一。

### 10.4.5　机器翻译

根据联合国教科文组织的统计，目前世界上存在八千多种不同的语言。语言的多样性虽然丰富了世界文化，但是也造成了不同地区之间的交流障碍。然而，随着经济全球化的发展，不同地区间的交流日益频繁，如何有效地克服交流障碍成为全球化面临的重要难题之一。为了解决这一问题，翻译的概念随之被提出。翻译是指在保证语义完整、通顺的情况下，将一种语言转换成另外一种语言。随着互联网的发展，每天都会有海量的信息以不同的语言在互联网中发布。如果仅依赖人类，那么巨量的翻译需求远远无法得到满足。而随着计算机的发展，人们希望能够借助计算机实现自动翻译，即机器翻译。

机器翻译研究如何利用计算机自动实现不同语言之间的转换，是自然语言处理和人工智能的一个重要研究领域。机器翻译的起源较早，1949年7月，沃伦·韦弗在著名的《翻译备忘录》中就提出利用机器将一种语言转换成另外一种语言，这同时也标志着机器翻译概念的正式诞生。

### 1. 传统机器翻译方法

在机器翻译发展的早期，机器翻译一般采用基于规则的方法。该方法需要在构建机器翻译系统之前，由人类专家根据语言特点进行总结，制定一些规则，之后计算机根据这些规则自动地从双语词典中进行选择并组合成翻译结果。然而，该方法需要人类专家同时掌握源语言和目标语言的语言知识，还需要掌握计算机的操作方法。此外，由于这些规则无法有效地泛化，导致机器翻译系统的构建成本高昂。这些弊端限制了基于规则的机器翻译的发展。20世纪60年代，美国科学院语言自动处理咨询委员会发布《语言与机器》报告（ALPAC报告），正式宣告这一方法的不可行，机器翻译的研究也随之陷入低迷。

20世纪80年代末期，随着计算机处理信息能力的提高和统计学的发展，人们开始研究基于统计的机器翻译方法（statistical machine translation，SMT）。相对于基于规则的方法，该方法不需要提前定义转换规则，从而节省了大量的人力成本。该方法利用计算机从大规模平行语料数据中自动地学习翻译知识，从而使得机器翻译系统的构建过程与专家知识解除了依赖。假如给定源语言句子，基于统计的机器翻译方法是对目标语言句子的条件概率进行建模，具体可以拆分为反向短语翻译模型和语言模型。反向短语翻译模型可以描述为

$$h_1(f,e) = \sum_{k=i}^{K} \log P(f_i \mid e_i)$$

其中，$e_i$ 和 $f_i$ 分别为目标语言短语片段和源语言短语片段。该模型是通过大规模双语平行语料训练而来的。而语言模型则可以表述为

$$h_2(f,e) = \log P_{\text{LM}}(e)$$

语言模型主要通过大量的单语语料训练而成。此外，模型还可以加入一些其他特征，如短语调序模型、反向化词汇翻译模型等。将这些特征组合起来形成最后的机器翻译模型：

$$e^* = \underset{e}{\text{argmax}} \sum_{i=1}^{I} \lambda_i h_i(f,e)$$

这就是经典的对数线性统计机器翻译模型。

当确定了统计机器翻译模型框架及各个子模型参数训练完成后，就可以基于这些模型知识和参数计算对源语言句子进行翻译。翻译过程也是一个搜索过程，从搜索空间选择最优路径作为最后的翻译结果，这一过程被称为解码。常用的解码算法

有CKY解码和集束解码。

图10-10所示是集束解码示意。设置解码的波束（beam）为2。

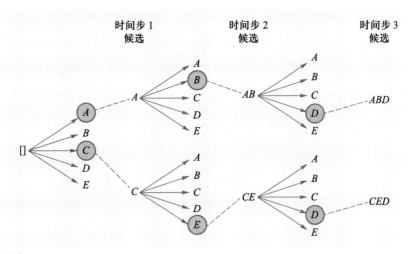

图10-10　集束解码示意

第一步，根据模型计算各个词的概率，并对概率进行排序，选择概率最高的A和C。

第二步，基于第一步的结果继续进行生成，在A这个分支可以组成5个候选AA、AB、AC、AD、AE，同理在C这个分支也可以组成5个分支。然后对这10个分支的概率再次进行排序，依旧保留概率最高的两个词AB和CE。

第三步，继续重复第二步的过程，直到搜索结束。

当搜索结束以后，对最后保留的两个分支进行概率排序，概率最高的就作为翻译结果。从集束解码的过程可以看出，集束解码过程其实是一种贪心算法，因此它也是一种牺牲性能换时间的解码算法。

2. 神经机器翻译方法

随着计算能力的进一步提升，尤其是基于GPU的并行计算能力的提升，基于深度学习的方法在自然语言处理中逐步受到关注。深度学习是机器学习的分支，是一种试图使用包含复杂结构或由多重非线性变换构成的多个处理层对数据进行高层次抽象的方法。区别于传统机器学习方法需要人工进行特征提取，深度学习的独特之处在于多层线性变换构成的多个处理层从海量数据中自动学习特征。作为自然语言处理的一个重要任务，深度学习技术也逐渐影响并深刻改变着机器翻译的研究过程。

在将深度学习技术应用于机器翻译的初步探索研究中，研究人员普遍以传统统计机器翻译为主题，将深度学习技术的改进方法作为一个特征嵌入传统统计机器翻译过程中。这些工作包括利用深度学习改进词对齐建模、调序建模、双语词语表示及翻译模型联合建模等。

在后续研究过程中，研究人员开始采用端到端的深度学习方法对机器翻译过程进行建模，"编码器-解码器"机器翻译框架得以被提出。"编码器"负责对源语言表示进行建模。"解码器"负责根据"编码器"生成的源语言表示生成目标语言。研究人员将这类采用神经网络端到端方式训练的模型称为神经机器翻译（neural machine translation，NMT）。随着"编码器-解码器"架构的提出及注意力机制的引入，基于神经网络的端到端的翻译模型逐步超越并取代统计机器翻译。

（1）"编码器-解码器"结构

神经机器翻译将机器翻译过程视作一个条件语言模型，即

$$P(y|x)=\prod P(y_i \mid y_{i-1}; X)$$

神经机器翻译利用目标语言的语言模型来预测目标句子的生成概率，但是这个概率的计算过程需要源语言句子作为条件。其中，$X=\{x_1,x_2,\cdots,x_m\}$ 为一个长度为 $m$ 的源语言句子。由于 $X$ 为离散的字符，因此需要利用编码器将其转换成高维的向量表示。而解码器则基于源语言的高维表示计算该条件语言模型。

由于源语言句子和目标语言句子通常都是变长的，因此编码器和解码器需要具有处理变长输入的能力。比较经典的能够处理变长信息的神经网络结构为循环神经网络。因此，早期神经机器翻译通常采用循环神经网络作为其编码器和解码器。

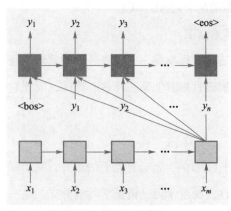

图 10-11 为基于循环神经网络的"编码器-解码器"架构的神经机器翻译模型。

当使用循环神经网络做编码器时，其建模方法与序列模型一样。如图 10-11 所示，给定源语言句子 $X=\{x_1,x_2,\cdots,x_m\}$，首先将源语言句子中的第一个词输入循环神经网络，产生第一个隐含状态 $h_1$，该隐含状态 $h_1$ 就包含了第一个词 $x_1$ 的信息。下一步，将第二个词 $x_2$ 作为循环神经网络的输入，循环神经网络将第一个词的隐含状态 $h_1$ 与当前词 $x_2$ 的信息进行融合，产生一个新的隐含状态 $h_2$。

图 10-11 基于循环神经网络的机器翻译模型

如此则第二个隐含状态 $h_2$ 包含前两个词 $x_1$ 和 $x_2$ 的信息。使用同样的方法将源语言句子中的词依次输入循环神经网络，每输入一个词，都会与前一时刻产生的隐含状态进行融合，产生一个新的包含当前词和前面所有信息的隐含状态。当把源语言中的所有词都输入循环神经网络中时，理论上，最后生成的隐含状态包含所有词的信息，可以用来作为整个句子的向量表示。具体的计算方式如下：

$$h_0=0$$
$$h_t=\text{RNN}(h_{t-1},x_t)$$

编码器将源语言句子编码成向量表示，而解码器的目的便是依据该向量表示生成目标语言句子。如图 10-11 所示，在给定源语言向量表示 $h_t$ 的情况下，解码器循环神经网络利用句子的开始标识 <bos> 生成目标语言句子的第一个隐含状态，并基于该隐含状态生成目标语言句子的第一个词 $y_1$。然后，第一个预测的词会被作为下一个词的输入，连同第一个隐含状态及源语言向量表示 $h_t$ 来产生第二个隐含状态，该隐含状态包含目标语言的第一个词 $y_1$ 的信息和源语言句子的信息，用来生成目标语言句子的第二个词 $y_2$。第二个词会再次被用作输入来产生第三个隐含状态，如此循环下去，直到预测到目标语言的句子结束标识 <eos> 为止。具体计算方式如下：

$$s_0=0$$
$$s_t=\mathrm{RNN}(s_{t-1},y_{t-1},h_t)$$
$$P(y_t|y_{t-1};h_t)=\mathrm{softmax}(W_{s_t}+b)$$

基于循环神经网络的"编码器-解码器"结构仅仅使用编码器的最后一个状态作为源语言句子的上下文表示，这种做法对于编码器对句子信息的提取能力提出了挑战。由于编码器顺序地将源语言句子的词读入进来，当读入一个词时，含有之前信息的隐含状态和当前词的信息被转换融合。这种转换融合可能会造成前面信息的丢失或者改变。同时，由于源语言句子的表示是固定的，其记忆能力有限，当句子比较长时，固定大小的向量表示对句子的语义编码能力可能会存在问题。因此，当翻译序列过长时，翻译质量会下降得很严重。

（2）注意力网络

为了改善仅使用最后的隐含状态作为源语言句子表示导致的问题，人们开始探索使用编码器的所有隐含状态来进行目标语言词解码的方法。2015 年，Bahdanau 等人借鉴图像中的注意力模型，提出在机器翻译中加入注意力模块。其主要结构如图 10-12 所示。

如图 10-12 所示，基于注意力的神经机器翻译模型与传统的"编码器-解码器"机器翻译模型相比，有以下几个不同点：

① 编码器采用的是双向循环神经网络。在给定源语言句子 $X$ 的情况下，正向的循环神经网络与传统的编码器操作是一样的，生成与源语言句子长度相等的隐含状态 $\vec{h}=(\vec{h}_1,\vec{h}_2,\cdots,\vec{h}_m)$。而反

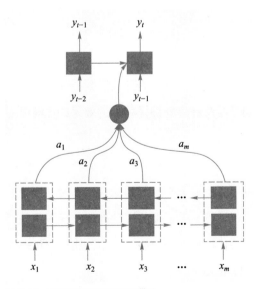

图 10-12　基于注意力的神经机器翻译模型

向循环神经网络从句子的最后一个词出发，逆序将源语言句子中的词输入进来，并生成对应的反向的隐含状态 $\bar{h} = (\bar{h}_1, \bar{h}_2, \cdots, \bar{h}_m)$。最后将正向与反向的隐含状态进行拼接，形成最终的隐含状态 $h = \text{concat}(\vec{h}, \bar{h})$。这样，$t$ 时刻的隐含状态就包含以当前词为中心的整个源语言句子的信息。

② 在生成 $t$ 时刻的目标词时，不再仅仅依赖于编码器最后的隐含状态来生成，而是使用注意力机制将源语言句子生成的所有隐含状态进行加权求和，作为源语言句子的表示。在解码器解码时，注意力机制首先比较解码器的隐含状态和编码器的隐含状态，计算编码器每个隐含状态的权重，然后使用该权重对源语言句子中的所有隐含状态按位进行加权。具体的计算方式如下：

$$s_0 = \tanh(W_{h_m} + b)$$

$$a_{it} = \frac{\exp(e_{it})}{\sum\limits_{k=1}^{m} e_{kt}}$$

$$e_{it} = \text{sim}(h_i, s_{t-1})$$

$$C_t = \sum_{i=1}^{m} a_{it} h_i$$

其中，sim 为注意力计算函数。通常的计算方式有以下几种：

加性模型：$\text{sim}(h_i, s_{t-1}) = V^{\text{T}} \tanh(W_{h_i} + U_{s_{t-1}})$

点积模型：$\text{sim}(h_i, s_{t-1}) = h_i^{\text{T}} s_{t-1}$

双线性模型：$\text{sim}(h_i, s_{t-1}) = h_i^{\text{T}} W_{s_{t-1}}$

缩放点积模型：$\text{sim}(h_i, s_{t-1}) = \dfrac{h_i^{\text{T}} s_{t-1}}{\sqrt{d}}$

其中，$U$、$V$、$W$ 是可训练的参数。之后，解码器依据前一时刻的输出、前一时刻的隐含状态，以及当前的源语言句子上下文向量生成当前的隐含状态，即

$$s_t = \text{RNN}(s_{t-1}, y_{t-1}, C_t)$$

该方法有效地缓解了循环神经网络带来的弊端，可以处理长序列翻译问题，显著改善了神经机器翻译的效果，并且达到了与统计机器翻译相近的效果，逐渐成为神经机器翻译的主流。

（3）非循环结构的机器翻译模型

基于循环神经网络的神经机器翻译模型在生成下一时刻的隐含状态时，依赖于前一时刻的隐含状态，因此无法很好地并行计算。为了提高模型训练过程中的并行化程度，人们开始尝试使用新的网络结构替代循环神经网络。其中，比较有代表性的是完全基于注意力机制的机器翻译模型 Transformer。

Transformer分别在编码器和解码器中都引入注意力网络来学习源语言和目标语言句子的隐含状态。其主要结构如图10-13所示。

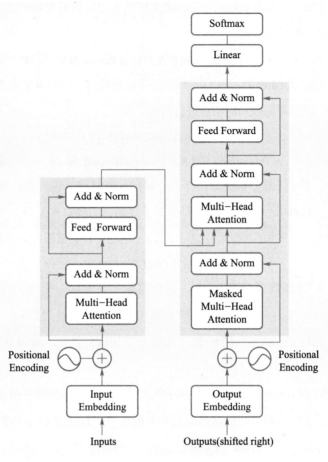

图 10-13　完全基于注意力机制的机器翻译模型

如图 10-13 所示，Transformer 采用的也是"编码器–解码器"架构。不同的是，其编码器与解码器内部不再采用循环神经网络，而是采用多头注意力模型（multi-head attention）。下面详细介绍 Transformer 的架构。

Transformer 的编码器主体部分由 6 个一致的子模块（block）堆叠而成。每一个子模块由一个多头注意力和前向反馈的全连接层（feed forward）构成。在多头注意力和前向反馈全连接层之间，模型还添加了残差结构和层规范化（layer norm），其数学描述为

$$h'_l = h_{l-1} + \text{LN}(\text{MultiHead}(h_{l-1}, h_{l-1}, h_{l-1}))$$
$$h_l = \text{LN}(h'_l + \text{LN}(\text{FFN}(h'_l)))$$

其中，$h_{l-1}$ 为上一个子模块的输出，$h_l$ 为当前子模块的输出，$h'_l$ 为多头注意力的输出，$\text{FFN}(x)$ 为前向反馈全连接层，$\text{LN}(x)$ 是层规范化操作，$\text{MultiHead}(x, y, z)$ 是多头注意力层。编码器中采用的是自注意力模型，因此，在编码器中 $x = y = z = h_{l-1}$。

多头注意力中的注意力模型采用的是缩放点积注意力模型（scaled dot-product attention），通过点积计算当前query和各个key之间的相似度，经过softmax之后便成为当前query与各个key之间的相关权重，之后再将得到的权重与value相乘，便得到注意力的输出，即

$$\text{Attention}(\boldsymbol{Q},\boldsymbol{K},\boldsymbol{V})=\text{softmax}(\boldsymbol{Q}\boldsymbol{K}^{\text{T}}/\sqrt{d_k})\boldsymbol{V}$$

在Transformer中，为了从不同层面提取信息，模型采用多个注意力（head）提取信息，最后对提取到的信息进行拼接，即

$$\text{head}_i=\text{Attention}(\boldsymbol{Q}W_Q^i,\boldsymbol{K}W_Q^i,\boldsymbol{V}W_Q^i)$$

$$\text{MultiHead}(\boldsymbol{Q},\boldsymbol{K},\boldsymbol{V})=\text{concat}(\text{head}_1,\text{head}_2,\cdots,\text{head}_n)$$

由于多个注意力模型的操作是一致的，并且输入也一致，为了使其学习到不同的信息，Transformer为每个头都添加了可训练的参数$W_Q^i$，$W_Q^i$，$W_Q^i$。

输入经过多头注意力、残差和层归一化之后，会被输入前向反馈全连接层，即

$$\text{FFN}(h_i')=\text{ReLU}(h_i'W^1+b_1)W^2+b_2$$

其中，$W^1$的维度通常比$W^2$大，这样将输入映射到一个更大的表示空间，提升了模型的表示能力。经过前向反馈全连接层之后，再经过层归一化和残差，就获得了一个block的输出。同样地，重复几个block之后，编码器就获得了源语言的表示。

如图10-13所示，Transformer的解码器部分与编码器采用相似的结构。不同的是，为了使解码器有效地从编码器中获取信息，Transformer在解码器中添加了一个交互的注意力层（cross attention layer）。与自注意力不同的是，交互注意力层的$\boldsymbol{Q}$为解码器前一层的输出，而$\boldsymbol{K}$和$\boldsymbol{V}$则为编码器最后的输出。此外，根据翻译的过程可以发现，在预测到当前词时，只有当前词前面的信息可以访问到，其后的词因为还没有翻译出来，是无法访问的。在训练过程中，目标语言句子是作为输入进入解码器的，而从注意力机制的计算方式可以看出，模型在任意时刻都可以访问所有的

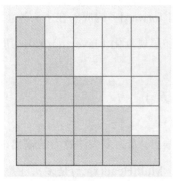

信息。但是解码时采用的是循环的方式将当前时刻的解码输出作为下一时刻的输入，因此模型无法访问未来的信息，这样就造成了训练与测试阶段的不一致。Transformer通过添加受限的mask矩阵来解决训练阶段的信息泄露问题。图10-14所示是一个解码器中使用的受限mask矩阵。

如图10-14所示，深色表示模型可以访问的词，而浅色则表示模型无法访问的信息。在解码第一个词时，模型只能访问其本身的信息，其他的词都无法访问。而在解码第二个词时，

图10-14 受限mask矩阵

模型就可以访问第一个词和其本身的信息。以此类推，当模型解码到最后一个词时，模型可以访问所有的信息。模型通过将该矩阵添加到自注意力权重矩阵上，使得无法访问的信息权重为0，从而以掩盖掉未来信息的方式来解决训练过程中的信息泄露问题。之后，解码器的输出经过线性变换和softmax，就转换成了在目标词典上的概率分布。根据该概率分布，利用贪婪解码或者集束解码等解码方式即可获得目标语言句子的输出。

从上述介绍和注意力计算的公式可以看出，在Transformer模型中，模型无法学习到输入的顺序特征。然而对于自然语言处理来说，输入的顺序是一个非常重要的特征。为了解决这一问题，Transformer模型在其子模块与Embedding之间为每一个词添加上了位置表示向量：

$$PE(pos,2i)=\sin(pos/10\,000^{2i/d_{model}})$$
$$PE(pos,2i+1)=\cos(pos/10\,000^{2i/d_{model}})$$

其中，pos是词所在的位置，$i$是向量中每个值的index。可以看出，在偶数位置使用的是正弦编码，在奇数位置使用的是余弦编码。根据三角函数的特性，任何$PE_{pos+k}$都可以使用$PE_{pos}$的线性函数计算得到，这样模型就可以很容易地学习到词与词之间的相对位置关系，从而缓解输入顺序的问题。

Transformer模型架构简单，可以很方便地进行并行训练，大大缩短了训练时间，同时其性能也有较大提升。Transformer提出后，在 WMT 2014 英语到法语翻译任务上取得了41.0 BLEU的结果，这是当时最好的结果。

### 3. 总结和展望

虽然目前的神经机器翻译已经取得了很好的性能，但是仍存在一些待研究的内容。例如：在神经机器翻译模型训练过程中需要大量的双语语料，这对于英语、汉语等使用广泛的语言来说很容易获取，但对于阿拉伯语、西班牙语等小语种来说，大规模双语语料的获取比较困难，因此如何实现在少样本的条件下训练神经机器翻译模型还是一个难点；虽然Transformer模型已经取得了很好的效果，但是从注意力的计算公式可以看出，其计算复杂度是$O(n^2)$，因此如何有效地简化其计算过程也是目前的一个研究热点。此外，还有移动端部署、外部知识的引入、非自回归的解码等许多问题尚待解决。本章主要针对目前已经成熟的机器翻译架构做了一个简要的介绍。如果读者有兴趣，可以阅读一些相关文献。此外，得益于深度学习的发展，目前已经出现了很多神经机器翻译的开源实现，如fairseq和tensor2tensor，读者基于这些开源系统，可以很容易地搭建和训练自己的神经机器翻译系统。

## 10.5　小结

　　本章首先介绍了自然语言处理概论，对该领域的定义、学科定位和发展历程进行了概述；其次，对自然语言处理的典型问题进行了介绍，包括分类、序列评估和序列标注等；再次，对自然语言处理的主要研究方法与模型进行了介绍，包括规则方法、概率统计模型、机器学习模型、深度神经网络模型和预训练模型等；最后，对自然语言处理的典型研究任务进行了概述，包括文本信息分类、信息抽取、自动摘要、机器翻译等。

### 练习题

1. 什么是自然语言处理？其主要目的是什么？
2. 什么是文本分类任务？其主要目的和用法是什么？
3. 什么是自动摘要任务？其主要目的和用法是什么？
4. 什么是机器翻译任务？其主要目的和用法是什么？
5. 什么是自动问答任务？其主要目的和用法是什么？
6. 什么是文本信息抽取任务？其主要目的和用法是什么？
7. 概述自然语言处理的主要研究方法。机器学习的方法一定比基于规则的方法好吗？

# 第11章 智能机器人

## 11.1 基本概念

### 11.1.1 机器人的定义与特点

#### 1. 机器人的定义

机器人问世已有几十年，但至今还没有一个统一的定义，其原因之一是机器人还在发展，另一个主要原因是机器人涉及人的概念，成为一个难以回答的哲学问题。也许正是由于机器人定义的模糊，才给了人们充分的想象和创造空间。

美国机器人产业协会（Robotics Industry Association，RIA）对机器人的定义是：一种用于移动各种材料、零件、工具或专用装置，通过程序动作来执行各种任务，并具有编程能力的多功能操作机。

美国国家标准局（National Bureau of Standards，NBS）对机器人的定义是：一种能够进行编程并在自动控制下完成某些操作和移动作业任务或动作的机械装置。

国际标准化组织（International Organization for Standardization，ISO）在1987年给出的工业机器人定义是：工业机器人是一种具有自动控制的操作和移动功能，能完成各种作业的可编程操作机。

日本工业标准局给出的机器人定义是：机器人是一种机械装置，在自动控制下，能够完成某些操作或者动作功能。

英国相关部门给出的机器人定义是：貌似人的自动机，具有智力并顺从于人，但不具有人格的机器。

我国科学家给出的机器人定义是：机器人是一种自动化的机器，这种机器具备一些与人或生物相似的智能能力，如感知能力、规划能力、动作能力和协同能力，是一种具有高度灵活性的自动化机器。

百度百科给出的机器人定义是：机器人是自动执行工作的机器装置，它既可以接受人类指挥，又可以运行预先编排的程序，也可以根据人工智能技术制定的原则纲领行动。它的任务是协助或取代人类的工作，例如生产业、建筑业或危险的工作。

维基百科给出的机器人定义是：包括一切模拟人类行为或思想与模拟其他生物

的机械（如机器狗、机器猫等）。

尽管各方给出的机器人的定义不同，但基本指明了机器人所具备的两个共同点：

（1）机器人是一种自动机械装置，可以在无人参与的情况下自动完成多种操作或动作，即具有通用性。

（2）机器人可以再编程，程序流程可变，即具有柔性（适应性）。

2. 机器人的特点

（1）可编程

根据不同的环境，可以为机器人编写不同的程序，以驱动机器人完成不同的动作，从而满足不同环境的需求，达成不同的任务目标。机器人可以适应不同的环境，并做出最适合该环境的调整。

（2）拟人化

机器人在机械结构上有类似于人的上臂、下臂、手腕、手爪等部件，在控制上有计算机这一类似于人脑的控制中枢。此外，智能化机器人还有许多模仿人类的生物传感器，如皮肤型接触传感器、力传感器、负载传感器、视觉传感器、听觉传感器、语言功能等。传感器提高了机器人对周围环境的自适应能力。

（3）通用性

除了专门设计的专用机器人外，一般机器人在执行不同的作业任务时应具有较好的通用性。例如，可以通过更换机器人手部末端的操作器（手爪、工具等）执行不同的作业任务。

（4）机电一体化

机器人技术涉及的学科非常广泛，但总体上可以归纳为机械学和微电子学的结合——机电一体化。机器人不仅具有获取外部环境信息的各种传感器，而且还具有记忆能力、语言理解能力、图像识别能力、推理判断能力等，这些都和微电子技术，特别是计算机技术密切相关。因此，机器人技术的发展和应用水平也代表了一个国家科学技术和工业技术的水平。

### 11.1.2 机器人的结构和分类

1. 机器人的结构

机器人系统包括机械系统、控制系统、驱动系统和感知系统四大部分，如图11-1所示。

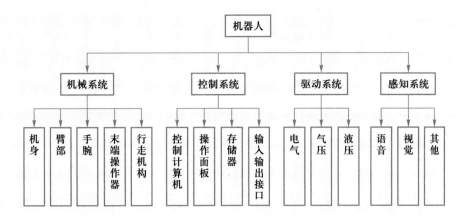

图11-1　机器人的系统构成

（1）机械系统

机器人的机械系统包括机身、臂部、手腕和末端操作器等部件，每个部件都有若干自由度，从而构成一个多自由度的机械系统。此外，有的机器人还具备行走机构或腰转机构。

（2）控制系统

控制系统的任务是根据机器人的作业程序，以及从传感器反馈回来的信号控制机器人的执行机构，使机器人完成规定的作业。

如果控制系统不具备信息反馈环节，则称为开环控制系统；如果具备信息反馈环节，则称为闭环控制系统。控制系统主要由计算机硬件和控制软件组成，控制软件主要由人与机器人进行联系的人机交互系统和控制算法等组成。

（3）驱动系统

驱动系统主要是指驱动机械系统动作的驱动装置。根据驱动源的不同，可分为电气、液压和气压三种驱动系统，以及由这三种驱动系统构成的综合驱动系统。

（4）感知系统

感知系统主要由各种传感器组成，这些传感器可分为内部传感器和外部传感器。感知系统的作用是获取机器人内部信息和外部环境信息，并把这些信息反馈给控制系统。内部传感器用于检测各关节的位置、速度等变量，为控制系统提供反馈信息。外部传感器用于检测机器人周围环境的情况，如周围的障碍信息、接近程度和接触情况等，用于引导机器人，便于其识别周围环境并做出相应决策。

2. 机器人的分类

根据不同标准，机器人有多种分类方法，如按应用环境分类、按功能分类和按智能程度分类。

（1）按机器人的应用环境分类

按机器人的应用环境分类，可将机器人分为两大类，即工业机器人和服务机器人。根据用途的不同，工业机器人又可分为焊接机器人、搬运机器人、喷漆机器人、涂胶机器人、装配机器人、码垛机器人、切割机器人、自动牵引车机器人、净室机器人等。服务机器人则是指除工业机器人之外的、用于非制造业并服务于人类的各种机器人，主要包括个人/家用服务机器人和专业服务机器人。其中：个人/家用机器人主要包括家庭作业机器人、娱乐休闲机器人、残障辅助机器人、住宅安全和监视机器人等；专业服务机器人主要包括场地机器人、专业清洁机器人、医用机器人、物流用途机器人、检查和维护保养机器人、建筑机器人、水下机器人，以及国防、营救和安全应用机器人等。

（2）按机器人的智能程度分类

按机器人的智能程度分类，可将机器人分为固定编程机器人、初级智能机器人和高级智能机器人。

① 固定编程机器人。固定编程机器人只能按照人们编写的程序作业，不管外界条件如何变化，机器人都不能对作业做出相应的调整。如果要改变作业，必须对程序进行相应的修改，因此，固定编程机器人是毫无智能的。

② 初级智能机器人。初级智能机器人具有感受、识别、推理和判断能力，可以根据外界条件的变化，在一定范围内自行修改作业。也就是说，它能根据外界条件的变化做出相应的调整。不过，修改作业的原则由人预先规定。这种初级智能机器人已具有一定的智能。

③ 高级智能机器人。高级智能机器人具有感觉、识别、推理和判断能力，同样可以根据外界条件的变化在一定范围内自行修改作业。和初级智能机器人不同的是，高级智能机器人修改作业的原则不是由人规定的，而是由机器人自己通过学习、总结经验确定的，所以它的智能程度高出初级智能机器人。随着深度学习等技术的不断发展，高级智能机器人开始走向实用。

## 11.2 体系结构

体系结构是智能机器人系统的整体框架和逻辑载体，针对不同的应用场景选择并确定合适的体系结构是智能机器人研究中最为基础且至关重要的一个环节。

智能机器人领域常见的三种体系结构分别是慎思式体系结构、反应式体系结构和混合式体系结构。针对一些特殊场景和应用，新型的体系结构也在被不断提出，其中，自组织体系结构、分布式体系结构和社会机器人体系结构等是较为典型的代表。

### 11.2.1　慎思式体系结构

慎思式体系结构的主要思想是分层递进，将一个完整的智能机器人系统按照不同的功能或目标从上到下划分成多个层级。其中，人工智能分布在系统顶层，结合规划策略对环境数据进行分析，生成决策信息并向下传递，最终间接地控制机器人的行为。

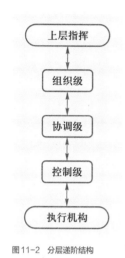

图11-2　分层递阶结构

分层递阶结构是乔治·萨里迪斯（George N. Saridis）在1979年首次提出的，其分层的原则是：随着控制精度的增加而减少智能能力。乔治·萨里迪斯根据这一原则，从上到下地将智能控制系统分为三级，即组织级、协调级和控制级（执行级），层级越高越能体现智能性。分层递阶结构如图11-2所示，上层指挥的命令传递给组织级，经过组织级和协调级的处理后，最终通过控制底层的执行机构来实现命令。

### 11.2.2　反应式体系结构

反应式体系结构也称为基于行为或基于场景的体系结构，由罗德尼·布鲁克斯（Rodney Brooks）于1986年提出。罗德尼·布鲁克斯认为用于完全自主移动机器人的控制系统必须实时执行许多复杂的信息处理任务，而多变的现实环境更增加了这一任务的难度，但外部环境的复杂性反映的并非机器人内部结构的复杂性。对比传统的慎思式体系结构，罗德尼·布鲁克斯提出了包容结构，这是一种典型的反应式体系结构。机器人控制系统内部的各模块各司其职，对机器人当前所处的外部环境，各模块都能根据自身的特性做出与之对应的处理。包容结构如图11-3所示，机器人控制系统从外部环境获取必要的信息，内部各模块做出有利于实现本模块目标的决策，最终交由底层控制实现。

反应式体系结构同样将系统按照功能进行划分，但与分层递阶结构不同的是，反应式体系结构的各模块之间没有明确的上下级关系，所有的模块都连接在一起，形成了机器人控制系统。这种新的分解模式形成了与慎思式体系结构大不相同的机器人控制系统结构，在硬件级别上具有完全不同的实现策略，并且在稳健性、可构建性和可测试性等方面都具有更大的优势。

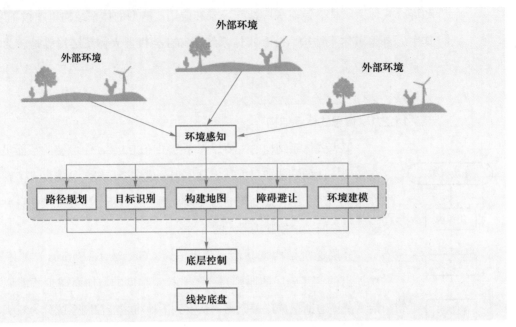

图11-3 包容结构

在包容结构中，每个模块的控制构件可以直接基于传感器的输入进行决策，在其内部不用构建世界模型，其优势是可以在完全陌生、未知的环境中进行操作。罗德尼·布鲁克斯创立了iRobot&Reg公司，使用包容结构生产了多种反应式机器人，并在实验中证实基于反应式体系结构的机器人具有很强的智能行为，在动态的复杂环境中能够迅速做出准确的决策并精准地执行。

### 11.2.3 混合式体系结构

慎思式体系结构缺乏对陌生复杂环境的快速反应能力，而单一的包容结构则不具备必要的理性思考和学习能力，两者优势互补，形成了一种混合式的解决方案——三层结构，即混合式体系结构。三层结构由反应控制层、慎思规划层，以及连接两者的序列层组成，如图11-4所示。

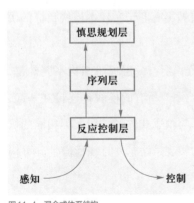

图11-4 混合式体系结构

三层结构是分层递阶结构和包容结构相融合的混合结构，它以一种能够充分利用各结构优势的方法组合而成，各层之间的接口是实现协同功能的关键。在高层的规划方面，为了在全局层面保证决策的合理性，使用了慎思式结构，使机器人控制系统能够依据当前的信息进行推理并做出相应的判断；在低层的控制方面，为了保持机器人反应的灵活性，采取了包容结构，对于一些局部情况的处理能够更加快速地执行规定的动作。三层结构从时间层面上对环境信息做了不同的处理，将环境划分为现在、过去和将来三种状态。反应控制层负责处理环境的现在状态，根据环境变化实时地采取对应的措施；序列层负责处理环境的过去状态，维护环境信息的完整性；慎思规划层负责根据序列层和反应控制层的环境信息对环境的将来状态做预测，能够提前预知危险或者为机器人接下来的行为提供可靠的参考。

### 11.2.4　新型体系结构

近年来，随着计算机硬件的不断升级和人工智能领域研究的不断深入，行为学、进化计算、智能体等理论和思想也被引入智能机器人的研究中，给智能机器人体系结构的发展带来了巨大的影响。对于多变的、有针对性的应用场景，仅依靠基于认知和行为的结构模式将智能机器人体系结构分为慎思式、反应式和混合式三大类，已远远不能满足根据体系结构特点准确分类的要求。20世纪90年代以来的智能机器人体系结构几乎都是采用混合式体系结构。

#### 1. 自组织结构

1997年，朱利奥·罗森勃拉特（Julio K. Rosenblatt）提出了一种具有很强自组织能力的机器人控制系统结构——DAMN（distributed architecture for mobile navigation，移动导航分布式体系结构）。他认为，在非结构化、未知且动态变化的环境中，规划系统在面对这种不确定性时无法合理地执行先验计划，也无法预测出所有可能出现的意外情况，因此，决策必须始终以当前的信息和状态为基础，以数据驱动的方式进行，而不是试图以自上而下的方式强加不可实现的计划。

DAMN由一组分布式功能模块和一个集中式指令仲裁器构成。分布式功能模块基于各自的领域知识产生慎思或反应式行为，发送投票给集中式指令仲裁器来支持其认为满足目标的操作，然后，集中式指令仲裁器负责根据投票产生反映其目标和优先级的行为，并将相应的控制指令发送给行为控制器。DAMN结构如图11-5所示。其中，避障、道路跟随、目标搜寻、平衡保持和方向保持等分布式功能模块向集中式指令仲裁器发送投票，这些投票被整合并以控制指令的形式发送给行为控制器。每个分布式功能模块的投票具有相应的权重，反映了在当前任务下该模块的优先级。同时，在执行任务的过程中，模式管理器还可以基于当前情况和先验知识为相关性高的模块赋予更高的权重。因此，在不同的任务、环境状态下，各个分布式功能模块可以表现出不同的输入输出关系。DAMN使用分布投票、集中仲裁的结构形式，能够很好地应对未知的复杂动态环境，表现出很强的自组织能力。

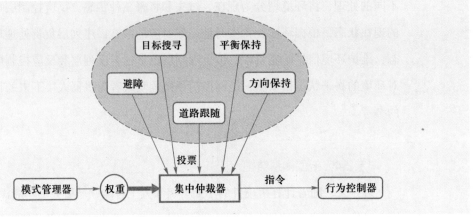

图11-5 DAMN结构

**2. 分布式结构**

1998年，毛里齐奥·皮亚焦（Maurizio Piaggio）提出了一种称为HEIR( hybird experts in intelligent robots）的非层次分布式体系结构。毛里齐奥·皮亚焦认同将慎思式体系结构与反应式体系结构结合的传统方式，但他认为，鉴于两种体系结构之间存在巨大的差异，不应该将它们直接整合，因此提出了一种基于图像表示级别的分布式体系结构。该体系结构具有象征性、审议性和反应性等特征。HEIR结构如图11-6所示。在HEIR中，分布在不同位置的模块处于不同的外部环境中，但它们能够根据自身的特性解决对应的问题，并在系统内部相互协调，最终达到总体目标。

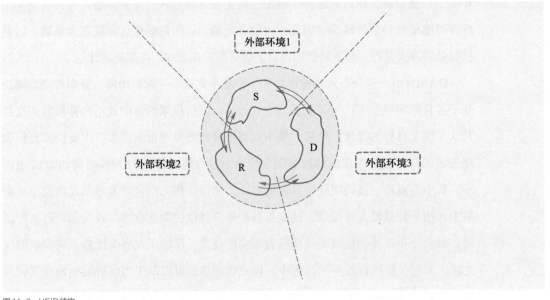

图11-6 HEIR结构

HEIR是一种主要基于专家单元的分布式体系结构，该专家单元是一个执行特定认知活动、定期响应外部事件或刺激的智能体（agent），并非所有的专家单元都以同样的方式运作。依据所处理的知识类型，HEIR可以分成三个部分：符号组件、图解组件和反应组件，每个组件都是由多个具有特定认知功能且能够并发执行的智能体构成的专家单元。各组件没有等级高低之分，都能够自主、并发地工作，相互之间通过信息交换进行协调配合。反应组件主要负责低层的感知和行为的生成；图解组件主要负责管理图解、图像表示级别及部分反应行为的执行；符号组件则负责执行象征性推理的任务，如规划、选择和适应，以及如何解决当前问题等。

分布式体系结构的优点主要在于架构的灵活性，各模块根据自身的特性有针对性地生成不同的解决方案，以此来应对各种必须解决的问题。对于多任务场景，不同功能偏向的组件可以协同工作。分布式的属性有助于扩大机器人控制系统，以解决更复杂的问题。

3. 社会机器人结构

社会机器人体系结构是鲁尼（Rooney B）等人根据社会智能假说提出的，由物理层、反应层、慎思层和社会层构成的一种机器人控制系统结构。该结构使用基于智能体的慎思模式，以至于现实应用中不会丧失反应的灵活性，并使用智能体通信语言（agent communication language，ACL）赋予智能机器人一定的社会交互能力。

社会机器人体系结构如图11-7所示。物理层包含必要的传感器、数据处理模

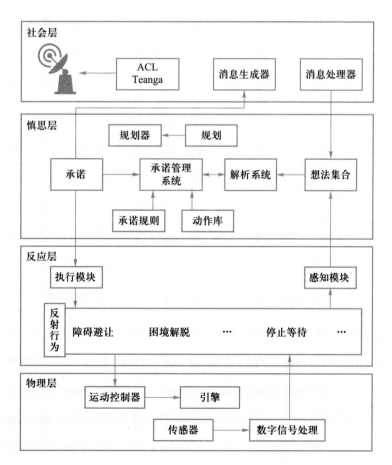

图11-7　社会机器人体系结构

块、运动控制器和驱动引擎，是机器人行动的基础；反应层则实现了一系列反射行为，为机器人在动态和不可预知的环境中运动提供了基本组件；慎思层提供了审议机制，审议机制通过BDI（belief-desire-intention）架构实现；社会层采用智能体通信语言Teanga实现机器人的社会交互功能。BDI架构使机器人具有了智能，而Teanga则赋予了机器人社会交互能力。

社会机器人体系结构提供了一种强大的机器人控制机制，通过丰富的可视化媒介使机器人的社会化交互行为合理化。社会机器人体系结构提供的模块化控制机制，可以将物理层、反应层、慎思层和社会层集成到一起，从外部来看是一个完整的个体。社会机器人体系结构对多机器人场景具有很强的适应性，能够最大限度地模拟人类的智能，从而使机器人表现出社会行为，是智能机器人体系结构未来发展的主导方向之一。

## 11.3 环境感知与建模

### 11.3.1 感知传感器

#### 1. 可见光相机

##### （1）电荷耦合器件图像传感器

电荷耦合器件（charge coupled device，CCD）使用一种高感光度的半导体材料制成，能把光线转变成电荷，再将电荷通过模数转换器芯片转换成数字信号，数字信号经过压缩以后，由相机内部的闪速存储器或内置硬盘卡保存，因而可以轻而易举地把数据传输给计算机，并借助于计算机的处理手段，根据需要修改图像。CCD由许多感光单位组成，通常以百万像素为单位。当CCD表面受到光线照射时，每个感光单位会将电荷反映在组件上，所有的感光单位产生的信号加在一起，就构成了一幅完整的画面。

目前，主要有两种类型的CCD光敏元件，分别是线性CCD和矩阵性CCD。线性CCD用于高分辨率的静态照相机，它每次只拍摄图像的一条线，这与平板扫描仪扫描照片的方法相同。这种CCD精度高，速度慢，无法用来拍摄移动的物体，也无法使用闪光灯。矩阵式CCD的每一个光敏元件代表图像中的一个像素，当快门打开时，整个图像一次同时曝光。通常，矩阵式CCD用来处理色彩的方法有两种。一种是将彩色滤镜嵌在CCD矩阵中，相近的像素使用不同颜色的滤镜。典型的有G-R-G-B和C-Y-G-M两种排列方式。这两种排列方式成像的原理是相同的。在记录照片的过程中，相机内部的微处理器从每个像素获得信号，将相邻的四个点合成为一个像素点。该方法允许瞬间曝光，微处理器运算非常快。这就是大多数数码相机CCD的成像原理。因为不是同点合成，其中包含着数学计算，所以这种CCD最大的缺陷是所产生的图像总是无法达到如刀刻般的锐利。

（2）互补金属氧化物半导体

互补金属氧化物半导体（complementary metal oxide semiconductor，CMOS）和CCD一样，同为在数码相机中可记录光线变化的半导体。CMOS的制造技术与一般计算机芯片的制作过程类似，主要是利用硅和锗这两种元素所做成的半导体，其上共存着带N（带−电）和P（带+电）级的半导体，这两个互补效应所产生的电流即可被处理芯片记录和解读成影像。CMOS的缺点是容易出现杂点，这主要是因为早期的设计使CMOS在处理快速变化的影像时，由于电流变化过于频繁而产生过热的现象。

2. 红外相机

由于黑体辐射的存在，任何物体都依据温度的不同对外进行电磁波辐射。波长为2.0~1 000 μm的部分称为热红外线。热红外成像通过热红外敏感CCD对物体进行成像，能反映出物体表面的温度场。

红外相机利用红外辐射传输几乎不受大气影响的特点，白天黑夜都可透过雨、雪、雾、霾来观察目标的热成像，只要物体之间存在温差即可。由于仅仅接收目标的温差来成像，探测的是被测物体红外辐射的热像图像（见图11-8）。红外相机的应用可以提高机器人的环境感知能力，尤其是在夜间或者恶劣天气情况下。

大多情况下，目标的红外辐射信号非常弱，目标表面的温差不大，而接收设备的像元较大，热灵敏度有限，因此红外相机采集的图像一般灰度等级少，分辨率低，对比度低，与可见光图像相比，缺少层次和立体感，分辨细节的能力差。

图11-8 交通场景的红外相机图像

3. 激光雷达

激光雷达（light detection and ranging，LiDAR）利用可见和近红外光波的发射、反射和接收来探测物体。激光雷达可以探测白天或黑夜中的特定物体与激光雷达之间的距离。由于反射强度的不同，激光雷达也可以区分表面反射强度不同的对象区域，但是无法探测被遮挡的物体、光束无法达到的物体，在雨、雪、雾天气下性能较差。激光雷达在机器人系统中有以下两个核心作用。

（1）通过3D建模进行环境感知。通过激光雷达扫描可以得到无人系统周围环境的3D模型，运用相关算法比对上一帧和下一帧环境的变化，可以较为容易地探测出周围的车辆和行人。

（2）SLAM加强定位。3D激光雷达的另一大作用是同步建图（SLAM），实时得到的3D环境地图通过和高精度地图中特征物的比对，可以实现导航及加强自身的定位精度。

图11-9　64线、32线和16线激光雷达

机械扫描激光雷达通过高速机械旋转的方式实现激光束的水平360°扫描，例如，扫地机器人使用的便是单线激光雷达。单线激光雷达可以获取2D数据，但无法识别目标的高度信息。而多线激光雷达则可以获取2.5D甚至是3D数据，在精度上比单线激光雷达高很多。目前，机器人上使用的主要有16线、32线、64线和128线激光雷达。图11-9所示为64线、32线和16线激光雷达产品。

### 4. 毫米波雷达

毫米波雷达通过发射无线电信号（毫米波波段的电磁波）并接收反射信号来测定无人系统周围的物理环境信息（如机器人与其他物体之间的相对距离、相对速度、角度、运动方向等），然后根据所探知的物体信息进行目标追踪和识别分类，进而结合自身的动态信息进行数据融合，完成合理决策，减少机器人自身运动过程中的事故发生概率。

毫米波雷达的工作频段为30~300 GHz，波长为1~10 mm，介于厘米波和光波之间，因此，毫米波兼有微波制导和光电制导的优点。雷达测量的是反射信号的频率转变，并计算其速度变化。雷达可以检测30~100 m远的物体，高端的雷达能够检测到很远的物体。同时，毫米波雷达不受天气状况限制，即使是雨雪天气也能正常运作，穿透雾、烟、灰尘的能力强，具有全天候、全天时的工作特性，且探测距离远、精度高，被广泛应用于车载距离探测，如自适应巡航、碰撞预警、盲区探测等。

相比激光雷达，毫米波雷达精度低、可视范围的角度也偏小，一般需要多个毫米波雷达组合使用。毫米波雷达传输的是电磁波信号，因此它无法检测上过漆的木头或塑料（隐形战斗机就是通过表面喷漆来躲过雷达信号的）。行人的反射波较弱，几乎对雷达"免疫"。同时，毫米波雷达对金属表面非常敏感，一个弯曲的金属表面可能会被毫米波雷达误认为是一个大型表面。因此，路上一个小小的易拉罐甚至可能会被毫米波雷达判断为巨大的路障。此外，毫米波雷达在大桥和隧道中的效果同样不佳。

### 11.3.2 感知算法

#### 1. 图像道路检测

道路场景中存在大量的边缘，如道路的自然边界、车道线等。因此，对道路场景进行边缘检测处理有利于进一步提取和分割道路区域。

图11-10所示是常见边缘检测算子在可见光道路图像上的检测效果。白天时，不同的边缘检测算子都能获得较好的检测结果。

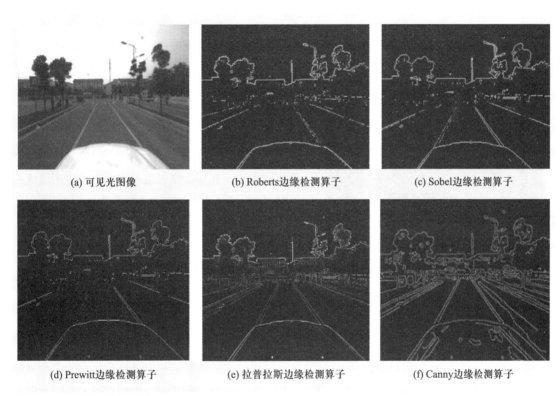

(a) 可见光图像 　　(b) Roberts边缘检测算子 　　(c) Sobel边缘检测算子

(d) Prewitt边缘检测算子 　　(e) 拉普拉斯边缘检测算子 　　(f) Canny边缘检测算子

图11-10 常见边缘检测算子在可见光图像上的检测效果

除使用基本的边缘检测方法外，基于行道线检测的道路检测方法、基于图像特征的道路区域检测方法等都是常用的道路检测算法。近年来，基于深度学习的道路检测模型在检测效果上取得了大幅提升。

#### 2. 激光雷达目标检测

激光雷达具有不受光照影响和能够直接获得准确三维信息的特点，因此常被用于弥补摄像头传感器的不足。激光雷达采集到的三维数据通常被称为点云。激光点云数据有很多独特之处。

（1）距离中心点越远的地方越稀疏。

（2）机械激光雷达的帧率比较低，一般可选5 Hz、10 Hz和20 Hz，但是因为高帧率对应低角分辨率，所以在权衡采样频率和角分辨率之后常用10 Hz。

（3）点与点之间根据成像原理有内在联系。例如，平坦地面上的一圈点是由同一个发射器旋转一周生成的。

（4）激光雷达生成的数据中只保证点云与激光原点之间没有障碍物，以及每个点云的位置有障碍物，除此之外的区域不确定是否存在障碍物。

（5）由于自然中激光比较少见，所以激光雷达生成的数据一般不会出现噪声点，但是其他激光雷达可能会对其造成影响。另外，落叶、雨雪、沙尘、雾霾也会产生噪声点。

（6）与激光雷达有相对运动的物体的点云会出现偏移。例如，采集一圈激光点云的耗时为100 ms，在这段时间内，如果物体相对激光有运动，则采集到的物体上的点会被压缩或拉伸。

图11-11　线激光雷达一帧数据的三维可视化图

图11-11所示是典型的一帧数据的三维可视化图。采用激光雷达进行物体检测是目前智能机器人常用的方法，在深度学习流行之前，主要用传统的机器学习方法对激光雷达点云进行分类和检测。

图11-11中最明显的规律是地面上的"环"。根据点云的成像原理，当激光雷达平放在地面上方时，与地面夹角为负角度的"线"在地面上会形成一圈一圈的环状结构。因为这种结构有很强的规律性，所以很多物体检测算法的思路是先做地面分割，然后做聚类，最后对聚类得到的物体进行识别。为了提高算法的速度，很多算法并不直接作用于三维点云数据，而是先将点云数据映射到二维平面中再处理。常见的二维数据形式有距离图像（range image）和高度图像（elevation image）。

随着深度学习被广泛地应用在各个领域，以及图像物体检测算法的发展，点云物体检测也逐步转向深度学习。自动驾驶中一般关注鸟瞰图中物体检测的效果，主要原因是直接在三维中进行物体检测的精确度不够高，而且目前来说，路径规划和车辆控制一般也只考虑二维平面中车体的运动。如今，鸟瞰图中的目标检测方法以图像目标检测的方法为主，主要在鸟瞰图结构的建立、物体的空间位置估计，以及物体在二维平面内的旋转角度的估计方面有所不同。从检测结果来看，这类算法比在三维空间中进行物体检测的效果要好。

近年来，直接作用在三维空间中的物体检测方法也有所突破，这类方法通过某种算子提取三维点云中具有点云顺序不变性的特征，然后通过特殊设计的网络结构在三维点云上直接进行分类或分割。这类方法的优点是能对整个三维空间任何方向、任何位置的物体进行无差别的检测，其思路新颖，但是受限于算法本身的能力、硬件设备的能力及实际应用的场景，还不能在实际中广泛使用。

自动驾驶对于检测算法有着比较特殊的要求：首先，为了安全性考虑，召回率要高，即不能漏检；其次，因为检测到的物体是下游路径规划和运动决策算法的输入，所以要求检测到的目标在连续帧中具有较好的稳定性，具体而言，即在连续帧中检测到的同一个物体的类别、尺寸、位置和方向不能有剧烈的变化。与此同时，因为激光点云的稀疏性，现有算法单用一帧点云数据，无法在小物体、远处物体和被遮挡物体的检测上得到令人满意的结果。因此，近年来人们开始考虑结合多种传感器数据的方法、结合多个激光雷达的方法及结合连续多帧的方法。

（1）激光雷达目标检测的传统算法

2015年之前，应用在激光雷达领域的检测和分类模型以线性模型、SVM和决策树为主。这些模型的泛化能力和复杂程度无法在实际场景中满足人们的需求，因此研究者将注意力更多地放在了对于点云数据特性的挖掘上。常见的算法流程如下：

① 将三维点云映射为某种结构，例如Graph或Range Image。

② 提取每个节点或像素的特征。

③ 将节点或像素聚类。

④ 通过一定的规则或分类器将一个或多个聚类确定为地面。

⑤ 结合地面信息，通过分类器对其他聚类进行物体级别的识别。

⑥ 把所有的检测、识别结果映射回三维点云中。

图11-12所示为基于传统方法的物体检测的可视化结果。

图11-12 基于传统方法的物体检测的可视化结果

（2）基于深度学习的激光雷达目标检测算法

目前，激光雷达数据目标检测中最常用的算法是基于深度学习的算法，其效果比传统学习算法要好，其中很多算法都采用了与图像目标检测相似的算法框架。基于深度学习的激光雷达目标检测算法可以分为基于单帧激光雷达数据的方法（VoxelNet、PixelNet、PointNet、PointNet++）、基于图像和激光雷达数据的方法（MV3D、FPointNet）和基于多帧激光雷达数据的方法（FaFNET）等类别。

早期的激光点云中的目标检测和图像中的目标检测算法并不一样，图像数据中常见的HOG、LBP和ACF等算法并没有应用到点云数据中。这是因为激光点云数据与图像具有不同的特点。例如，图像中存在遮挡和近大远小的问题，而点云中则没有这些问题；反过来，图像中也并不存在点云的很多特点。从2014年开始，随着R-CNN、Fast R-CNN、Faster R-CNN、YOLO和SSD等图像目标检测算法的进步，研究者发现，虽然点云数据与图像数据有很多不一样的特点，但是在鸟瞰图中，这两种不同的数据在目标检测的框架下具有相通之处，因此，基于鸟瞰图的激光点云目标检测算法几乎都沿用了图像目标检测算法的思路。图11-13所示为一种基于激光雷达数据鸟瞰图的快速目标检测模型的人工神经网络结构。

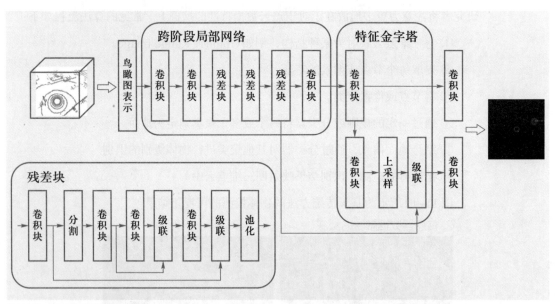

图11-13　一种点云目标快速检测网络结构

### 11.3.3　数据融合

现有的部分智能机器人仅仅基于单传感器解决方案。例如，自适应巡航控制系统依赖于单个毫米波雷达或者激光雷达，车道偏离警告系统通常只依赖于摄像头。但各种传感器技术都有其特定的优缺点。例如，毫米波雷达传感器可用于确定前方行驶的车辆的纵向距离和速度，其精确度足以满足自适应巡航控制应用的要求。然而，由于横向分辨率、信号的模糊性和缺乏车道识别、交通标志识别的能力，毫米波雷达对被检测目标进行分类的能力有限。激光雷达可用于车身周边近距离环境的致密感知，适用于多种野外环境，但对烟雾、雨雪的适应能力不足。另外，雷达系统在运行中必须考虑来自相邻车道和相对行驶车辆的干扰。

机器人系统可以通过摄像头提供雷达传感器缺失的信息。车道标线检测可用于车道分配。分类识别算法可将视频图像中的车辆与其他对象区分开，而图像处理技术能够确定视频图像中车辆的位置。与雷达传感器系统相比，视觉传感器无法测量距离和速度，因此必须进行估算。而单目视觉系统可实现的精度在长距离范围内会显著降低。因此，纯粹基于视频传感器的无人驾驶控制系统只能提供车速较慢情况下的环境感知信息。

综合两个或以上传感器的信息有助于充分利用多种技术优势。例如，雷达传感器的距离测量值可以与视频图像中的分类信息和车辆位置测量结果相融合，这可以减少错误的解释并提高横向位置和距离方面的准确度；同时，车道分配及借助于视频传感器的目标检测能力和识别能力变得更加稳健、可靠。

**1. 多传感器数据融合的定义和目的**

斯坦伯格（Steinberg）等人将数据融合过程的定义如下：数据融合是将数据或信息组合以估计或预测实体状态的过程。

这里的术语"实体"用于描述可以赋予信息的抽象对象。在无人驾驶系统中，"实体"可以意味着车辆环境中的物理对象，例如观察到的其他车辆、行人、一般障碍物、车道线、道边、交通标志等，也可以是单个状态变量，例如车辆偏航角。

数据融合的主要目的是整合来自各个传感器的数据，以便以有效率的方式结合其优势并弥补各自的不足。

**2. 传感器数据融合的层次**

多传感器信息融合可分为三个层次，分别为数据级融合、特征级融合和决策级融合。

（1）数据级融合

数据级融合（像素级融合）是最低层级的融合，是直接在原始数据上进行的融合，融合过程如图11-14所示。

（2）特征级融合

特征级融合是中间层次的融合，先对各传感器

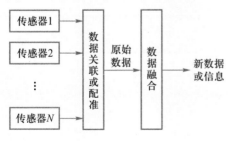

图11-14 数据级融合

的原始信息进行特征（如目标边缘、方向、速度等）提取，然后对特征信息进行综合分析和处理，得到融合后的特征，从而更有利于决策。特征级融合实现了信息压缩，有利于实时处理，并能最大限度地给出决策分析所需要的特征信息。图11-15所示为目标属性融合的过程。

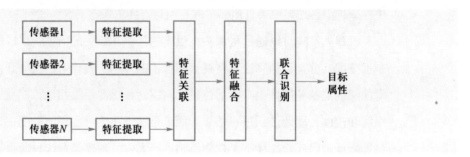

图11-15　特征级融合

**（3）决策级融合**

决策级融合是高层次的融合。决策级融合具有灵活性高、通信量小、容错性强、对传感器的依赖性小、融合中心处理代价低等优点，但预处理代价高。图11-16所示为决策级融合的过程。

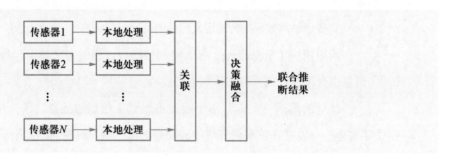

图11-16　决策级融合

在不同层级上进行的多传感器数据融合有各自的特点，如表11-1所示。

表11-1　不同层级融合的特点比较

| 融合级别 | 计算量 | 容错性 | 信息损失量 | 精度 | 抗干扰性 | 融合方法 | 传感器同质性 | 通信数据量 | 实时性 | 融合水平 |
|---|---|---|---|---|---|---|---|---|---|---|
| 数据级 | 大 | 差 | 小 | 高 | 差 | 难 | 大 | 大 | 差 | 低 |
| 特征级 | 中 | 中 | 中 | 中 | 中 | 中 | 中 | 中 | 中 | 中 |
| 决策级 | 小 | 好 | 大 | 低 | 好 | 易 | 小 | 小 | 好 | 高 |

### 11.3.4　建模方法

**1. 拓扑路网模型**

对于智能机器人而言，城市道路是一种很常见的行驶环境。随着地理信息系统

（GIS）的迅速发展，多数城市道路环境都配备了导航地图信息，这就要求智能机器人在城市道路环境下移动时，需要提前参考导航地图，生成全局规划路径，完成自主、安全、迅速的导航。因此，需要建立大尺度的路网模型。

在建立城市路网模型之前，首先需要了解城市环境下的道路特点。城市道路一般分为快速路、主干路、次干路和支路等。路网密度较高，干路间距适中，曲度系数一般不会太大，存在多种形状的交叉路口。城市道路一般可以分为方格式、放射式、环形放射式、方格－环形－放射混合式、自由式等。

自从有城市道路以来，人们就一直依靠地图来描述城市道路路网模型。进入21世纪后，信息技术给地图学带来了前所未有的变化，大大提高了地图生产的效率。自动制图综合这一地图生产自动化的核心理论与技术也迎来了新的机遇和挑战。一方面，计算机、人工智能等相关领域技术的迅速发展为自动制图综合问题的解决提供了新的思路和方法，涌现出大量新的模型和算法，如基于模糊数学的综合算法、基于遗传算法的综合算法等，有效地促进了自动制图综合问题的解决。而另一方面，信息时代的特点也给自动制图综合提出了更高的要求，使其不仅仅以满足地图生产自动化为唯一目的。信息时代网络化和GIS的迅速发展，使得实时处理和快速显示高精度的路网模型成为可能。如图11-17所示，人们已经可以利用数字图像处理和模式识别的相关技术，从城市道路环境卫星图提取出道路骨架线，从而建立城市道路路网模型。

图 11-17　城市道路环境卫星图

与人工使用的高精度导航路网模型不同的是，为智能机器人设计的路网模型除了需要提供多条联通的道路和它们之间的节点之外，还需要提供智能机器人行驶时需要的道路和环境属性。例如，每条道路的车道线数量、车道线宽度、是否为单行道、路面环境类型（泥土路、柏油路、砂石路等）等。这些属性都将进一步完善智能机器人的感知信息，建立完备的环境描述模型，从而为自主规划、导航和控制提供决策依据。

目前，随着计算机技术与制图理论的发展，道路网综合模型也有了较大突破。现代的道路网综合模型主要是指基于图论方法的道路选取，即建立道路网拓扑关系。拓扑学作为几何学的一个新分支，是一门研究图形（或形状）的科学，主要研究图形在连续变形下不变的整体性质。拓扑学以其独特的优势已经在道路环境描述模型的研究中取得了很好的应用。

### 2. 车道线及障碍物包络框模型

车道和障碍物作为智能机器人环境描述模型中最重要的两个描述内容，对于智能机器人的安全行驶有着极其重要的作用。因此，本节将分别介绍车道线模型及障碍物包络框模型。

车道线的检测对于无人驾驶的路径规划来说特别重要。智能机器人对车道线检测的要求比较高，很多交通规则的设计使得行人和车辆必须依照一定的规则移动，这些规则的参考标准除了来自交通信号灯外，还有道路车道线。通过检测车道线，可以进一步检测地面指示标志，进行前碰撞预警策略设计等。如图11-18所示，针对一幅前视环境数据图像，检测出了多条车道线，即图中白色的线段。

在检测出多条车道线之后，需要通过提前对相机设置的标定参数，将检测结果从图像坐标系转换到车体坐标系，并对多帧结果进行综合建模，从而生成稳定的多车道环境描述模型。除了多车道环境描述模型之外，另一个重要的环境建模内容就是障碍物描述模型。与多车道环境描述模型配合使用的障碍物描述模型，通常是针对一个障碍物的包络框。该包络框一般由三维激光雷达检测障碍物形成，是多个凸多边形（为了方便使用，一般设置为凸四边形），框内的所有区域是不可通行的障碍物区域。为了便于规划和决策，障碍物包络框一般也被投影到车体坐标系中，如图11-19所示。

障碍物包络框模型的建立步骤如下：

（1）获取障碍物点云。

（2）对障碍物点云聚类，得到障碍物目标集合。

（3）针对集合中的每一个障碍物目标，提取三维包络框。

（4）将障碍物点云投影到平行于地面的平面上，提取二维包络框。

（5）生成所有障碍物目标包络框的集合。

如图11-19所示，最终建立的环境描述模型包含多车道模型（线段部分）和障碍物包络框模型（凸多边形）两部分内容。

图 11-18 车道线检测示意

图 11-19 车道线及障碍物包络框示意

### 3. 可通行区域栅格模型

可通行区域是指智能机器人可以正常行驶的安全区域，通常采用栅格图的方法加以描述。在该栅格图中，通过占据栅格的各项属性统一描述包括道路、障碍物等多种信息的环境数据。在构建栅格图的过程中，通常采用空间分解法。根据每一个栅格是否被障碍物占据，可以首先构建占据栅格来初步描述环境信息，建立可通行–不可通行栅格模型。如果栅格单元被障碍物占据，则为障碍栅格；反之，则为可通行栅格。

空间分解法通常采用基于栅格大小的均匀分解法和递阶分解法。均匀栅格地图是度量地图路径规划中最常用的表达形式，它把环境分解为一系列离散的栅格节点。所有栅格节点大小统一，均匀分布。栅格用值占据的方式来表达障碍物信息。例如，在最简单的二值表示法中，1表示障碍栅格，禁止通行；0表示可通行栅格，可以通行。起始栅格与目标栅格都是自由栅格。每个栅格都对应相应坐标值，而坐标值就表示机器人在栅格地图内的当前位置。

环境信息用均匀栅格地图表达后，栅格节点间只有建立一定的连接关系，才能保证得到从起始点搜索到目标点的有效路径。通常来说，这些连接关系包含四连接、八连接和十六连接。四连接表示从当前栅格出发，可以通往它的上下左右4个栅格。而八连接表示从当前栅格可以到达与之相邻的8个栅格节点。十六连接表示可以从当前栅格到达与之相近的16个栅格。值得指出的是，将环境信息表示成均匀栅格地图时，规划出的最优路径仅为栅格内最优。也就是说，只要障碍栅格内有障碍物，即使障碍物尺寸小于栅格状态大小，也认为该栅格为障碍栅格。

在得到了均匀占据栅格图后，可以再进一步根据环境语义分割的结果，给予每一个栅格语义标签，构建均匀语义栅格图。例如，给定每个栅格一个属性，代表该栅格属于静态障碍物、车辆、行人、水面或行道线等，或者表示该栅格的高度、梯度、坡度等信息。图11-20展示了一个均匀语义栅格图。左侧的两幅图像是对应场景的前视图，右侧的图像是均匀语义栅格图。在该栅格图中，黑色部分为可通行栅格、灰色部分为静态障碍物栅格、白色虚线部分为行道线栅格，而下方的亮白色方块为无人车辆自身占据的栅格，亮白色上方的白色点代表规划的轨迹线。

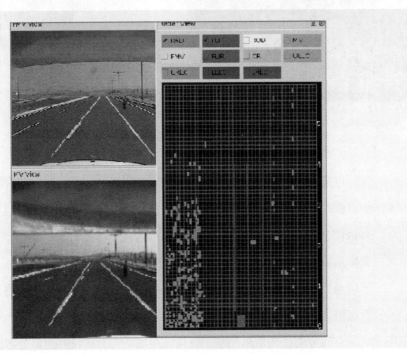

图 11-20　均匀语义栅格图示意

综上所述，均匀分解法能够快速、直观地融合传感器信息；但是，均匀分解法采用相同大小的栅格会导致存储空间巨大，大规模环境下路径规划的计算复杂度增高。为了克服均匀分解法存储空间巨大的问题，目前越来越多的研究者采用递阶分解法，把环境空间分解为大小不同的矩形区域，从而减少环境模型所占用内存。

## 11.4　运动规划

路径规划技术是机器人研究领域的一个重要分支。所谓的机器人最优路径规划问题，就是依据某个或某些优化准则，如工作代价最小、行走路线最短、行走时间最短等，在其工作空间中找到一条从起点到终点并且能避开障碍物的最优路径或者近似最优路径。

常见的规划路径有四类：第一类是在已知的环境中参照障碍物的动态运行情况进行路径规划；第二类是在已知环境中参照障碍物的静止位置进行路径规划；第三类是在未知环境中参照障碍物的动态运行情况进行路径规划；第四类是在未知环境

中参照障碍物的静态位置进行路径规划。前两类路径规划又称为全局路径规划，后两类路径规划又称为局部路径规划。全局路径规划依照已获取的环境信息，给机器人规划出一条路径，路径规划的精确程度取决于环境信息的准确程度。采用全局路径规划通常可以寻找到最优路径，但需要预先知道准确的环境信息，并且计算量很大。局部路径规划侧重于考虑机器人当前的局部环境信息，让机器人具有良好的避碰能力。机器人导航方法通常采用局部路径规划，因为机器人仅仅依靠自身的传感器来观测环境信息，并且这些信息随着环境的变化而实时变化。与全局路径规划相比，局部路径规划更具有实时性和实用性；但其缺点是仅仅依靠局部环境信息，有时会产生局部极点，无法保证机器人顺利到达目的地。

### 11.4.1 全局路径规划

根据环境构建的不同，可将全局路径规划分为宽度优先搜索算法、深度优先搜索算法、概率地图算法和快速扩展随机数算法等。

宽度优先搜索算法从起点开始优先搜索与其相邻且未被搜索过的每个节点，只有当同一层的所有节点都被遍历过之后，才会遍历下一层的节点，其原理如图11-21所示。宽度优先搜索算法是一种盲目搜寻算法，其目的是系统地展开和检查地图中的所有节点，直到找到终点为止。

深度优先搜索算法的原理如图11-22所示。与宽度优先搜索算法不同，深度优先搜索算法从起点开始优先对下层节点进行遍历，直到节点再无后继节点为止。

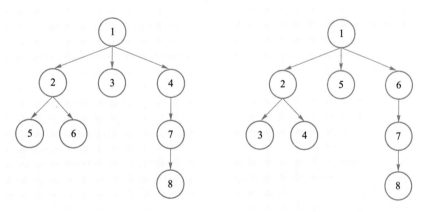

图11-21　宽度优先搜索　　　　　　　　图11-22　深度优先搜索

概率地图（probabilistic roadmap，PRM）算法的基本思想是：对机器人工作空间中的无障碍区域以某种概率进行大量随机采样，再将这些随机采样点按照某种规则与其近邻点建立连接，从而构成一个拓扑地图，即roadmap。概率地图算法示例如图11-23所示。在查询阶段，将起点$q_{init}$和终点$q_{goal}$加入拓扑地图中，当起点和终点之间存在可通行的路径时算法结束。概率地图算法自提出以来，很多学者提出了改进方法。例如，一种利用人工势场算法来增加狭窄区域采样点分布的算法，有效地解决了概率在处理狭窄通道时存在缺陷的问题，通过一定的更新机制，使得采样点尽可能地均匀分布在自由空间中。

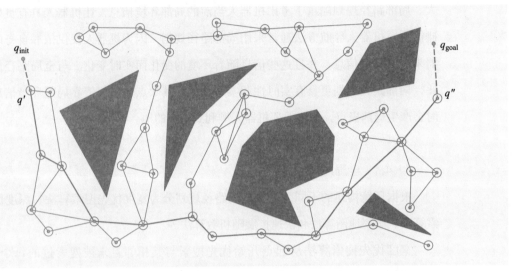

图 11-23　概率地图算法示例

快速扩展随机树（rapidly-exploring random tree，RRT）算法基于随机采样并以增量方式构建树状结构，其示例如图 11-24 所示。该算法的特点是能够快速、有效地搜索高维空间，通过随机采样将搜索树向未探索区域扩展，以找到一条从起点到终点的可通行路径；它适用于解决多自由度机器人或者具有微分约束的非完整性机器人在未知环境中的路径规划问题。针对 RRT 算法在路径规划时具有随机性这一问题，有学者对 RRT 算法进行了改进，提出了 RRT* 算法。RRT* 算法在快速生成初始路径之后继续采样，并将树中的节点连接起来进行优化，以使得路径趋于最优。但是，RRT* 算法收敛速度慢，甚至无法在有限时间内获得最优路径；为此，有学者提出了 P-RRT* 算法，对 RRT* 算法进行了改进，以加快收敛速度。

### 11.4.2　局部路径规划

局部路径规划是在未知环境中，基于传感器观测的环境信息，使机器人自主获得一条无碰撞的最优路径。局部路径规划的方法主要包括人工势场算法、遗产算法、模糊

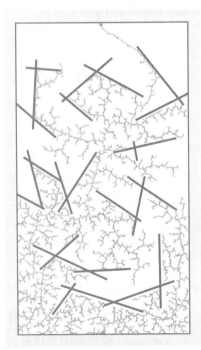

图 11-24　快速扩展随机树算法示例

逻辑算法、神经网络算法等。

人工势场（artificial potential field）算法是由欧沙玛·哈提卜（Oussama Khatib）提出的，其基本思想是将机器人在周围环境中的运动设计成一种抽象的人造引力场中的运动，终点对机器人产生"引力"，障碍物对机器人产生"斥力"，最后通过求"合力"来控制机器人的运动。人工势场算法示例如图11-25所示。应用人工势场算法规划出来的路径一般是比较平滑且安全的，但是这种方法存在局部最优解的问题。为了解决这个问题，里蒙·埃隆（Rimon Elon）、礼萨·沙希迪（Reza Shahidi）等期望通过建立统一的势能函数来解决这一问题，但这要求障碍物是规则的，否则算法的计算量很大，有时甚至是无法计算的。从另一个方面来看，由于人工势场算法在数学描述上简洁、美观，因此这种方法仍然具有很大的吸引力。人工势场算法的局限性主要表现在：当终点附近有障碍物时，机器人将永远无法到达终点。在以前的许多研究中，终点和障碍物都离得很远，当机器人接近终点时，障碍物的"斥力"变得很小，甚至可以忽略，机器人将只受到"引力"的作用而直达目标。但在许多实际环境中，往往至少有一个障碍物与终点离得很近。在这种情况下，当机器人接近终点时，它也将向障碍物靠近，如果利用以前对"引力"场函数和"斥力"场函数的定义，"斥力"将比"引力"大得多，终点将不是整个人工势场的全局最小点，因此机器人将不可能到达终点。这样，就存在局部最优解的问题，因此如何设计"引力"场就成为人工势场算法的关键。

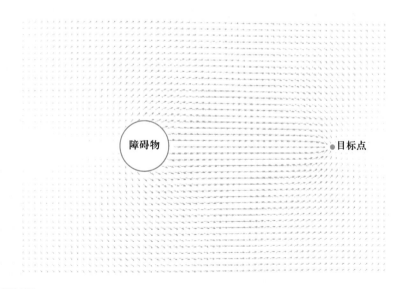

图11-25　人工势场算法示例

虚拟力场（virtual force field，VFF）算法是人工势场算法的一个变种，该算法将人工势场与确定度栅格（certainty grid）相结合，障碍物栅格对机器人产生"斥力"，终点对机器人产生"引力"，机器人的运动方向和速度由虚拟"引力"和"斥力"共同决定。向量场直方图（vector field histogram，VFH）算法是对虚拟力场算法的改进，该算法将障碍物栅格信息转换成一维极坐标系下的直方图，通过分析直方图得出机器人的运动方向。VFF算法和VFH算法在复杂环境中都表现出了较好的实时性及局部避障性能。

遗传算法（genetic algorithm，GA）是人工智能领域的一个重要研究分支，是一种模拟达尔文遗传选择和自然淘汰的生物进化过程的计算模型，是按照基因遗传学原理实现的一种具有迭代过程的自适应全局优化概率搜索算法。通过对随机产生的多条路径进行选择、交叉、变异和优化组合，遗传算法可选择出适应值达到一定标准的最优路径。无论在单个机器人静态工作空间，还是在多机器人的动态工作空间，遗传算法及其派生算法都取得了不错的规划效果。遗传算法的最大优点是它易于与其他算法相结合，并充分发挥自身迭代的优势；缺点是计算效率不高，以及进化众多的规划需要占用较大的存储空间。遗传算法的改进算法也是目前研究的热点。

模糊逻辑算法（fuzzy logic algorithm）是模拟驾驶员的驾驶经验，将生理上的感知和动作结合起来，根据系统实时的传感器信息，通过查表得到规划信息，从而实现路径规划。模糊逻辑算法符合人类思维习惯，不仅免去了数学建模，也便于将专家知识转换为控制信号，具有很好的一致性、稳定性和连续性。模糊逻辑算法的缺点是模糊规则总结起来比较困难，而且一旦确定了模糊规则，会使后期在线调整变得比较困难，应变性差。最优的隶属函数、控制规则及在线调整方法是模糊逻辑算法的最大难题。

神经网络算法是人工智能领域中一种非常优秀的算法，它通过模拟动物神经网络的行为，将传感器数据当作网络输入，将期望运动的方向当作网络数据输出，进行分布式并行信息处理，用一组数据来表示原始样本集，对重复的样本进行处理，从而得到最终的样本集。神经网络算法在路径规划中的应用并不成功，因为路径规划中复杂多变的环境很难用数学公式描述，如果用神经网络算法来预测学习样本分布空间以外的点，效果非常差。神经网络算法的学习能力强，将它与其他算法结合应用已经成为路径规划领域研究的热点。

## 11.5 多机器人协同

随着社会需求的提高及机器人目前发展水平的限制，在面对一些大型的复杂场景及对处理能力和实时性要求较高的任务时，单机器人在准确获取环境信息、稳健性及控制等方面越来越难以胜任，于是研究人员开始考虑通过增加机器人的数量来并行处理任务，从而克服单机器人单线程工作的缺陷。多机器人协同已成为机器人学的一个重要研究课题。

多机器人系统通常指的是两个或两个以上的机器人为完成一个或多个任务，通过一定的通信方式、组织结构、协同机制组成的有机、动态的整体。多机器人系统由功能相对简单或者单一的机器人组成，通过与其他成员之间的协同来完成原来无法单独完成的任务。

多机器人系统的研究以单机器人的研究为基础，与单机器人相比，多机器人系统具有以下一些优越性：

（1）经济性。为某项特定的任务专门设计一个集多种功能于一体的机器人是很复杂的，而设计一个由多个功能有限的机器人来完成同样任务的多机器人系统则相对容易，并且能够降低成本。

（2）高效性。多机器人系统具备时间、空间、功能的并行性和分布性，系统效率能够得到很大提高，在多变的工作环境中或当任务极其复杂时，机器人需要具备多种能力，多机器人系统是很好的选择方案。

（3）稳健性。多机器人系统具备并行性和冗余性，能够更好地适应环境的变化，从而可以提高系统的柔性、灵活性、稳健性和容错性。

### 11.5.1　多机器人系统体系结构

体系结构是多机器人系统的基础。根据任务的执行需要、任务规模、环境条件约束等因素，可以选择不同的体系结构来实现多机器人的任务功能。目前，多机器人系统的体系结构可以分为三类，分别为集中式、分布式和混合式体系结构，如图11-26所示。

在集中式体系结构中，机器人可以分为主机器人和从机器人两类。主机器人是整个系统的主控单元，负责处理全部环境信息和成员信息，对要完成的任务进行分解、规划和分配，然后对各个从机器人进行调度，并接收从机器人反馈的即时信息，做好协调工作。从机器人接收主机器人发送的任务信息及调度安排来完成自身控制和执行的初始化，协同其他从机器人完成指定的任务，并随时与主机器人通信来报告所需的状态信息，以及接收实时指令。

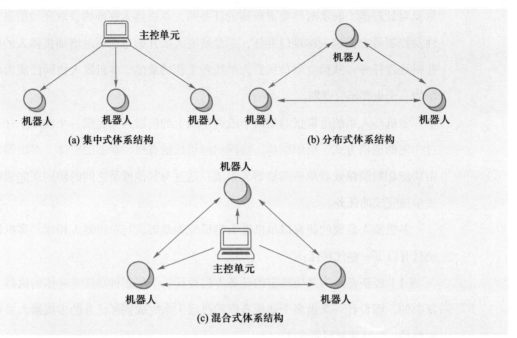

(a) 集中式体系结构      (b) 分布式体系结构

(c) 混合式体系结构

图 11-26　多机器人系统的体系结构

　　集中式体系结构的优点是单个机器人相对简单，可以降低成本和系统的复杂性，并且可以减少机器人之间协商通信的开销，方便任务的统一规划，可以获得最优规划，协调、执行的效率高。缺点是系统的容错性、灵活性和实时性比较差，有单点故障风险，并且系统的通信存在瓶颈。

　　分布式体系结构的特点与集中式体系结构相反，整个系统不存在主机器人，每个机器人的地位都是平等的，可以互相通信，进行空间位置等状态信息的交互，并根据这些局部信息对系统任务进行分解、分配和协同执行，可以自主规划自己的行为。

　　分布式体系结构的优点是容错性高、稳定性强、实时性和灵活性好，可根据不同的条件扩充或减少系统的机器人。缺点是增加了单个机器人的决策功能，单机器人更加复杂，成本较高，通信开销大；很难保证获得全局最优的规划，并且可能会因为每个机器人过分强调自己任务的重要性而过多地占用资源，从而间接导致总任务完成的效率低下。

　　混合式体系结构可以看成集中式和分布式体系结构的组合，既有主机器人和从机器人之间的通信，也有从机器人之间的通信交互，每个机器人既可以作为独立个体执行各自的任务，也可以作为任务的发起者召集临近成员协同完成某项任务并向主机器人报备。

　　混合式体系结构具备上述两种体系结构的优势，既可以获得最优规划，协调的效率高，方便控制，也具有容错性高、实时性强、灵活性好等特点，但它的成本和复杂性比其他两种体系结构都要高，实现起来比较困难。

多机器人的协同感知、协同作业及协同编队是多机器人系统的三个主要研究内容，下面从这三个方面进行介绍。

### 11.5.2 多机器人协同感知

多机器人协同感知主要研究多机器人协同即时定位与地图构建（simultaneous localization and mapping，SLAM）。在未知复杂的环境中，如果机器人要完成自主导航、编队及任务规划，就需要获取自身位姿和周围环境信息，对自身进行快速定位和对环境进行建图，因此，作为机器人协同感知的关键技术之一，SLAM是机器人领域的一个重要研究内容。

SLAM可具体描述为：机器人从未知环境的未知地点出发，在运动过程中通过反复观测环境特征来定位，并根据自身位姿构建增量地图，从而达到即时定位与地图构建的目的。多机器人协同SLAM（cooperastive SLAM，CSLAM）是指由若干机器人组成的团队同时在环境中运行，通过协同进行即时定位与地图构建，是多机器人系统与SLAM的结合。CSLAM可以提高建图的精度，加快建图的速度，扩大机器人在环境中的覆盖范围，对于大规模未知环境的探索具有重要意义。

SLAM一般可以分为前端和后端两个阶段。前端主要研究帧间数据之间的关系，对帧间数据的特征点进行提取和匹配等操作，从而得到一个位姿信息。后端则负责对前端提供的结果进行优化处理，主要利用滤波理论，如扩展卡尔曼滤波（EKF）、扩展信息滤波（EIF）、粒子滤波器（PF）等，或基于图优化的算法得到最佳的位姿估计。

单个机器人SLAM的研究已经较为深入，从早期的基于滤波的SLAM，如EKF-SLAM、EIF-SLAM、PF-SLAM等，到基于图优化的SLAM，如RGBD-SLAM、SVO-SLAM、LSD-SLAM、ORB-SLAM、DSO-SLAM等，再到如今基于深度学习的SLAM，单机器人SLAM已经初步实现了自主导航功能。

相对于单个机器人SLAM，多机器人CSLAM的研究还是一个比较新的领域。目前，多机器人CSLAM的主要研究大都是对某种单机器人SLAM的扩展。

对于多机器人CSLAM，由于涉及局部地图到全局地图的变换，不同类型地图到同一类型地图的转变，以及各机器人之间的相互位姿确定等问题，同时基于滤波器的算法在数据处理上具有可加性，容易进行数据融合，因此可以比较方便地将单机器人SLAM扩展到多机器人SLAM。目前，应用在实际中的多机器人CSLAM算法大多还是采用基于滤波器的SLAM算法。

多机器人CSLAM算法中比较经典的是EKF–SLAM和GraphSLAM。

### 11.5.3　多机器人协同作业

多机器人协同作业主要研究多机器人任务分配问题。多机器人系统在执行任务时，必然会出现哪个成员负责哪个任务以得到全局最优结果的问题，这就是多机器人的任务分配。多机器人任务分配问题可以看成最优分配问题、整数线性规划问题、调度问题、网络流问题和组合优化问题。多机器人任务分配问题是多机器人系统的研究方向之一，也是多机器人系统研究的一个基础性问题，多机器人任务分配的好坏将直接影响整个多机器人系统的性能和效率。

目前，多机器人的任务分配方法主要分为基于行为的方法和基于规划的方法两大类。

群智能方法是基于行为的任务分配方法，具有较好的实时性和稳健性，但是大多数情况下只能得到局部最优解，比较典型的群智能方法有阈值法、蚁群算法、情感招募方法等。蚁群算法的灵感来自蚂蚁在寻找食物过程中发现路径的行为，蚂蚁通过释放信息素来实现信息的传递。阈值法与情感招募方法有一些相似之处，都是在机器人内部设置一个阈值，将其称为耻辱度值，当该值达到设定值时，机器人会被迫执行任务。

基于规划的任务分配方法容易按人们的目标执行，在具体任务执行性能上更加高效，不过计算复杂度高，主要有集中规划方法、市场拍卖方法等，采用线性规划的任务分配方法就属于集中规划方法。理论上来说，集中规划方法可以求得最优解，但是计算复杂度高、扩展困难；市场拍卖方法是一种基于协商主义的任务分配方法，适合在任务和机器人状态可知的中小规模异构多机器人系统中进行分布式问题的协作求解，能够实现全局最优的任务分配，缺点是机器人必须通过显式的通信进行有意图的协作，资源消耗较多。

### 11.5.4　多机器人协同编队

多机器人协同编队就是要求多个机器人在整体运动中保持特定的整体队形，即多机器人队形控制。所谓队形控制，就是让多个单独的机器人按照某个几何形状进行排列，维持一定的队形，同时在运动的过程中又要适应障碍物等背景干扰因素，也就是多个机器人在空间上组成并保持特定的队形。让多机器人保持一个特定的队形，对信息采集、消息共享、协同作业等都有很大的帮助。

队形控制问题具体来说可分为两个部分，其一是队形形成，其二是队形追踪，也就是编队的形成和保持。前者针对的是怎样让多机器人系统从最初始的散乱状态或者一定的初始队形形成某个特定队形的问题；后者则是研究在队形形成后，整个机器人编队在朝着预先设定的目标运动时，如何在运动过程中既满足一定的编队制约，又能够主动适应当前的障碍物环境、地形环境及其他一些客观的物理自然环境。

多机器人协同编队的常用方法有基于领航者–跟随者的方法、基于虚拟结构的方法、基于行为学的方法和基于人工势场的方法等。

基于领航者–跟随者的方法的基本思想是在整个机器人队伍中，选取一定数量的机器人作为领航者，其他机器人作为跟随者。领航者决定整个机器人队伍的行进路线，跟随者则按照既定的规则，以一定的位姿来跟随领航者。该方法的优点是只需给领航者一定的编队信息，便可完成对整个机器人队伍的整体编队，跟随者不需要知道具体的编队信息；其缺点是整个机器人队伍中并没有明确、及时的编队情况的特征反馈，在具体的编队过程中，这意味着如果领航者的运动速度过快，则跟随者可能无法及时地完成追踪动作。

基于虚拟结构的方法的基本思想是将机器人队伍看成一个刚体的虚拟结构，每个机器人都是虚拟结构上相对固定的一点。在运动时，每个机器人的相对位姿保持不变。该方法首先使用虚拟结构尽量匹配每个机器人的位姿，然后根据生成的轨迹微调虚拟结构的位姿和方向，最后确定每个机器人的轨迹，并调整运动速度来跟踪虚拟结构上的目标点。基于虚拟结构的方法的优点是能够比较容易地指定机器人队伍的运动，并可以进行队形反馈，能够取得较好的跟踪效果；每个机器人之间没有明确的功能划分，不涉及复杂的通信过程。该方法的缺点是要求机器人队伍的队形保持刚体运动的特点，限制了其应用范围，仅适用于大型物体的多机器人搬运的场合。

基于行为学的方法的基本思想是分别定义机器人的一些期望的基本动作，包括向既定终点运动、形成并保持队形、躲避障碍物及躲避近邻的机器人等。机器人能够利用自身所具备的各种传感器来观测周围环境及自身的一些信息，这就使得机器人在与环境信息的交互中适应环境，及时、准确地调整自身的运动速度与方向或者改变相关传感器的状态。基于行为学的方法的本质在于通过一定的选择策略，综合之前各种行为的输出，及时将综合之后的结果进行反馈，作为当前行为的输出。选择策略主要基于模糊逻辑法、加权平均法和行为抑制法等。

基于人工势场的方法的基本思想是在机器人队伍中的成员相互之间既存在吸引力，也存在排斥力，吸引力将机器人拉到队伍中，排斥力将机器人排斥出去。吸引力与排斥力综合作用于队伍中的机器人，合力可使得机器人编队得以接近甚至达到理想的编队状态。该方法使得机器人与环境之间形成了交互作用，近似于控制理论中的闭环控制，增强了机器人的自适应能力、避障能力及实时控制性。该方法也存在一些缺陷，例如，由于在计算过程中可能存在一些局部极值点，而这些局部极值点并非一定是起点或者终点，这种情况下机器人很可能陷入局部最优陷阱。如何寻找合适的人工势场函数是该方法的难点。

## 11.6  应用示例

### 11.6.1  百度无人驾驶车和Apollo系统

百度无人驾驶车项目于2013年起步，由百度研究院主导研发，其技术核心是"百度汽车大脑"，包括高精度地图、定位、感知、智能决策与控制四大模块。其中，百度公司自主采集和制作的高精度地图记录完整的三维道路信息，能在厘米级精度实现车辆定位。同时，百度无人驾驶车依托国际领先的交通场景物体识别技术和环境感知技术，实现高精度车辆探测识别、跟踪、距离和速度估计、路面分割、车道线检测，为自动驾驶的智能决策提供依据。

下面就百度无人驾驶车的体系结构、地图与定位、环境感知、路径规划进行简单介绍。

#### 1. 体系结构

2017年4月19日，百度公司发布了一项名为"Apollo（阿波罗）"的新计划，向汽车行业及自动驾驶领域的合作伙伴提供一个开放、完整、安全的软件平台，帮助他们结合车辆和硬件系统，快速搭建一套属于自己的完整的自动驾驶系统。

开放的框架是学术界、科技界、产业界的共同需求。最新的Apollo 8.0技术框架由 4 层构成，分别是硬件设备平台、软件核心平台、软件应用平台和云端服务平台，如图11-27所示。

硬件设备平台：帮助开发者解决 Apollo 自动驾驶系统搭建过程中的线控车辆及传感器等硬件设备问题；对于车辆硬件设备而言，又包括认证线控车辆和开放车辆接口标准两个部分。对于其他硬件设备而言，包括传感器、计算单元等各类参考硬件和硬件标准。

软件核心平台：Apollo软件核心平台提供自动驾驶车端软件系统框架与技术栈，包括底层的操作系统、中间层的实时通信框架，以及上层的自动驾驶应用层，如感知、预测、规划、控制、定位等。

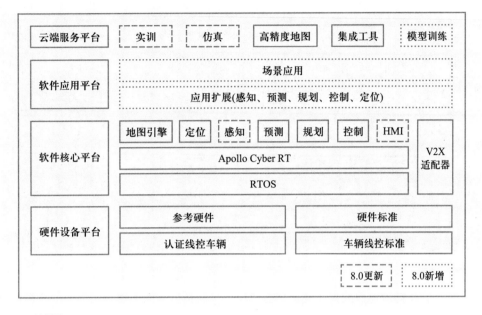

图11-27 Apollo技术框架

　　软件应用平台：Apollo 软件应用平台提供面向不同应用场景的工程能力扩展及自动驾驶应用模块的能力扩展。通过应用平台层，开发者可以更方便地基于Apollo各模块的能力进行裁剪、组合并扩展。

　　云端服务平台：Apollo云端服务平台提供自动驾驶研发过程中的研发基础设施，能够提升自动驾驶的研发效率。自动驾驶与传统互联网软件研发不同，一是实车测试成本高，二是数据量非常大。而一套能够满足自动驾驶开发流程需求，并提升研发效率的研发基础设施非常重要。Apollo云端服务平台通过云端的方式解决了数据利用效率的问题，通过与仿真结合降低了实车测试成本，能够极大地提升基于Apollo的自动驾驶研发效率。从研发流程上讲，Apollo车端通过数据采集器生成开放的数据集，并通过云端大规模集群训练生成各种模型和车辆配置，之后通过仿真验证，最后再部署到Apollo车端，实现无缝连接。整个过程包含两个迭代循环，一个是模型配置迭代，另一个是代码迭代，都通过数据来驱动。

　　2. 地图与定位模块

　　高精度地图（high definition map），从字面意义上理解为精度更高的地图（相对于传统地图而言）。高精度地图的绝对精度高（自动驾驶要求的精度为10 cm以内），数据元素更加丰富，包括车道线、红绿灯、交通标志等，如图11-28所示。相对于以往的导航地图，其服务对象并非仅仅是人类驾驶员，而是人类驾驶员和自动驾驶汽车。

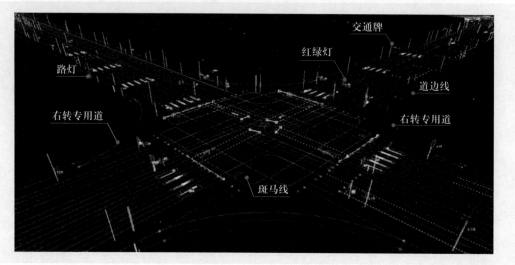

图11-28　高精度地图样例

高精度地图的重要性体现在定位上。高精度地图能够表示当前的位置信息，同时还可根据定位图层进行定位。自动驾驶汽车的感知模块依赖高精度地图提供感兴趣区（ROI）。路线规划依赖高精度地图提供的道路信息，例如车道线、曲率、坡度等信息，还依赖高精度地图提供的交通规则信息，如是否能够变道，左转还是右转，当前车道关联的红绿灯等。

高精度地图面临以下挑战和问题：

（1）更新频率要求高。需要能够做到星期或者天级别的更新。

（2）采集难度大。需要专业的地图采集车和地图采集资质。

（3）存储空间要求大。高精度地图可能需要上百吉字节的存储空间。

（4）成本、格式和规范尚未统一。

由于上述几点要求，高精度地图的制作成本高，并且格式尚未有统一的标准，各厂商的地图可能会出现不兼容的情况，还有一些法律法规的问题等。

定位指获取当前的地理位置信息，通常要通过地图来记录和表示。定位用于绘制地图，而地图用来表示车辆当前的位置。定位模块除了向自动驾驶汽车提供当前的位置之外，还提供更多的信息。实际上，定位模块能够提供车辆当前的运动状态，以及车的航向、速度、加速度、角速度等状态信息。

全球定位系统（GPS）与惯性测量单元（IMU）组合起来用于导航非常常用。GPS定位非常方便，但在高楼、隧道和停车场等场所会出现多径效应和信号衰减，导致测量精度下降。GPS的更新频率也比较低，一般为1 s刷新一次。为了解决上述问题，IMU通常用来辅助GPS进行定位。IMU不需要接收信号，不受信号质量影响，而且更新频率快，工作频率通常可达100 Hz以上，可以弥补短期GPS刷新频率不足的问题。但是IMU有累积误差，在一段时间后需要校准，所以目前无人车主要通过GPS和IMU融合定位。但是，GPS+IMU同样具有局限性。GPS+IMU的组合极大地提高了定位的精度和稳健性，但在一些特殊场景中，例如城市高楼、树荫及比较长的隧道等，定位精度会受到影响。因此，一种新的方法被引入，这就是先验地图。通过离线的方式，事先建好当前区域的三维地图，也就是常说的高精度地图定位图层。

先验地图的核心就是将当前观测到的特征与事先建好的地图做匹配。其两大核心问题是特征提取和特征匹配（feature matching）及重定位（relocation）。特征提取和特征匹配常用的方法有ICP（iterative closest point，迭代最近点）、NDT（normal distributions transform，正态分布变换）和基于优化的方法。重定位指在环境中找到车辆的初始坐标，例如在停车场中启动时。

先验地图的优点非常明显：通过事先建立好地图，然后在线做匹配，能够快速得到目标当前的位置。但环境会发生改变，如果周围的环境变化了，而地图没有更新，则会得到错误的定位信息。而SLAM可以实时定位和建图。SLAM可分为视觉SLAM（见图11-29）和激光SLAM两类。目前，SLAM的精度已经足够，但稳健性有待加强，也可以用于大规模分布式实时建图。

目前，定位的主流方法是GPS + IMU，结合先验地图，可以实现复杂场景的定位。SLAM不依赖事先建好的地图，是未来发展的方向。

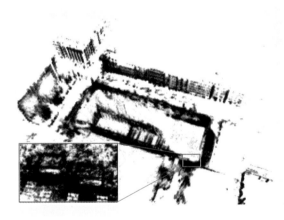

图11-29　视觉SLAM

### 3. 环境感知模块

感知是对感官信息的组织、识别和解释，以表示和理解所呈现的信息或环境。自动驾驶感知涉及从车辆传感器收集数据，并将这些数据处理成对车辆周围世界的理解，为后续的规划控制（PnC）模块提供必要的信息。

Apollo感知模块结合使用多个摄像头、雷达（前后）和激光雷达来识别障碍物并融合它们各自的轨迹，以获得生成最终轨迹列表的能力。障碍物子模块对障碍物进行检测、分类和跟踪。该子模块还预测障碍物的运动和位置信息（例如，航向和速度）。上文中提到的地图与定位也会在此模块辅助融合，增强车辆的环境感知能力。感知的基本流程如图11-30所示。

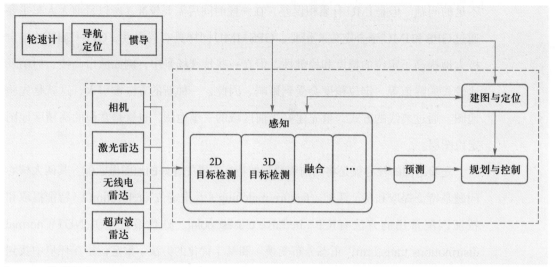

图11-30  感知的基本流程

常见的环境传感器有相机、激光雷达、毫米波雷达、超声波雷达等。自动驾驶汽车传感器有GNSS、IMU、轮速计等。决定传感器的安装位置时要考虑感知范围、水平视角、垂直视角、距离、最佳视角、遮、不同传感器间的冗余、安全性、稳定性、是否量产项目等，还要考虑与车身的整合，兼顾安全和美观。每个传感器都有自己独立的坐标系，需要通过标定将传感器统一到车身坐标系下。

感知算法可分为监督学习、半监督学习和无监督学习。无论是传统算法还是深度学习基础算法，都遵循数据–前处理–表征学习–特征提取–算法任务–后处理到所需结果的流程。根据实际场景和业务需求的不同，前、后处理和表征学习过程可省略或者由端到端模型整体处理。感知算法包含分类、目标检测、语义分割（见图11-31）、实例分割等多个计算机视觉任务。

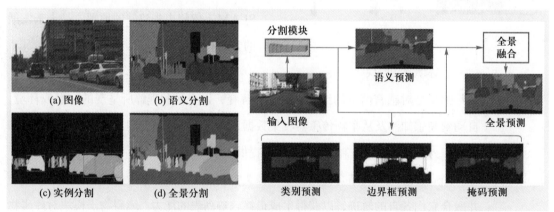

图11-31  感知算法中的语义分割任务

结合感知和高精度地图信息，估计周围障碍物未来的运动状态，预测模块能够学习新的行为，可以使用多源的数据进行训练，使算法随时间的推移而提升预测能力。预测可分为基于模型的预测和基于数据驱动的预测。基于模型的预测根据候选模型模拟自己的运行轨迹，通过车辆的移动观测与哪条轨迹更加匹配，它的优点在于直观并且结合物理知识、交通法规、人类行为等多方面信息。基于数据驱动的预测依托于机器学习，通过观测结果来训练模型，模型一旦训练好，可以通过模型进行预测。数据驱动方法的优点是训练数据越多，效果越好。Apollo 为建立车道序列，先将道路分成多个部分，每一部分覆盖一个易于描述车辆运动的区域，将车辆行为划分为一组有限的模式组合，并将这些模式组合描述成车道序列。使用车道序列框架的目的是生成轨迹，预测模块会预测从物体到车道线段边界的纵向和横向距离，而且还包含之前时间间隔的状态信息，以便做出更准确的预测。

4. 路径规划模块

在机器人研究领域，给定某一特定任务之后，如何规划机器人的运动方式至关重要。

规划（planning）承接环境感知，并下启车辆控制。其规划出来的轨迹是带有速度信息的路径。规划的作用是在遵守道路交通规则的前提下，将自动驾驶车辆从当前位置导航到目的地。

广义上，规划可分为路由寻径（routing）、行为决策（behavioral decision）、运动规划（motion planning）。

（1）路由寻径

目的：在地图上搜索出最优的全局路径。

输入：① 地图拓扑信息；② 起点和终点的位置。

输出：从起点到终点的路由线路。

路由寻径有以下几种应用较为广泛的算法。

① 基于图搜索的算法：迪杰斯特拉算法（Dijkstra's algorithm）、$A^*$、$D^*$（全局路径规划）。

② 基于曲线拟合的算法：圆弧与直线、多项式曲线、样条曲线、贝塞尔曲线、微分平坦（局部路径规划）。

③ 基于数值优化的算法：利用目标函数和约束对规划问题进行描述和求解（局部路径规划）。

④ 基于人工势场的算法：人工势场法（全局路径规划）。

⑤ 基于采样的算法：RRT（全局路径规划）。

⑥ 基于智能法的算法：模糊逻辑、神经网络、遗传算法。

路由寻径算法举例：$A^*$算法（Apollo 的 routing 模块使用 $A^*$算法搜索最优

路径）。

其基本思想如下：

F=G+H。

① G：从起点A移动到指定方格的移动代价，沿着到达该方格而生成的路径（路径长度）。

② H：从指定的方格移动到终点B的估算成本。这种方法通常被称为试探法，因为这是一个逐步猜测的过程，直到找到路径才知道真正的距离，且途中有各种各样的障碍物（启发项）。

基本步骤如下：

① 把起点加入Open list。

② 重复如下过程：

a. 遍历 Open list，查找F值最小的节点，将其移到Close list，把它作为当前要处理的节点。

b. 判断当前方格的8个相邻方格，若为Unreachable或者已在 Close list中则忽略；否则执行下一步操作。

c. 如果方格不在Open list中，把它加入Open list，并且把当前方格设置为它的父亲，记录该方格的F值、G值和H值。

d. 如果相邻方格已经在Open list中，检查这条路径（即经由当前方格到达相邻方格的路径）是否更好，用G值作参考，更小的G值表示这是更好的路径。如果是，把它的父亲设置为当前方格，并重新计算它的G值和F值。

③ 直到Open list为空，从终点开始，每个方格沿着父节点移动至起点，这就是最优路径。

（2）行为决策

目的：① 保障无人车的行车安全并遵守交通规则；② 为路径和速度的平滑优化提供限制信息。

输入：① routing信息；② 道路结构信息；③ 交通信号和标识；④ 障碍物信息。

输出：① 路径信息；② 速度限制和边界；③ 时间上的位置限制边界。

（3）运动规划

目的：① 在合理的时间到达规划的目标或终点；② 避免与障碍物碰撞；③ 更好的乘坐体验，加速和减速过程尽量平滑。

输入：① 决策输出信息；② 道路结构信息；③ 交通信号和标识；④ 障碍物

信息。

输出：稳定、平滑的轨迹点。

具体的Apollo规划框架如图11-32所示。在Apollo路径规划模块中，对于路径优化，在二次规划样条路径（QP-Spline-Path）中找到路径后，Apollo将路径上所有的障碍物和自动驾驶车辆（ADV）转换为路径时间（ST）图，该图表示Station沿路径随时间变化。速度优化的任务是在ST图上找到无碰撞且舒适的路径。Apollo使用样条线段来表示速度曲线，它是ST图中的ST点列表。Apollo利用二次规划方法求解最优曲线。

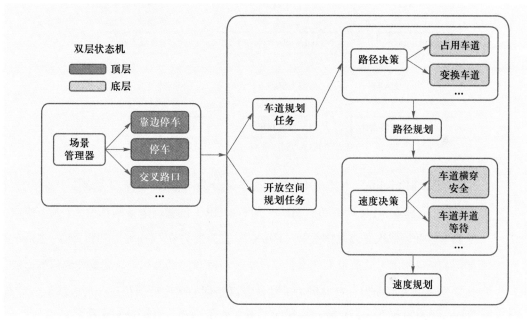

图11-32　Apollo规划框架

Apollo中的路径规划模块还具有碰撞检测功能。Lattice轨迹碰撞检测的目的是剔除存在同障碍物碰撞风险的轨迹。对于每个采样点，自车采用矩形Box包络，障碍物采用矩形Box包络，然后检测是否有干涉，其原理为检查矩形框之间是否有重叠。自动泊车中的车辆碰撞检测也采用类似方法，具体分为建立自车Box、快速剔除非碰撞Box和碰撞的精确检测三步来完成。

### 11.6.2　四足机器人"绝影"

云深处科技是国内研发智能四足机器人的企业，旗下"绝影"系列机器人已在安防巡检、勘测探索、公共救援等多种应用环境中落地测试，面向行业应用、教育科研和特种应用。

### 1. 体系结构和本体介绍

Mini Lite 四足机器人配置了感知主机和多种传感器，供开发者自由开发。其中，传感器可配置深度相机、单目广角相机、超声波雷达、16线激光雷达。感知主机采用ARM架构的GPU处理器——NVIDIA Jetson Xavier NX，且可以使用远程桌面软件进行可视化操作。系统框图如图11-33所示。

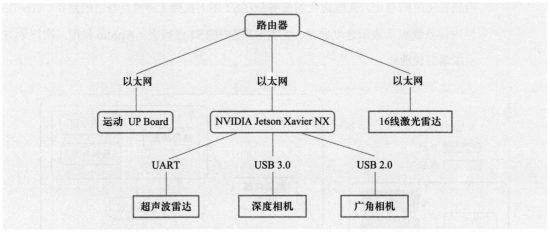

图 11-33  Mini Lite 四足机器人系统框图

"绝影Mini-lite"本体由4条腿和身体部分共同组成。4条腿分别位于身体的前左（FL）、前右（FR）、后左（HL）、后右（HR）位置。每条腿都由3个关节组成，从身体端开始依次是髋侧摆关节（HipX）、髋前摆关节（HipY）和膝关节（Knee），如图11-34所示。关节由大功率直流电机、精密减速机构和绝对式旋转编码器组成，提供强大的关节动力、良好的力控性能及高精度的角度反馈信息，可以满足各种高动态运动控制和步态规划开发的需要，包括匍匐前进、行走、跑跳等。

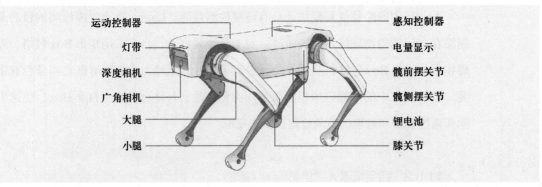

图 11-34  四足机器人结构

### 2. 运动规划与控制

在复杂地形环境下，重点关注机器人运动的稳定性，故采用四足爬行的步态方式运动，以提高对地形的适应能力。鉴于爬行步态生成的复杂度高、规划繁杂等特点，"绝影"机器人采用自上而下的分层结构，将整个爬行步态的生成过程分为上层

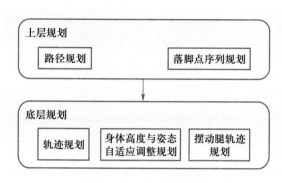

图 11-35　爬行步态运动规划结构图

规划和底层规划两部分，如图11-35所示。

（1）上层规划

路径规划：通过环境感知技术，获取复杂地形的高度图，结合最优落脚点评估算法，生成地形评估图，以路径平滑和运动连续为目标，生成一条粗略的身体路径。

落脚点序列规划：根据生成的路径，考虑机器人的运动可达性及地形信息，得到地形中处于摆动足可达区域中的可落脚点，最后根据落脚点评价算法，确定机器人一系列连续的落脚点。

（2）底层规划

轨迹规划：根据落脚点产生的支撑域，依据稳定性判据，生成一系列光滑的轨迹。机器人的重心沿规划的轨迹在稳定区域内平滑地移动，保证机器人在行走过程中的稳定性。

身体高度与姿态自适应调整规划：通过环境感知系统，结合机器人运动学，估算出地形的高度与坡度，控制机器人身体高度及姿态自适应地形高度与坡度的变化。

摆动腿轨迹规划：通过环境感知系统，得到摆动腿在落脚点与抬脚点之间的地形信息，规划摆动腿轨迹，以避免腿在摆动过程中与地形发生碰撞。在规划足底轨迹时，应使足在抬脚和落脚时，加速度和速度均为零，以保证运动的连续性，避免对机器人造成较大冲击。

3. 机器人自主导航

机器人自主导航系统采用16线激光雷达和基于MEMS的IMU作为传感器，算法运行在英特尔公司的微型计算机NUC上，具体包括先验地图的构建、基于点云地图的定位和路径规划三部分，技术路线如图11-36所示。

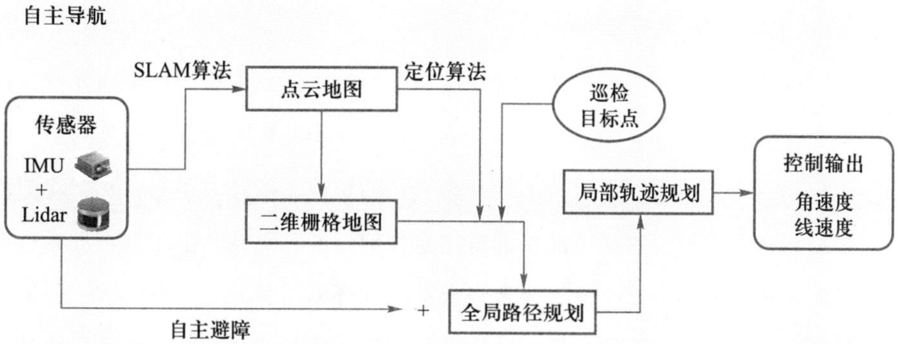

图 11-36　自主导航系统技术路线

（1）先验地图构建

采用激光雷达获得周围环境点云。在建图环节，根据激光雷达获取的点云信息和IMU信息的辅助，得到环境三维点云地图和二维占据栅格地图。首先，计算点云中每个点的曲率，将每一线点云的曲率从小到大排序，提取曲率大于阈值的点作为边缘角点，曲率小于阈值的点作为平面点。得到当前帧所有的特征点后，根据IMU从获取上一帧点云时刻到获取当前帧点云时刻的变换，将当前帧的特征点投影到上一时刻坐标系。利用IMU的状态估计值作为帧间变换的初始值，可以加快后续的重投影误差迭代速度，减少计算量。然后，根据空间最近点原则寻找上一帧点云中对应的最近点，通过迭代最近点误差得到帧间变换矩阵，这就得到了激光里程计信息，里程计输出频率为10 Hz。在里程计的基础上，同时运行一个较低频率的帧与地图的匹配算法，匹配方法与里程计部分相同，然后修正当前帧的位姿变换。最后，将当前帧的点云重投影到地图点云上，再将当前帧的点云加入地图中，最终生成全局地图。基于帧间变换和点云地图，可以同时生成二维占据栅格地图。

采用二值化图片表示占据栅格地图，每个像素点代表真实世界中的0.1 m，根据点云地图垂直方向的点的数量可以计算出每个像素的值，然后将二维占据栅格地图坐标系和点云地图坐标系统一，就能用于后续的导航规划。

对机器人在室外环境中进行Lidar+IMU的建图测试效果如图11-37所示。

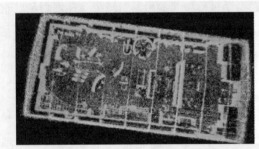 

(a) 点云地图　　　　　　　　　　　　(b) 二维占据栅格地图

图11-37　Lidar+IMU建图效果

（2）基于高精度地图的定位

机器人在实际应用中往往需要在一个固定坐标系中执行一系列任务，这就要求各个任务点的坐标必须是固定不变的。在上一步的建图流程中得到的雷达定位信息仅仅是一个雷达里程计，并不能称为真正的定位。因此，还需要基于建图得到的点云地图做重定位，这样就能保证每次定位信息的一致性。由于真实世界有可能会随着时间推移发生一些变化，导致点云地图和环境信息并不完全一致，如果采用基于特征的定位算法，可能会因为特征点匹配错误导致定位失败，因此采用基于概率的正态分布变换（NDT）算法实现机器人全局定位。

首先将点云地图按照 $1\ m^3$ 的分辨率划分为小的网格，统计每个网格中点的数量，计算点数大于阈值的网格内点分布的正态概率分布函数，计算出整个地图的概率密度函数。由于载入的先验地图是固定不变的，所以以上步骤只需在系统初始化时执行一次，这样就大大提高了程序的运行效率。

得到全局地图的概率密度函数后，给定一片点云，其中包含点 $X=\{x_1,\cdots,x_n\}$，给定一个初始变换 $t$ 和一个变换函数 $T(t,x)$，根据概率密度函数就可以求出每个点的概率得分。然后利用非线性优化得到最优的变换，这样就可以得到点云和全局地图的变换参数，也就是激光雷达在全局地图中的位置。为了减少后面位姿优化求解器的负担，采用关键帧策略，由 NDT 算法得到的一次全局位姿为一个关键帧。机器人装配的 IMU 的计算频率显然要远远高于关键帧的插入频率，这里先对 IMU 采用预积分的策略，通过重新参数化，把关键帧之间的 IMU 测量值积分成相对运动的约束，避免因为初始条件变化造成的重复积分，在下一个关键帧到来之前先对 IMU 数据积分，利用 IMU 预积分得到每一个关键帧的先验位姿后，则可以用先验位姿作为 NDT 优化的初始值，加快求解过程。

采用 NDT 和 IMU 预积分相结合的定位算法，可以很好地适应环境退化问题和机器人高动态运动问题，其室外大范围定位效果如图 11-38 所示。

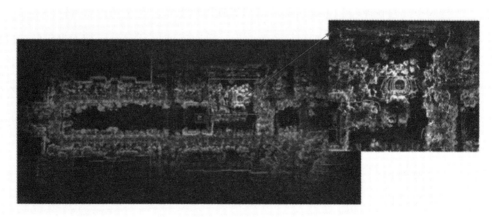

图 11-38　基于高精度点云地图的重定位

（3）路径规划

路径规划是基于定位信息在二维占据栅格地图上实现机器人全局路径规划和局部轨迹规划，最终输出角速度与线速度信息，交由底层运动控制模块执行。模块的核心分为三部分：代价地图的构建、全局规划器和局部规划器。机器人自主导航效果如图 11-39 所示。

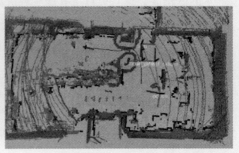

(a) 全局规划路径        (b) 动态障碍下局部规划实时避障的效果

图11-39 机器人自主导航效果，周围区域代表障碍物膨胀后的代价地图

① 代价地图模块。

为提高导航的安全性与精确度，由SLAM得到的二维占据栅格地图不能直接用于自主导航，需要在其基础上融合传感器实时信息，建立并维护一张代价地图，供后续导航使用。代价地图采用层级地图的形式来维护，包括静态层、障碍层和膨胀层。静态层是通过SLAM得到的二维栅格占据地图；障碍层则是根据传感器的数据实时跟踪障碍物得到的地图；膨胀层则是综合机器人的几何半径等各种安全因素之后，进行膨胀得到的地图。

② 全局规划器。

全局规划器基于路径最短、安全等原则，生成一条从当前位置到目标位置无碰撞的全局最优路径，也为后续的局部规划提供参考。在全局规划器运行之前，需要指定一个目标位置，得到目标位置之后，采用改进的$A^*$算法，搜索出一条全局最优路径。与传统的$A^*$算法不同的是，改进的$A^*$算法在启发式评估代价项中，除了考虑单格距离代价，也考虑了地图代价，在保证路径距离较优的同时，增加了安全性的考虑。另外，由于$A^*$属于静态最短路径算法，往往不能满足动态复杂环境的需求。为解决这一问题，绝影采用了定时规划路径与重规划两种办法。当运算负载很高时，可以关闭定时规划和重规划来减轻处理器负担，这时避障的功能就主要靠局部规划模块来实现。

③ 局部规划器。

局部规划器连接机器人与全局路径，为机器人规划出一条可执行的运动轨迹。局部规划器采用动态窗口算法，确定机器人每个周期内的角速度、线速度，使其尽量符合全局最优路径并达到实时避障的目的。首先，局部规划器从全局规划器得到全局路径，并将全局路径映射到局部地图中，更新对应的打分项，获取局部最优路径对应的速度指令。在每个控制周期内，首先进行速度采样，获得速度空间的边界，根据采样个数进行插补，组合出整个速度采样空间，然后采取一定的速度变化策略计算各个轨迹点，完成轨迹的生成。在每个速度对应的轨迹产生后，利用评价函数对其进行打分，选取分数最高的轨迹作为最后的执行轨迹。最后，将该轨迹包含的速度信息以指令形式发送给底层运动控制模块。

## 11.7　小结

智能机器人几乎是伴随着人工智能而产生的。一方面，智能机器人技术的发展需要人工智能技术的支撑，不断发展的人工智能技术有助于智能机器人性能的提升；另一方面，智能机器人技术的发展又为人工智能技术的发展带来了新的推动力，并提供了一个很好的试验与应用场所。也就是说，智能机器人作为人工智能技术呈现的载体，促进了问题求解、任务规划、知识表示和智能系统等理论与技术的进一步发展。

智能机器人所处的环境往往是未知的、难以预测的，在研究智能机器人的过程中，主要会涉及多环境感知与建模、运动规划、多机器人协同等关键技术。本章首先介绍了智能机器人体系结构，即慎思式体系结构、反应式体系结构、混合式体系结构和新型体系结构。环境感知与建模部分介绍了不同类型传感器、感知算法、数据融合和建模方法。运动规划部分介绍了全局路径规划和局部路径规划方法。最后对多机器人的协同感知、协同作业和协同编队技术进行了介绍。

### 练习题

1. 智能机器人有广阔的应用前景，如果由你来设计一种智能机器人，你希望机器人应用在什么领域、具备哪些功能，以及运用哪些成熟的技术来实现？
2. 机器人常用的环境感知传感器有哪些？什么是被动型视觉传感器？什么是主动型视觉传感器？它们分别有哪些优缺点？
3. 智能机器人的体系结构可分为哪几种？各自有什么特点？
4. 立体视觉相机能够测量距离的原理是什么？该方法有什么优缺点？
5. 数据融合的方法有哪些？各方法的基本原理和适用场合是

什么？

6. 机器人环境建模的方法有哪些？

7. 列举你所知道的机器人路径规划算法，编程实现其中的一种算法。

8. 移动机器人路径规划算法经常将机器人简化为一个没有体积的质点，当在真实环境中进行路径规划时，如何处理机器人自身的外形尺寸，以确保机器人不与环境发生碰撞？

参考文献

[1] SHOHAM Y, LEYTON–BROWN K. Multiagent systems: algorithmic, game–theoretic, and logical foundations[M]. Cambridge: Cambridge University Press, 2008.

[2] NISAN N, ROUGHGARDEN T, TARDOS E, et al. Algorithmic game theory[M]. Cambridge: Cambridge University Press, 2007.

[3] ROUGHGARDEN T. Twenty lectures on algorithmic game theory[M]. Cambridge: Cambridge University Press, 2016.

[4] NASH J. Equilibrium points in n–person games[J]. Proceedings of the national academy of sciences, 1950, 36(1): 48–49.

[5] NASH J. Non–cooperative games[J]. Annals of mathematics, 1951, 54: 286–295.

[6] VON NEUMANN J. Zur theorie der gesellschaftsspiele[J]. Mathematische Annalen, 1928, 100: 295–320.

[7] ADSUL B, GARG J, MEHTA R, et al. Rank–1 bimatrix games: a homeomorphism and a polynomial time algorithm[C]//Proceedings of the 43rd Annual ACM Symposium on Theory of Computing, 2011: 195–204.

[8] MEHTA R. Constant rank bimatrix games are PPAD–hard[C]//Proceedings of the 46th Annual ACM Symposium on Theory of Computing, 2014: 545–554.

[9] LIPTON R J, MARKAKIS E, MEHTA A. Playing large games using simple strategies[C]//Proceedings of the 4th ACM Conference on Electronic Commerce, 2003: 36–41.

[10] LEMKE C E, HOWSON J T. Equilibrium points of bimatrix games[J]. Journal of the Society for Industrial and Applied Mathematics, 1964, 12(2): 413–423.

[11] PAPADIMITRIOU C H. On the complexity of the parity argument and other inefficient proofs of existence[J]. Journal of Computer and System Sciences, 1994, 48(3): 498–532.

[12] DASKALAKIS C, GOLDBERG P W, PAPADIMITRIOU C H. The complexity of computing a Nash equilibrium[J]. SIAM Journal on Computing, 2009, 39(1): 195–259.

[13] SAVANI R, VON STENGEL B. Hard–to–solve bimatrix games[J]. Econometrica, 2006, 74(2): 397–429.

[14] CHEN X, DENG X T. Settling the complexity of two–player Nash

equilibrium[C]//47th Annual IEEE Symposium on Foundations of Computer Science, 2006: 261–272.

[15] CHEN X, DENG X T, TENG S H. Settling the complexity of computing two-player Nash equilibria[J]. Journal of the ACM, 2009, 56(3): 1–57.

[16] CHEN X, DENG X T, TENG S H. Sparse games are hard[C]//International Workshop on Internet and Network Economics, 2006: 262–273.

[17] CHEN X, TENG S H, VALIANT P. The approximation complexity of win-lose games[C]//Proceedings of the 18th Annual ACM–SIAM Symposium on Discrete Algorithms, 2007: 159–168.

[18] LIU Z Y, LI J W, DENG X T. On the approximation of Nash equilibria in sparse win-lose multi-player games[C]//Proceedings of the AAAI Conference on Artificial Intelligence, 2021, 35(6): 5557–5565.

[19] LIU Z Y, SHENG Y. On the approximation of Nash equilibria in sparse win-lose games[C]//Proceedings of the AAAI Conference on Artificial Intelligence, 2018, 32(1): 1154–1160.

[20] RUBINSTEIN A. Settling the complexity of computing approximate two-player Nash equilibria[C]//IEEE 57th Annual Symposium on Foundations of Computer Science, 2016: 258–265.

[21] WOOLDRIDGE M. An introduction to multiagent systems[M]. Medford: John Wiley & Sons, 2002.

[22] 星际争霸官网. 外行易懂! 星际争霸AI比赛速记[EB/OL].

[23] GALE D, SHAPLEY L S. College admissions and the stability of marriage[J]. The American Mathematical Monthly, 1962, 69(1): 9–15.

[24] BUDISH E. The combinatorial assignment problem: Approximate competitive equilibrium from equal incomes[J]. Journal of Political Economy, 2011, 119(6): 1061–1103.

[25] VICKREY W. Counterspeculation, auctions, and competitive sealed tenders[J]. The Journal of Finance, 1961, 16(1): 8–37.

[26] CLARKE E H. Multipart pricing of public goods[J]. Public Choice, 1971, 11(1): 17–33.

[27] GROVES T. Efficient collective choice when compensation is possible[J]. The Review of Economic Studies, 1979, 46(2): 227–241.

[28] KARLIN A R, PERES Y. Game theory, alive[M]. Providence: American Mathematical Society, 2017.

[29] MYERSON R B. Optimal auction design[J]. Mathematics of Operations Research, 1981, 6(1): 58–73.

[30] DEMPSTER A. Maximum likelihood from incomplete data via the EM algorithm[J]. Journal of the Royal Statistical Society, 1977.

[31] BAUM L E, PETRIE T. Statistical inference for probabilistic functions of finite state Markov chains[J]. The Annals of Mathematical Statistics, 1966, 37(6): 1554–1563.

[32] BAKER J. The DRAGON system: an overview[J]. IEEE Transactions on Acoustics, Speech, and Signal Processing, 1975, 23(1): 24–29.

[33] JELINEK F. Design of a linguistic statistical decoder for the recognition of continuous speech[J]. IEEE Transactions on Information Theory, 1975(21): 250–256.

[34] HUANG X D, ARIKI Y, JACK M. Hidden Markov models for speech recognition[M]. New York: Columbia University Press, 1990.

[35] HOLMES J, HOLMES W. Speech synthesis and recognition[M]. London: CRC Press, 2001.

[36] RABINER L. Theory and applications of digital signal processing[J]. IEEE Transactions on Acoustics, Speech, and Signal Processing, 1975, 23(4): 394–395.

[37] RABINER L R, JUANG B H. Fundamentals of speech recognition[M]. Upper Saddle River: Prentice Hall, 1993.

[38] JURAFSKY D, MARTIN J H. Speech and language processing[M]. 2nd ed. Upper Saddle River: Prentice Hall, 2008.

[39] JELINEK F. Statistical methods for speech recognition[M]. Cambridge: MIT Press, 1998.

[40] HUANG X D. Spoken language processing[M]. Upper Saddle River: Prentice Hall, 2001.

[41] GRAVES A, FERNÁNDEZ S, GOMEZ F, et al. Connectionist temporal classification: labelling unsegmented sequence data with recurrent neural networks[J]. Proceedings of the 23rd International Conference on Machine Learning, 2006:369–376.

[42] MIAO Y J, GOWAYYED M, METZE F. EESEN: end-to-end speech recognition using deep RNN models and WFST-based decoding[J]. IEEE Workshop on Automatic Speech Recognition and Understanding(ASRU), 2015:167-174.

[43] GRAVES A. Sequence transduction with recurrent neural networks[J]. Computer Science, 2012, 58(3):235-242.

[44] GRAVES A,JAITLY N. Towards end-to-end speech recognition with recurrent neural networks[C]//International Conference on Machine Learning. PMLR, 2014: 1764-1772.

[45] CHOROWSKI J , BAHDANAU D , SERDYUK D ,et al.Attention-based models for speech recognition[C]//Neural Information Processing Systems. Cambridge:MIT Press,.2015.

[46] CHAN W , JAITLY N , LE Q V ,et al.Listen, attend and spell: a neural network for large vocabulary conversational speech recognition[C]//2016 IEEE International Conference on Acoustics, Speech and Signal Processing. IEEE,2016:4960-4964.

[47] BAHDANAU D , CHOROWSKI J , SERDYUK D ,et al.End-to-end attention-based large vocabulary speech recognition[C]//2016 IEEE International Conference on Acoustics, Speech and Signal Processin (ICASSP).IEEE, 2016.

[48] SHEN J , PANG R , WEISS R J ,et al.Natural TTS synthesis by conditioning wavenet on MEL spectrogram predictions[C]//2018 IEEE International Conference on Acoustics, Speech and Signal Processing(ICASSP).IEEE, 2018.

[49] XU J, TAN X, REN Y, et al. Lrspeech: extremely low-resource speech synthesis and recognition[C]//Proceedings of the 26th ACM SIGKDD International Conference on Knowledge Discovery & Data Mining. 2020: 2802-2812.

[50] BAEVSKI A, SCHNEIDER S, AULI M.Vq-wav2vec:self-supervised learning of discrete speech representations[C]//International Conference on Learning Representations.2020.

[51] BAEVSKI A, ZHOU Y, MOHAMED A, et al. Wav2vec 2.0: a framework for self-supervised learning of speech representations[J]. Advances in neural information processing systems, 2020, 33: 12449-12460.

[52] YI C, WANG J, CHENG N, et al. Applying wav2vec2.0 to speech recognition in various low-resource languages[J]. arXiv preprint arXiv:2012.12121,

2020.

[53] VASWANI A, SHAZEER N, PARMAR N, et al. Attention is all you need[J]. Advances in Neural Information Processing Systems 30, 2017.

[54] 洪青阳，李琳. 语音识别原理与应用[M]. 北京：电子工业出版社，2020.

[55] 刘庆峰，高建清，万根顺. 语音识别技术研究进展与挑战[J]. 数据与计算发展前沿，2020, 1(2): 26–36.

[56] 王东. 机器学习导论[M]. 北京：清华大学出版社，2019.

[57] 汤致远，李蓝天，王东，等. 语音识别基本法：Kaldi实践与探索[M]. 北京：电子工业出版社，2021.

[58] 韩纪庆，张磊，郑铁然. 语音信号处理[M]. 3版. 北京：清华大学出版社，2019.

[59] 蔡自兴. 中国机器人学40年[J]. 科技导报，2015, 33（21）：23–31.

[60] 谈自忠. 机器人学与自动化的未来发展趋势[J]. 中国科学院院刊，2015, 30（6）：772–774.

[61] SARIDIS G N.Toward the realization of intelligent controls[J].Proceedings of the IEEE, 1979, 67（8）：1115–1133.

[62] BROOKS R.A robust layered control system for a mobile robot[J].IEEE Journal of Robotics and Automation, 1986, 2（1）：14–23.

[63] BONASSO R.Integrating reaction plans and layered competences through synchronous control[C] // IJCAI. 1991: 1225–1233.

[64] JULIO K, ROSENBLATT J.DAMN：a distributed architecture for mobile navigation[J].Journal of Experimental & Theoretical Artificial Intelligence, 1997, 9（2–3）：339–360.

[65] PIAGGIO M. HEIR：A non–hierarchical hybrid architecture for intelligent robots[C] // Proc of ATAL. Heidelberg: Springer, 1998: 243–259.

[66] ROONEY C, O'DONOGHUE R, DUFFY B R, et al. The social robot architecture：towards sociality in a real world domain[C] // Towards Intelligent Mobile Robots, Bristol, 1999.

[67] 好好的外卖小哥. 自动驾驶中的激光雷达目标检测（上）[EB/OL].

[68] 好好的外卖小哥. 自动驾驶中的激光雷达目标检测（下）[EB/OL].

[69] MOOSMANN F, PINK O, STILLER C. Segmentation of 3D lidar data in non–flat urban environments using a local convexity criterion[C]//Intelligent

Vehicles Symposium. IEEE, 2009：215–220.

[70] 宋金泽，戴斌，单恩忠，等. 一种改进的RRT 路径规划算法 [J]. 电子学报，2010, 38（2A）：225–228.

[71] 苑全德. 基于视觉的多机器人协作SLAM研究 [D]. 哈尔滨：哈尔滨工业大学，2016.

[72] 张翠翠. 多机器人系统编队控制研究 [D]. 济南：济南大学，2013.

[73] 田建超. 基于滑模消抖算法的机器人编队研究 [D]. 广州：华南理工大学，2017.

[74] 叶必鹏. 基于视觉的多机器人室内协同SLAM算法的研究与实现 [D]. 哈尔滨：哈尔滨工业大学，2018.

[75] 李林茂. 未知复杂环境下多机器人SLAM研究 [D]. 邯郸：河北工程大学，2017.

[76] LINKER R. Robotics in agriculture：opportunities and challenges[C]//沈阳市人民政府. 2015中国（沈阳）国际机器人大会会刊，2015.

[77] 卫恒，吕强，林辉灿，等. 多机器人SLAM 后端优化算法综述 [J]. 系统工程与电子技术，2017（11）：167–179.

[78] 张嵛，刘淑华. 多机器人任务分配的研究与进展 [J]. 智能系统学报，2008, 3（2）：115–120.

[79] 张嘉衡. 多机器人的队形控制研究 [D]. 上海：东华大学，2017.